(MR20DE エンジン：日産自動車㈱ 提供)

(HINO E13C：日野自動車㈱ 提供)

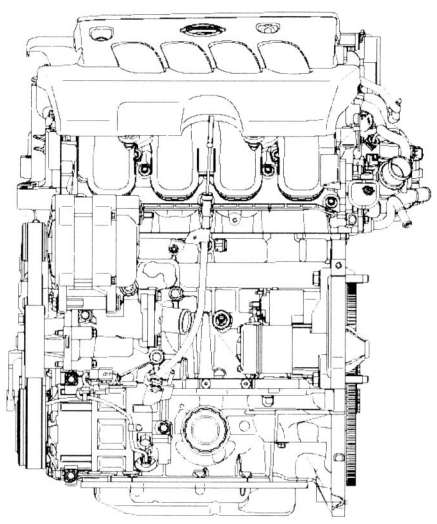

MR20DE,直列4気筒,ガソリンエンジン,ボア84.0 mm,ストローク90.1 mm,総排気量1.997 L,圧縮比10.0,最大出力101 kW/5200 rpm,最大トルク200 Nm/4400 rpm (日産自動車㈱提供)

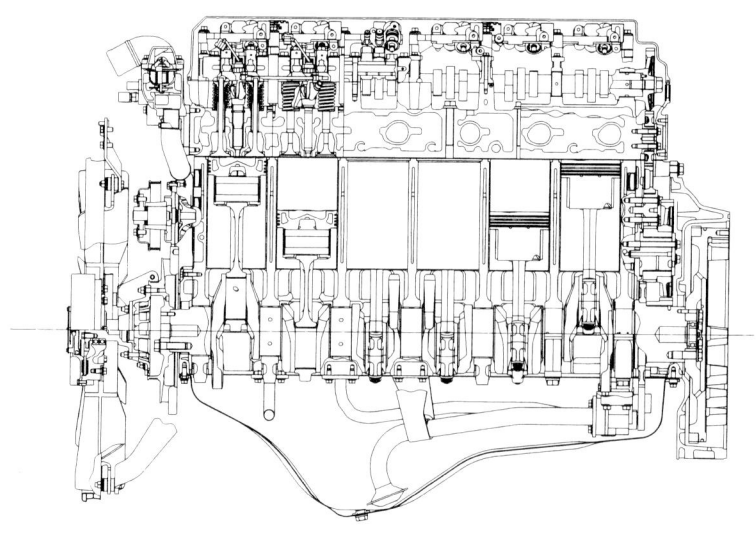

E13C,直列6気筒,インタークーラー付きターボ過給ディーゼルエンジン,ボア137 mm,ストローク146 mm,圧縮比17.5,総排気量12.913 L,最大出力331 kW/1800 rpm,最大トルク2156 Nm/1100 rpm (日野自動車㈱提供)

エンジン
― 熱と流れの工学 ―

是松孝治
森棟隆昭 編著

産業図書

まえがき

　私たちの周りには技術者が開発した工業製品すなわち自動車，パソコン，携帯電話，飛行機，冷蔵庫，電子レンジなどが多数存在し，便利で豊かな生活を支えている．現存する工業製品のさらなる発展に貢献したり，新しい工業製品を開発したりするには，その技術のもとになる工学を習得する必要がある．

　技術者が「工学の力」を実感するひとつの場面は，学んだ工学的知識が現実の課題に適用されて，その解決に役立ったときである．このことから，大学工学部などにおける技術者教育は，基礎的な工学知識を与える教育とそれを実践的に応用して「工学の力」を感ずる教育が準備されている．当然のことであるが，この2つの教育は独立したものではなく，それぞれを融合させることが必要である．

　このような観点から，本書は「エンジン」の設計・計画・開発・性能改善に「熱と流れの工学」が如何に役立っているかを分かりやすく解説し，初学者にも「工学の力」を感じられることを目指して編纂したものである．書名の「エンジン」は，熱機関（heat engine）の意味ではあるが，内容は主として往復動内燃エンジンについて記述してある．題材は幅広く取り上げ，記述に論理の飛躍がないように心がけた．また，適切に配置された例題を解くことで，重要なポイントが理解できるようにしてある．さらに，章末には，この分野に関連した各種資格試験や工学系機械分野の大学院入試レベルの演習問題を示してある．これらの問題に挑戦しているうちに，エンジン技術者として必要な熱と流れの工学の基礎知識が獲得できるはずである．

　執筆者の共通点は，大学の研究室で「実機エンジン」を運転しながら，さまざまな観点からの研究を進めている点である．本書は，エンジン技術を支える熱と流れの工学を専門とする教員・教官が，各々の学生指導経験などを率直に話し合い，協力して執筆した新しいスタイルの「エンジン」の入門書である．また，入門書ではあるが，あえて執筆者らの実施した研究成果も部分的に織り込んであり，これが，本書のもうひとつの特色になっている．
　本書が，エンジン分野に関連する技術者を目指している若い方々の一助なれば幸いである．

2004年9月

著者一同

〈編集〉

是松孝治 工学院大学・機械工学科名誉教授
森棟隆昭 元 湘南工科大学・機械工学科教授

〈著者と担当〉

是松孝治 工学院大学・機械工学科名誉教授（第1章，第3章 36-41頁，53-56頁，第5章 91-92頁）
森棟隆昭 元 湘南工科大学・機械工学科教授（第2章，第6章 117-118頁）
小西奎二 元 首都大学東京・航空宇宙システム工学コース，准教授（第3章 25-36頁，41-53頁，第7章 140-147頁，第10章 215-217頁）
小倉　勝 日本工業大学・機械工学科名誉教授（第4章，第10章 203-215頁，217-218頁）
雑賀　高 工学院大学・先進工学部機械理工学科教授（第5章 77-90頁，92-98頁）
吉本康文 新潟工科大学・機械制御システム工学科教授（第6章）
中野正光 元 芝浦工業大学・機械工学第二学科教授（第7章 121-139頁，147-151頁）
村木正芳 元 機械工学科教授 現 湘南工科大学・非常勤講師，石油製品ISO石油製品国内委員長（第8章）
木下英二 鹿児島大学・機械工学科教授（第9章）

目　次

まえがき

第1章　緒論 ··· 1
　1.1　エンジン ··· 1
　1.2　主に学習するエンジン ··· 2
　　1.2.1　基本的な用語 ·· 2
　　1.2.2　4ストロークエンジンと2ストロークエンジン ·················· 2
　演習問題 ·· 3

第2章　エネルギー資源とエンジン燃料の基礎特性 ······················· 5
　2.1　エネルギー資源 ··· 5
　　2.1.1　エネルギー資源の可採埋蔵量 ·· 5
　　2.1.2　新エネルギーの導入 ··· 5
　2.2　エンジン燃料の基礎特性 ·· 6
　　2.2.1　石油系燃料の基礎特性 ·· 7
　　2.2.2　石油系燃料の性質 ·· 7
　　2.2.3　エンジン用燃料 ·· 10
　2.3　エンジン燃料の燃焼 ··· 11
　　2.3.1　燃焼の基礎 ·· 11
　　2.3.2　炭化水素の燃焼 ·· 11
　　2.3.3　燃焼の熱力学 ·· 13
　2.4　大気環境とエンジン燃料 ·· 17
　　2.4.1　大気環境の状況と自動車排出ガス規制 ····························· 17
　　2.4.2　大気汚染防止のための燃料対策 ······································· 20
　　2.4.3　代替燃料，添加燃料に対する規制 ···································· 20
　　2.4.4　大都市地域における自動車排出ガス規制対策 ···················· 22
　　2.4.5　ガスタービンの排ガス規制 ··· 22
　演習問題 ·· 22
　文献 ·· 23

第3章　エンジンの性能と熱サイクル ··· 25
　3.1　カルノーサイクルエンジン ··· 26
　3.2　オットサイクルガソリンエンジン ··· 27
　　3.2.1　理論熱効率 ·· 27
　　3.2.2　理論平均有効圧 ·· 29
　　3.2.3　理論出力 ··· 29
　　3.2.4　燃料消費率 ·· 30

- 3.3 ディーゼルサイクルエンジン ・・・・・・・・・・・・・・・・・・・・・・・・・・・・・・・・・・・・・・・31
  - 3.3.1 理論熱効率 ・・32
  - 3.3.2 各状態点の圧力 ・・・・・・・・・・・・・・・・・・・・・・・・・・・・・・・・・・・・・・・32
- 3.4 サバテサイクル（ディーゼル）エンジン ・・・・・・・・・・・・・・・・・・・・・・・33
  - 3.4.1 理論熱効率 ・・34
  - 3.4.2 理論平均有効圧 ・・・・・・・・・・・・・・・・・・・・・・・・・・・・・・・・・・・・・・・35
- 3.5 理論的な性能と実際の性能 ・・・・・・・・・・・・・・・・・・・・・・・・・・・・・・・・・・・36
  - 3.5.1 線図効率 ・・36
  - 3.5.2 機械効率 ・・37
  - 3.5.3 出力，トルク，平均有効圧，燃料消費率 ・・・・・・・・・・・・・37
- 3.6 燃料電池の理論熱効率 ・・・・・・・・・・・・・・・・・・・・・・・・・・・・・・・・・・・・・・・39
- 3.7 ブレイトンサイクルガスタービンエンジン ・・・・・・・・・・・・・・・・・・・41
  - 3.7.1 理論熱効率 ・・42
  - 3.7.2 実際のガスタービンサイクル ・・・・・・・・・・・・・・・・・・・・・・・・・43
  - 3.7.3 再生ガスタービンサイクル ・・・・・・・・・・・・・・・・・・・・・・・・・・・44
- 3.8 エンジンとコ・ジェネレーション ・・・・・・・・・・・・・・・・・・・・・・・・・・・・48
  - 3.8.1 コ・ジェネレーションの（熱力学的）意義 ・・・・・・・・・・・・48
  - 3.8.2 事例1－マイクロガスタービンCGS ・・・・・・・・・・・・・・・・・51
  - 3.8.3 事例2－ガスエンジンCGSの経済効果 ・・・・・・・・・・・・・・・53
- 演習問題 ・・・55

第4章 混合気形成 ・・57

- 4.1 火花点火エンジンの混合気形成 ・・・・・・・・・・・・・・・・・・・・・・・・・・・・・・57
  - 4.1.1 単純気化器 ・・・57
  - 4.1.2 電子制御燃料噴射装置 ・・・・・・・・・・・・・・・・・・・・・・・・・・・・・・・59
  - 4.1.3 筒内直接燃料噴射エンジン ・・・・・・・・・・・・・・・・・・・・・・・・・・64
- 4.2 ディーゼルエンジンの混合気形成 ・・・・・・・・・・・・・・・・・・・・・・・・・・・・66
  - 4.2.1 ボッシュ機械式燃料噴射装置 ・・・・・・・・・・・・・・・・・・・・・・・・67
  - 4.2.2 コモンレール式燃料噴射システム ・・・・・・・・・・・・・・・・・・・71
  - 4.2.3 燃焼室内における混合気形成と燃焼 ・・・・・・・・・・・・・・・・・72
- 演習問題 ・・・74
- 文献 ・・・76

第5章 火花点火エンジンの燃焼 ・・・・・・・・・・・・・・・・・・・・・・・・・・・・・・・・77

- 5.1 指圧線図の解析 ・・・77
  - 5.1.1 火花点火エンジンの燃焼期間 ・・・・・・・・・・・・・・・・・・・・・・・・77
  - 5.1.2 指圧線図の予測 ・・・・・・・・・・・・・・・・・・・・・・・・・・・・・・・・・・・・・79
- 5.2 火花点火エンジンの燃焼 ・・・・・・・・・・・・・・・・・・・・・・・・・・・・・・・・・・・・81
  - 5.2.1 点火装置と点火過程 ・・・・・・・・・・・・・・・・・・・・・・・・・・・・・・・・・81
  - 5.2.2 主燃焼期間における火炎伝ぱ過程 ・・・・・・・・・・・・・・・・・・・83
  - 5.2.3 火炎速度の増大 ・・・・・・・・・・・・・・・・・・・・・・・・・・・・・・・・・・・・・85
  - 5.2.4 シリンダ内の流動数値解析 ・・・・・・・・・・・・・・・・・・・・・・・・・・86
- 5.3 異常燃焼 ・・・87
  - 5.3.1 ノック ・・・87
  - 5.3.2 表面点火 ・・87

5.4 ノックの抑制 ··· 88
5.4.1 高オクタン価燃料の使用 ································· 88
5.4.2 燃焼期間の短縮 ·· 89
5.4.3 自己着火の抑制 ·· 89
5.5 排ガスとその発生機構 ·· 89
5.5.1 有害物質の種類 ·· 89
5.5.2 クレビスからのHC排出 ·································· 90
5.5.3 潤滑油中の溶解燃料が原因のHC排出量 ··········· 91
5.5.4 NO_xの生成と排出 ·· 92
5.6 エンジン燃焼改善と排ガス浄化技術 ······················ 94
5.6.1 燃焼室が備えるべき条件 ··································· 94
5.6.2 火花点火エンジンの燃焼室の種類と特徴 ·········· 95
5.6.3 排ガス浄化技術 —— シリンダ内での浄化方式 ·· 96
5.6.4 排ガス浄化技術 —— 後処理方式 ······················ 96
演習問題 ·· 97
文献 ··· 98

第6章 ディーゼルエンジンの燃焼 ·································· 99
6.1 指圧線図の解析 ··· 99
6.2 ディーゼルエンジンの燃焼と燃焼室 ····················· 101
6.2.1 直接噴射式エンジン ·· 103
6.2.2 副室式エンジン ·· 104
6.3 着火遅れとディーゼルノック ······························· 105
6.3.1 セタン価 ··· 107
6.3.2 着火遅れ ··· 107
6.4 排ガスとその発生機構 ·· 109
6.4.1 NO_xの生成機構 ·· 109
6.4.2 すすの生成機構 ·· 110
6.5 排ガス浄化技術 ··· 110
6.5.1 エンジン燃焼の改善 ·· 110
6.5.2 燃料性状の改善 ·· 113
6.6 後処理技術による排ガス浄化 ······························· 114
6.6.1 NO_xの除去技術 ·· 115
6.6.2 微粒子の除去技術 ·· 115
演習問題 ·· 118
文献 ··· 119

第7章 吸・排気流れ ··· 121
7.1 4ストロークエンジン ·· 121
7.1.1 4ストロークエンジンの吸・排気機構 ············· 121
7.1.2 4ストロークエンジンのバルブタイミング ····· 122
7.1.3 吸入性能の評価方法 ·· 123
7.1.4 吸気バルブマッハ数 ·· 124
7.1.5 吸入効率に及ぼす動的効果 ······························ 125
7.1.6 排気流れ ··· 127

7.2　2ストロークエンジン··128
　　7.2.1　掃気方式···128
　　7.2.2　クランクケース圧縮式2ストロークエンジンの
　　　　　　吸気方式···129
　　7.2.3　2ストロークエンジンの作動とガス流れ···130
　　7.2.4　掃気過程の効率···131
　　7.2.5　2ストロークエンジンの排気系···132
  7.3　吸・排気制御と可変機構···133
　　7.3.1　4ストロークエンジンにおける可変吸気機構·······································134
　　7.3.2　2ストロークエンジンにおける可変吸・排気機構·······························137
  7.4　過給···139
　　7.4.1　排気ターボ過給機···140
　　7.4.2　スーパーチャージャー（機械式過給機）··146
  演習問題··147
  文献··150

第8章　トライボロジーと潤滑油··153
  8.1　トライボロジーの基礎···153
　　8.1.1　トライボロジーの意義···153
　　8.1.2　摩擦の形態とトライボシステム···154
　　8.1.3　潤滑モードとストライベック曲線···156
  8.2　固体摩擦···157
　　8.2.1　表面層の構造···157
　　8.2.2　真実接触面積···158
　　8.2.3　固体摩擦の機構···159
  8.3　境界潤滑···159
　　8.3.1　境界層の構造と境界摩擦···159
　　8.3.2　摩擦面温度···162
　　8.3.3　混合潤滑···162
  8.4　摩耗···163
　　8.4.1　摩耗とは···163
　　8.4.2　摩耗の進行と形態···163
　　8.4.3　摩耗の種類···164
　　8.4.4　焼付き···166
  8.5　流体潤滑···166
  8.6　潤滑油···167
　　8.6.1　潤滑油の作用と種類···167
　　8.6.2　鉱油···168
　　8.6.3　合成潤滑油···169
  8.7　粘性···170
　　8.7.1　粘度の定義と単位···170
　　8.7.2　粘度－温度特性···171
　　8.7.3　粘度の測定法···172
  8.8　エンジントライボロジー···173
　　8.8.1　エンジンの摺動部とエンジン潤滑系···173

8.8.2　エンジン油の役割··174
　　　8.8.3　エンジン油の諸性能と添加剤······································176
　演習問題··180
　文献··180

第9章　エンジン冷却系と伝熱···181
　9.1　熱負荷とそれによる障害··181
　9.2　冷却の基礎理論···182
　　　9.2.1　熱伝導··183
　　　9.2.2　対流熱伝達···183
　　　9.2.3　熱放射··186
　　　9.2.4　エンジンの燃焼室の熱伝達··187
　　　9.2.5　エンジンのエネルギーフロー··190
　　　9.2.6　主要部品の温度と熱の流れ··191
　　　9.2.7　エンジンの放熱量··192
　9.3　空冷方式··192
　9.4　水冷方式··194
　　　9.4.1　ラジエータ···195
　演習問題··201
　文献··202

第10章　エンジン計測の基礎··203
　10.1　シリンダ内圧力計測··203
　　　10.1.1　シリンダ内圧力センサ··204
　10.2　温度の計測··206
　　　10.2.1　熱電対温度計···206
　　　10.2.2　白金測温抵抗体···208
　10.3　燃料流量の計測··208
　　　10.3.1　容量式流量計（マスビュレット）·································208
　　　10.3.2　連続質量流量計···209
　10.4　吸入空気量の計測···210
　　　10.4.1　カルマン渦流速計··210
　　　10.4.2　熱線流量計···210
　　　10.4.3　差圧流量計···210
　10.5　回転数の計測···211
　　　10.5.1　光電式回転計···211
　　　10.5.2　磁気式回転計···212
　10.6　動力の計測··212
　演習問題··217
　文献··218

索　引··219

第1章　緒　論

これから，エンジンの熱と流れの工学について学ぶことになるが，それに先立って本書で取り扱うエンジンの種類とそれに関する基礎的なことがらやその用語を説明する．

1.1　エンジン

1つの実験をしてみる．両手を出して互いの手のひらをこすって見よう（図1.1）．手のひらが暖かくなるはずである．これは，手の行った仕事が，熱に変換されたからである．このとき発生した「熱」も手が行った「仕事」もエネルギーの一種であり，その形は異なるが，その量は等しい．これは，エネルギー保存則すなわち熱力学第一法則である．それでは，エネルギーの量が等しいなら「手を止めて，発生した熱を使って逆に手を動かすことができるだろうか？」との疑問が湧く．実際に，手を止めた状態を続ければ，熱は周囲に伝わり，手の温度は元の値にどんどん近づくことになる．これでは，仕事を生み出すことはできそうもない．熱を仕事に変換するのは難しそうだ．

このように一見不可能に思われる「熱を仕事に変換するための機械」が熱機関（heat engine）すなわちエンジンである．

いま，本書で主として取り扱う，ピストン式（容積形）エンジン（piston engine）における熱から仕事への変換を考えてみる．図1.2に示すようにピストン（piston）とシリンダ（cylinder）で囲まれた空間内に作動ガスを封入してある．いま，この作動ガスに外部から熱を加えると温度と圧力が上昇しピストンが右に移動する．このまま，ピストンの移動を続けることは現実的でない（無限の長さのシリンダが必要であるなどの問題点が生ずる）ので，ピストンを左に向かって移動させ元の位置に戻す．このとき作動ガスから熱を奪うことも行われる．この動作を繰り返すことで，連続的に熱を仕事に変換するシステムが完成する．

原理は単純だが，目的にかなう性能のエンジンを設計・計画するには，関連する知識を整理し，それを適正に運用する必要がある．そこで，本書では，作動ガスを何にするか，熱を何からどのようにして発生させるか（第2章，第4章），どのような過程で作動ガスに熱を加えるか，またどのような過程で熱を奪う（第3章）かについて記述している．さらに，エンジン性能と

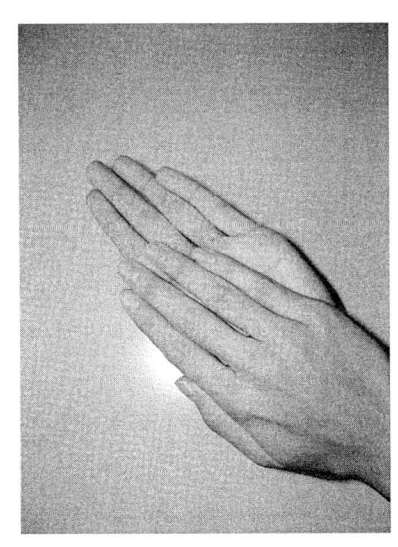

図 1.1

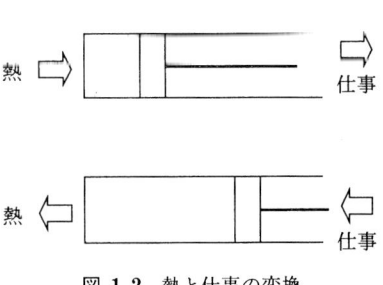

図 1.2　熱と仕事の変換

表 1.1 ピストン式内燃エンジンの分類

番号	カテゴリー	エンジンの種類
1	1サイクル中の行程（ストローク）数	2ストロークエンジン，4ストロークエンジン
2	開発者	オット (Otto), ディーゼル (Diesel)
3	点火法	火花点火エンジン，圧縮点火エンジン
4	燃料の種類	ガソリンエンジン，軽油エンジン，重油エンジン，灯油エンジン，ガスエンジン
5	燃料供給方式	シリンダ内燃料噴射式，吸気管燃料噴射式
6	冷却方式	水（液）冷，空冷
7	給気方式	自然（大気）吸気，過給
8	シリンダ配置	直列，V型，対向型，星型
9	用途	自動車（車両）用，舶用，航空用，汎用
10	理論サイクル	オット，ディーゼル，サバテ，スターリング

排ガス特性に関連する燃焼（第5章，第6章）と吸排気流れ（第7章），エンジンの耐久性に関連するトライボロジー（第8章）と伝熱（第9章）および試験法（第10章）について記述している．

1.2 主に学習するエンジン

ここではピストン式の内燃エンジン（internal combustion engine）を取り上げる．ピストン式内燃エンジンは，燃料と空気の混合気を燃焼させることで熱を得て，その熱を直接燃焼ガスそのものに与え，ピストンを動かし仕事を取り出すエンジンである．その分類は，表1.1のように10個のカテゴリーで行う．エンジンの分類を正確に表現するにはカテゴリーの中から該当するエンジンの種類を選び出せばよい．もっとも，10個のカテゴリーすべてを表示することは一般に行われていない．例えば，自動車用のガソリンエンジンは，ほとんどすべてがOttoの開発した，4ストロークの火花点火エンジンであるなどの理由で，これら自明のカテゴリーを表示しないこともある．

表1.1中の用語に関連した基本的なことがらを以下に説明しておく．

1.2.1 基本的な用語

図1.3に示すように，ピストンがクランク機構によりシリンダ内を往復運動するとき，ピストン速度がゼロとなる死点が2つある．上の死点を上死点（top dead center），下の死点を下死点（bottom dead center）と呼ぶ．クランク機構は長さ L の連接棒（connecting rod）と半径 R のクランク軸（crank shaft）で構成されている．上死点と下死点のあいだの距離を行程またはストローク（stroke）と呼ぶ．行程間のシリンダ体積が，行程体積（stroke volume）V_s である．ピストンが上死点にあるときの作動ガスの体積 V_c を，すき間体積（clearance volume）と呼び，圧縮比（compression ratio）$\varepsilon = (V_s + V_c)/V_c$ と定める．

1.2.2 4ストロークエンジンと2ストロークエンジン

熱力学でいうサイクルとは，ある熱力学的平衡状態から，出発して，いくつかの変化を経て，再びはじめの状態に戻ることである．この1サイクルを完成するのに，ピストンが何ストローク動くかでエンジンを分類する．実用されているのは，4ストロークエンジン（four strokes cycle engine）と2ストロークエンジン（two strokes cycle engine）である．図1.4は，吸入ストローク（intake stroke），圧縮ストローク（compression stroke），膨張ストローク（expansion stroke），排気ストローク（exhaust stroke）の4つのストロークから1サイクルが構成されている4ストロークエンジンである．図1.5は，膨張スト

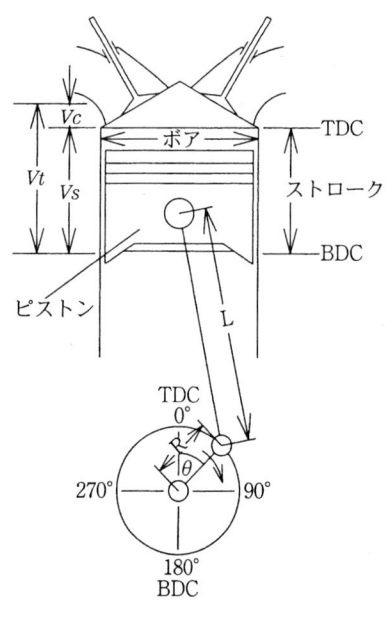

図 1.3

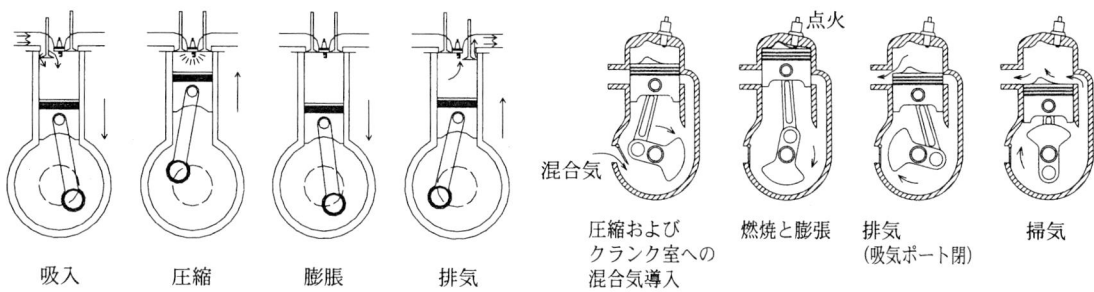

図 1.4 4ストロークエンジン　　図 1.5 2ストロークエンジン

ロークの終わりから，圧縮ストロークのはじめにかけて新気と燃焼ガスの交換を行うことで，2つのストロークで1サイクルを完成させた2ストロークエンジンである．なお，4ストロークエンジンは4サイクルエンジン，2ストロークエンジンは2サイクルエンジンと呼ぶことも多いが，本書では意味がつかみやすい前者の呼び方を原則として採用している．

演習問題

1. 外燃エンジン（機関）(external combustion engine) の定義について調べよ．
2. オットエンジン，ディーゼルエンジン，燃料電池が開発された年号または時期を調べよ．
3. 同じ行程体積を持つ2ストロークエンジンと4ストロークエンジンを，同一流量の燃料および空気を供給して運転している．このとき，同一回転数における出力はどちらが大きいか．

[解答]
2. オットエンジンが1876年，ディーゼルエンジンが1893年特許取得，Groveの燃料電池が19世紀前半．
3. 2ストロークエンジン(1サイクルあたりの供給熱量が同一となっていることに注意)．

第2章　エネルギー資源とエンジン燃料の基礎特性

2.1 エネルギー資源

2.1.1 エネルギー資源の可採埋蔵量

地球上で有限である石油，天然ガス，石炭などの資源はあとどのくらい採掘できるのであろうか．図2.1にエネルギー資源の確認可採埋蔵量（BP統計2003）を示す．20世紀後半の世界経済の成長による石油消費量の増加にもかかわらず，石油の可採年数は近年変わっていない．この理由は採掘技術の進歩や新たな資源の開発に関連している．天然ガスについては開発が石油ほど進んでおらず，今後メタンハイドレートやコールベッドメタンなどの資源調査や採掘が進めばさらに可採埋蔵量は増大するものと考えられる．しかし石油や天然ガス，石炭などの化石燃料は有限な資源でありいずれは枯渇することは間違いない．また石炭がほぼ全世界に分布していることに対して，石油は中東に世界埋蔵量の6割以上が集中しており，供給の不安定要因は否めず，天然ガスの分布についても中東，旧ソ連に偏っている．

2.1.2 新エネルギーの導入

いずれ枯渇するであろう化石燃料に代わる新エネルギーとして，国では「新エネルギー利用等の促進に関する特別措置法」を平成9年に制定しており，太陽光発電，風力発電，廃棄物発電など12種類を新エネルギーとして規定している．また，エネルギーの効率的利用や環境への負荷の少ない新エネルギーの開発，導入促進に向けた様々な施策を進めている．表2.1に12種類の新エネルギーの最近の実績値と2010年導入目標値について示す．供給サイドの新エネルギーが1次エネルギーに占める割合は，2001年度実績690万klの1.2%から2010年度目標の1910万kl，3%へと増加している．

本書ではエンジン燃料として主に石油系燃料を扱うが，後述するように，合成系の代替燃料であるDME（ジメチルエーテル）やGTL（ガストゥリキッド）は例えばバイオマスから作るメタン，エタノール，メタノールなどを利用して製造することができる．もちろん，メタン，メタノール，エタノール自体もエンジン燃料として有用である．表2.1中のクリーンエネルギ

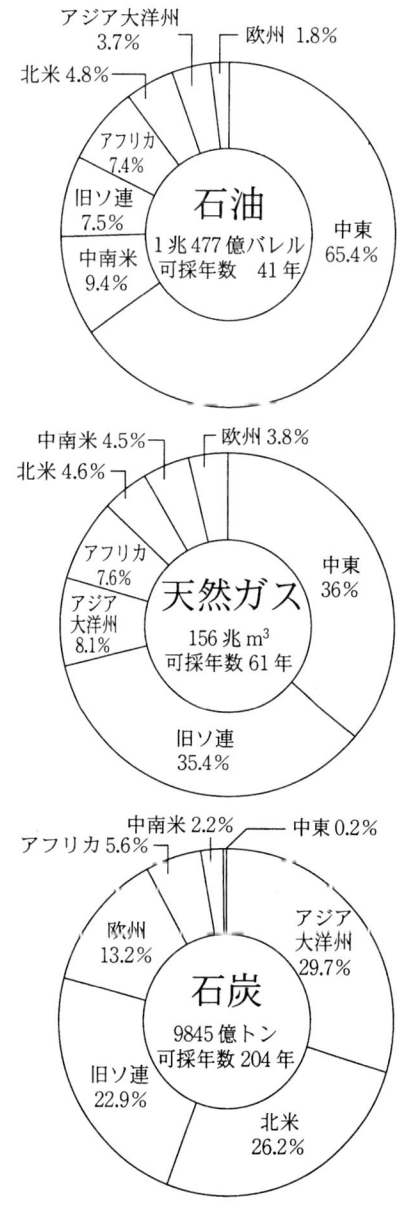

図2.1　エネルギー資源の確認可採埋蔵量 2002データ[1]

表 2.1 新エネルギーの導入目標（総合資源エネルギー調査会新エネルギー部会報告書に基づく）

供給サイドの新エネルギー		2001 年度実績	2010 年度目標	2010 目標/2001 実績
発電分野	太陽光発電	11 万 kl (45.2 万 kW)	118 万 kl (482 万 kW)	10.7
	風力発電	12.7 万 kl (31.2 万 kW)	134 万 kl (300 万 kW)	9.6～10.6
	廃棄物発電	125 万 kl (111 万 kW)	552 万 kl (417 万 kW)	3.8～4.4
	バイオマス発電	4.8 万 kl (7.1 万 kW)	34 万 kl (33 万 kW)	4.6～7.1
熱利用分野	太陽熱利用	82 万 kl	439 万 kl	5.4
	温度差エネルギー等	4.4 万 kl	58 万 kl	13.2
	廃棄物熱利用	4.5 万 kl	14 万 kl	3.1
	バイオマス熱利用	——	67 万 kl	——
	黒液・廃材等	446 万 kl	494 万 kl	1.1
合　計		690 万 kl	1910 万 kl	2.8
需要サイドの新エネルギー		2001 年度実績	2010 年度目標	2010 目標/2001 実績
クリーンエネルギー自動車 万台		11.5	348	30.3
天然ガスコージェネ 万 kW		190	2.4	2.4
燃料電池 万 kW		1.2（りん酸型）	220	183

一自動車には，電気，燃料電池，ハイブリッド，天然ガス（主成分はメタン），メタノールを燃料とする自動車や，ディーゼル代替 LP ガス自動車が含まれている．

2.2 エンジン燃料の基礎特性

熱機関は表 2.2 に示すように，火花点火エンジン，圧縮点火エンジン，ガスタービンなどに代表される内燃エンジンと，スターリングエンジン，蒸気タービンなどの外燃エンジンに分類されるが，ここではガソリンエンジン，ディーゼルエンジンなどの往復動内燃エンジンやガスタービンに使用する燃料について考えてみよう．

一般に燃料は使用する状況によって，固体燃料，液体燃料，気体燃料に大別されるが，往復動内燃エンジンの燃料としては，ガソリン，灯油，軽油，重油などの液体燃料や，天然ガス，LPG，水素などの気体燃料があり，石油系燃料が主体である．また最近は大都市圏の大気汚染規制に関連して，環境保全や石油代替

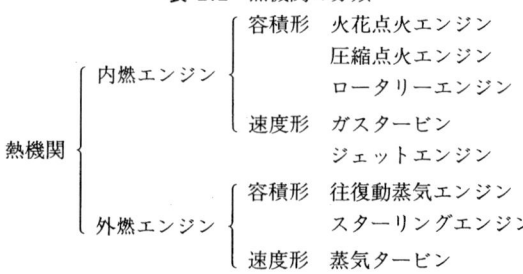

表 2.2　熱機関の分類

を考慮した多種多様の燃料が使用される傾向にあり，バイオマスを原料とするアルコール燃料や，天然ガス，石炭ガスを原料とするDME，天然ガスの液化燃料であるGTLなどの新燃料も開発されつつある．ガスタービンについても灯油，軽油，A重油，都市ガス，LNG，LPG，オフガスなど多種の燃料が使用されているが，やはり石油系燃料が多い．ここでは石油系の燃料を主体として記述する．

2.2.1 石油系燃料の基礎特性

いわゆる化石燃料は石油系の燃料であり，炭素Cと水素Hを成分とする炭化水素である．CとHの数によって，パラフィン系 C_nH_{2n+2}（メタン，エタン，プロパン，ブタン，…），ナフテン系 C_nH_{2n}（エチレン，シクロペンタン，シクロヘキサン，…），芳香族系（ベンゼン，トルエン，キシレン，…）などに分類される．原料の原油を蒸留することにより表2.3のような基礎特性と用途を持つ石油製品が得られる．表2.3において，C_4までは気体燃料，C_5～C_{22}は液体燃料，C_{23}以上は重油，アスファルト，ピッチなどである．

2.2.2 石油系燃料の性質

石油系燃料の品質や規格，分析方法などについては，JIS規格，ASTM規格，ISO規格などに規定されている．石油系燃料には揮発性，流動性，燃焼性などが求められているが，その特性は燃料油を構成する炭化水素の成分に大きく依存する．ここではこれらの特性値を列記して説明する．

表 2.3 石油製品の基礎特性と用途

炭素数	製品	沸点 °C	密度 kg/m³	低発熱量 MJ/kg	用途
C_2以下	メタン CH_4 エタン C_2H_6	−162 −89	0.3 0.37	52 48	天然ガス
C_3, C_4	プロパン C_3H_8 ブタン C_4H_{10}	−42 −0.5	0.51 0.58	48 48	民生用，LPG
C_5～C_{11}	ガソリン	35～180	0.6～0.74	44	ガソリン自動車用，石油化学材料，航空用
C_9～C_{15}	灯油 ジェット燃料	150～250	0.74～0.82	43	民生用，ジェット燃料
C_{12}～C_{22}	軽油	190～350	0.82～0.88	42	高速ディーゼルエンジン，ガスタービン燃料
C_{23}～	A重油 B重油 C重油	350以上	0.83～0.88 0.91～0.93 0.94～0.97	42以下	発電用，舶用ディーゼル用，ガスタービン用燃料，加熱炉用
	アスファルト ピッチ 石油コークス			42以下 35以下 37以下	ボイラ燃料 ボイラ燃料 セメント焼成

a. 密度 (density)

密度は石油系燃料において最も重要な値である．日本では15℃における密度を4℃の水の密度との比で表した比重 (15/4℃) が用いられる．米国では (60/60°F) が使用され，また，米国石油協会の決めたAPI度で比重を表すことが多い．代表的な燃料の密度は，ガソリンが最も低く，灯油，軽油，重油の順に大きくなる．

b. 引火点 (flash point)

火を近づけたとき燃料の蒸気に引火する最低の燃料温度であり，自然着火温度とは異なる．引火点は液体燃料の取扱いと貯蔵の安全確保上重要な指標となっており，ガソリン，灯油，軽油，重油の引火点は，それぞれ−40℃，40℃以上，50℃以上，60℃以上となっている．

c. 流動点 (pour point)

静止状態にある液体燃料の温度を下げていくとやがて固化して流動性を失う．流動する最低温度を流動点という．航空用燃料では高々度の低温雰囲気において成分中の炭化水素が結晶析出する場合がある．この析出限界温度を析出点 (freezing point) という．結晶を生成し始めると燃料は不透明となるがこの温度を曇り点 (cloud point)，燃料フィルタの閉塞する温度を目詰り点 (cold filter plugging point)，流動しなくなる温度を凝固点 (solidification point) といい，凝固点より2.5℃高い温度を持って流動点とする．燃料の輸送や微粒化にも関係する．流動点は軽油，重油などに規定され，析出点は航空用ガソリンやジェット燃料に規定されている．

d. 粘度 (viscosity)

粘度は液体燃料を噴霧燃焼させる場合の霧化性，すなわち噴霧した液滴粒子の大きさに関連しており，燃焼に大きく影響する値である．また，燃料のポンプ輸送に関係する．炭化水素の粘度は炭素数の増加とともに高くなり，炭素数が等しい場合には，ナフテン系や芳香族系の炭化水素の粘度はパラフィン系よりも高い．

e. 沸点 (boiling point)

炭化水素の沸点は同種の炭化水素では炭素数の増加に伴い高くなり，炭素数の等しい場合は芳香族系炭化水素が最も高く，ナフテン系，パラフィン系の順に低くなる．

f. 煙点 (smoke point)

燃料が燃焼時に煙やすすを出しにくいほど燃焼は良いとされ，この燃焼性を煙点で示す．ばい煙を生成する性質では，芳香族，ナフテン，パラフィン系の順にばい煙生成性が大きい．また，炭素/水素比 (c/h) の大きいほどばい煙を生成しやすい．

g. 発熱量 (heat of combustion)

発熱量は燃料が完全燃焼したときに発生する燃焼熱量で

ある.炭化水素成分では,炭素/水素比(c/h)が小さいほど大きい.パラフィン系炭化水素の発熱量が最も高く,ナフテン系,芳香族系の順に低くなる.ガソリンの発熱量の値は高く,灯油,軽油,重油の順に低くなる.なお,石油を構成する炭化水素の炭素/水素比(c/h)は,石油系燃料を燃焼させるために必要な空気量や発熱量に関連して重要な値であり,メタンの3.0 kg/kgよりアセチレンC_2H_2の11.9 kg/kgまで分布している.

h. オクタン価(octane number)

オクタン価はガソリンのアンチノック性を表す値である.燃料の自然着火温度が高いほどアンチノック性は優れている.炭化水素の種類とオクタン価の関連については,パラフィン系,ナフテン系では炭素数が少ないほどオクタン価は高い.炭素数が同じ場合,芳香族系が最も高く,パラフィン系,ナフテン系のオクタン価は低い.JIS K 2280には,基準のCFRエンジンを使用してオクタン価を測定する方法が制定されている.

i. セタン価(cetane number)

セタン価はディーゼルエンジンの着火性を表す値であり,燃料の自然着火温度が低いほど大きく,オクタン価とは逆の関係にある.着火性のよいセタン(ノルマルヘキサデカン)のセタン価を100とし,着火性の悪いヘプタメチルノナンのセタン価を15として,基準のCFRエンジンを用いてセタンとヘプタメチルノナンを混合した標準燃料との比較から試験燃料のセタン価を求めている.この方法は大掛かりであるので,燃料の比重や蒸留線図よりセタン指数を計算する簡易法も利用されている.軽油燃料の高速ディーゼルではセタン価は40以上必要であるが,重油燃料の低速ディーゼルでは25程度で十分である.

j. 残留炭素分(carbon residue)

燃料を空気不足の状態で燃焼した場合コークス状の炭化物を残すが,これを残留炭素分として表す.多環芳香族などの高沸点炭化水素が熱分解と縮合を起こして炭化物を生成する.一般にるつぼに燃料を入れて強熱した後の炭化物の質量を測定して得られる.重油の場合には重要な値であるが,軽油では残留炭素分は少ないので,蒸留後の残油試料を調整して残留炭素分を測定する.

k. 灰分(ash)

燃料中に含まれるニッケル,バナジウム,ナトリウムなどの金属成分は燃焼後も金属酸化物として残留する.これを灰分といい,主に重油燃焼の場合に重要であるが,軽油では灰分はわずかである.バナジウムは低融点物質をつくり,加熱炉などの場合,炉壁に付着して腐食の原因となる.

l. ガム(gum)

ガソリンやジェット燃料は微量のガム状物質を含むこと

がある．燃料を蒸発させたときの不揮発性残留物を実在ガムという．燃料中に微量のオレフィンなどの化合物があると，空気との酸化重合により生成し，気化器ノズル，吸気管などに沈着，障害を引き起こすことがある．

2.2.3 エンジン用燃料

a. 火花点火エンジン（ガソリンエンジン）用燃料

一般的にはガソリンが使用される．ノッキングを防止するため自発着火性の低いことが必要である．ガソリン中の自発着火性の低いイソオクタンの割合からオクタン価を定めている．自動車用ガソリンの品質規格 JIS K 2202 には，オクタン価 96 以上の 1 号（プレミアム級）と 89 以上の 2 号（レギュラー級）が規定されている．

b. 圧縮点火エンジン（ディーゼルエンジン）用燃料

高速ディーゼルエンジン用には軽油が用いられるが，ディーゼル噴霧に関連する粘度，流動点のほかに，燃焼室や噴射ノズルにおける残留沈着物（デポジット）の生成に関連する残留炭素と灰分などが問題となる．また燃料噴射から着火までの時間が長いと，燃料が多量に噴射され急激に燃焼，圧力上昇することより，火花点火エンジンのノッキング症状を呈し，窒素酸化物の発生も多くなる．これよりディーゼルエンジンには自発着火性のよい，着火遅れの小さい燃料が必要である．着火性の高いセタンの割合をセタン価と呼んでいる．燃料の蒸留曲線から 50% 留出する温度の 50% 点と，API 度から規定の式を使って推定されるセタン価のことをセタン指数といい，現在の自動車燃料品質規制値では軽油のセタン指数 45 以上と決められている．

中・低速ディーゼルエンジンでは重油が使用される．小・中型エンジンでは A 重油を，大型エンジンでは B，C 重油が使用されるが，アスファルトを余熱して使う場合もある．セタン価は 25 程度でも十分であるが，大気汚染の原因物質となる硫黄などの含有量に注意が必要である．なお，軽油，重油の品質規格については，それぞれ JIS K 2204，JIS K 2205 に規定されている．

c. ガスタービン用燃料

航空用ガスタービンには灯油や灯油とナフサとの混合物（ジェット燃料）が用いられる．使用状況の点から燃料の低温流動性，発煙性が問題となる．陸用，舶用のガスタービンでは小型では灯油，軽油，A 重油が，大型では B,C 重油が使用されている．なお最近コ・ジェネなどに適用されているガスタービンには，天然ガス，LPG，LNG，オフガスなど多種の燃料が使用されている．

2.3 エンジン燃料の燃焼

2.3.1 燃焼の基礎

ガソリンエンジン，ディーゼルエンジン，ガスエンジン，ガスタービンには炭化水素系の燃料が多く使用される．燃料中の主成分は炭素，水素であり，またわずかに硫黄が含まれる．これらの3成分と酸素の間で燃焼が起こり酸化反応が終結すると，CO_2 や H_2O，SO_2 が生成して反応熱が発生することが知られている．燃料中の成分が完全燃焼する場合の酸化反応は燃焼の基本反応と呼ばれており，以下の式で表される．

$$C + O_2 \longrightarrow CO_2 + 393.5 \text{ kJ/mol} \qquad (2.1)$$

$$H_2 + \frac{1}{2}O_2 \longrightarrow H_2O_{(g)} + 285.8(241.8) \text{ kJ/mol} \qquad (2.2)$$

$$S + O_2 \longrightarrow SO_2 + 296.8 \text{ kJ/mol} \qquad (2.3)$$

上式 (2.2) の添字 g および l はそれぞれ水分が気相，液相であることを示す．カッコ内の数値は水分が気相である場合を示す．上式は総括反応式と呼ばれ，左辺と右辺がそれぞれ反応の初状態と最終状態を表している．また燃料と酸素が過不足ないという意味で，化学量論式と呼ばれる．実際には左辺の原系 (reactant) が燃焼して右辺の生成系 (product) ができるまでには，素反応と呼ばれる多数の反応が関与している．上式はいずれも発熱反応であり，その反応によって取り出せる熱を発熱量という．燃料中に H_2 を含んでいる場合には H_2O が生成され，H_2O が気相の場合と液相の場合では取り出すことのできる熱量は水の蒸発熱の分だけ異なる．水分が液相の場合を高発熱量 (higher heating value) H_h，気相の場合を低発熱量 (lower heating value) H_u と呼んでいる．エンジンなどでは，燃焼後の排ガス中の水分は水蒸気として放出されているので，低発熱量分のエネルギーしか利用できないと考えて熱効率を定義している．なお，式 (2.1) の反応において酸素が不足した場合には，例えば炭素は以下のように反応する．

$$C + \frac{1}{2}O_2 \longrightarrow CO + 110.5 \text{ kJ/mol} \qquad (2.4)$$

発生した CO はさらに酸素が供給されることで反応が進行し，次式のように CO_2 が生成される．

$$CO + \frac{1}{2}O_2 \longrightarrow CO_2 + 283.0 \text{ kJ/mol} \qquad (2.5)$$

式 (2.4) と式 (2.5) の反応を併せると式 (2.1) が得られ，反応熱は反応の途中経路には無関係であることがわかる．これをヘス (Hess) の法則という．

2.3.2 炭化水素の燃焼

炭化水素 C_nH_m が完全燃焼 (complete combustion) する場

合の反応式は次のようになる.

$$C_nH_m + \left(n+\frac{m}{4}\right)O_2 \longrightarrow nCO_2 + \frac{m}{2}H_2O \quad (2.6)$$

燃料が完全燃焼するのに必要な酸素量を理論酸素量または量論酸素量と呼ぶ.この場合,酸素は燃焼反応によって完全に消費される.このときの空気量を理論(量論)空気量(theoretical または stoichiometric correct amount of air)といい,この場合の空気と燃料の比を理論(量論)空燃比 A/F (air fuel ratio)という.一般の燃焼では反応を完了するためには量論空気量よりも多くの空気を必要としており,この過剰の空気と量論空気量の比を空気比 α (空気過剰率 excess air ratio ともいう),その逆数を当量比(equivalence ratio)Φ と呼んでいる.燃料を空気過剰な状態($\Phi<1.0$)で燃焼したときは燃焼ガス中の酸素濃度は高く,一方,燃料過剰な状態($\Phi>1.0$)で燃焼したときは一酸化炭素や水素の濃度は高い.

式(2.6)より炭化水素と空気の完全燃焼の場合は次式となる.

$$C_nH_m + \left(n+\frac{m}{4}\right)O_2 + 3.76\left(n+\frac{m}{4}\right)N_2 \longrightarrow$$
$$nCO_2 + \frac{m}{2}H_2O + 3.76\left(n+\frac{m}{4}\right)N_2 \quad (2.7)$$

いま炭化水素 1kg 中に含まれる炭素,水素の質量分率をそれぞれ c, h kg/kg とする.式(2.1)において,c kg の炭素は $\frac{c}{12}\times 32$ kg の酸素と反応して $\frac{c}{12}\times 44$ kg の二酸化炭素が生成される.同様に水素については式(2.2)より,h kg の水素は $\frac{h}{2}\times\frac{1}{2}\times 32$ kg の酸素と反応して,$\frac{h}{2}\times 18$ kg の水が生成される.これより完全燃焼に必要な量論酸素量は,$2.66c+8h$ kg/kg(fuel) となり,量論空気量は空気中の酸素質量比を 0.232 として,$11.47c+34.48h$ kg/kg(fuel) となる.

炭化水素 C_nH_m において質量分率 c, h はそれぞれ,$c=12.011n/(12.011n+1.008m)$, $h=1.008m/(12.011n+1.008m)$ となり,この場合の量論酸素量,空気量を計算して,量論空燃比 $(A/F)_{st}$ を炭素/水素比 (c/h) で表すと,

$$(A/F)_{st} = \frac{11.483(c/h)+34.207}{(c/h)+1} \quad (2.8)$$

炭化水素燃料(hydrocarbon fuel)の炭素/水素比 (c/h) と量論空燃比の関係を整理して図 2.2 に示す.

なお,式(2.8)の計算においては,原子量 H=1.008,C=12.011,O=15.999 を用いている.

[例題 2.1] プロパン C_3H_8 1m^3_N を空気比 $\alpha=1.1$ で完全燃焼させたとき,乾き燃焼排ガス量は何 m^3_N となるか.また,乾き排ガス中の CO_2 体積濃度%を求めよ.(公害防止管理者試験類似問題)

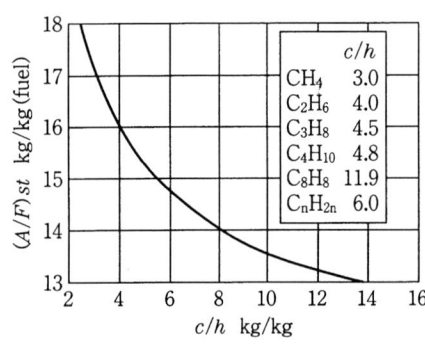

図 2.2 炭化水素燃料の炭素/水素比と量論空燃比の関係

[解答]
反応式は式 (2.6) より，$C_3H_8 + 5O_2 \longrightarrow 3CO_2 + 4H_2O$
C_3H_8 $1 m^3_N$ では，O_2 は $5 m^3_N$，排ガスの CO_2 は $3 m^3_N$

量論酸素量 $O_o = 5 m^3_N$ より，量論空気量は $A_o = \dfrac{5}{0.21} = 23.8$ m^3_N，乾き排ガス量 V は（使用空気量―反応に使用した酸素量＋CO_2 発生量）より，空気比 $a = 1.1$ を用いて，$V = 1.1 \times 23.8 - 0.21 \times 23.8 + 3 = 24.182 m^3_N$

CO_2 の体積濃度は，$\dfrac{3}{24.182} \times 100 = 12.4\%$ となる．

2.3.3 燃焼の熱力学

(I) 反応熱と生成熱

燃焼による発熱は化学反応による発熱であり，物質が保有している化学エネルギーが熱エネルギーに変換することにほかならない．いま，$a, b \cdots$ モルの化学種 $A, B \cdots$ の化学反応

$$aA + bB + \cdots = xX + yY + \cdots \quad (2.9)$$

が，等温，等圧下で起こったとする．

それぞれの成分のモルエンタルピーを H_i とすればこの反応によって次の熱量 ΔH_c が出入りする．

$$\Delta H_c = (xH_X + yH_Y + \cdots) - (aH_A + bH_B + \cdots) \quad (2.10)$$

式 (2.9) の左辺の原系が右辺の生成系に対して，ΔH_c だけ高いエンタルピーを持っている場合は発熱反応となり，低い場合は吸熱反応となる．ΔH_c を反応熱（反応エンタルピーともいう，enthalpy of reaction）と呼ぶ．

一方，個々の成分のモルエンタルピー H_i は次式で表される．

$$H_i = \int_{T_0}^{T} C_{pi} dT + \Delta H^°_{fi}(T_0) \quad (2.11)$$

ここで，C_{pi} はモル比熱，添字○は標準大気圧，T_0 は基準温度 (298.15K) を表す．$\int_{T_0}^{T} C_{pi} dT$ は温度 T の気体の保有するエンタルピーを示す．$\Delta H^°_{fi}(T_0)$ は成分 i の標準生成エンタルピー (standard enthalpy of formation) であり，基準温度 $T_0 = 298.15K$，基準圧力 $p_0 = 0.1013 MPa$ において，基準化学種（C, H_2, N_2, O_2, S など）から成分 i を 1 モル生成するときの熱量を表す．JANAF の熱化学データ[9)] に，基準化学種の $\Delta H^°_{fi}$ を 0 とする場合の各種化合物の生成エンタルピーが温度の関数として与えられている．主要燃料に対する標準生成エンタルピー $\Delta H^°_{fi}$ の値を表 2.4 に示す．表中には後述する標準生成自由エネルギー (standard free energy of formation) $\Delta G^°_{fi}$ や，絶対零度におけるエントロピーを零とする基準より得られた絶対エントロピー (absolute entropy) $S^°$ を示す．

[**例題 2.2**] CO_2 や CO の生成式と標準生成エンタルピーは，表 2.4 より以下に示される．

$$C + O_2 \longrightarrow CO_2 \quad \Delta H^°_{fCO_2} = -393.513 \text{ kJ/mol}$$

$$C + \frac{1}{2}O_2 \longrightarrow CO \quad \Delta H^°_{fCO} = -110.513 \text{ kJ/mol}$$

表 2.4 標準生成エンタルピー ΔH_{fi}°, 標準生成自由エネルギー ΔG_{fi}°, 絶対エントロピー S_{fi}° (0.1013 MPa, 298.15 K)

物　　質		状態	ΔH_f°	ΔG_f°	S°
分子式	名　称		[kJ mol^{-1}]	[kJ mol^{-1}]	[J mol^{-1} K^{-1}]
CH$_4$	メタン	g	−74.848	−50.794	186.188
C$_3$H$_8$	プロパン	g	−103.847	−23.489	269.910
C$_4$H$_{10}$	ブタン	g	−124.733	−15.707	310.118
C$_5$H$_{12}$	ペンタン	g	−146.440	−23.908	348.946
CH$_3$OH	メタノール	g	−201.167	−161.586	237.651
		l	−238.665	−166.523	126.775
C$_2$H$_5$OH	エタノール	g	−218.530	−305.590	282.002
		l	−277.608	−174.724	160.666
CO	一酸化炭素	g	−110.523	−137.268	197.945
CO$_2$	二酸化炭素	g	−393.513	−394.383	213.593
H$_2$	水素	g	0.000	0.000	130.624
H$_2$O	水	g	−241.826	−228.596	188.724
		l	−285.840	−237.192	70.082
N$_2$	窒素	g	0.000	0.000	191.489
NH$_3$	アンモニア	g	−46.191	−16.636	192.297
O$_2$	酸素	g	0.000	0.000	205.058

この場合，次の反応の標準反応熱（基準圧力，基準温度における反応熱）を求めてみよ．

$$CO + \frac{1}{2} O_2 \longrightarrow CO_2$$

[解答]

式 (2.10) より標準反応熱 ΔH_c を求める．

$$\Delta H_c = \Delta H_{f\,CO_2}^\circ - \Delta H_{f\,CO}^\circ = -393.513 + 110.523$$
$$= -282.99 \text{ kJ/mol}$$

これは反応熱は反応経路に無関係であるというヘス (Hess) の法則を適用したことにほかならない．

次にメタンと酸素の反応について考えてみる．式 (2.6) より

$$CH_4 + 2 O_2 \longrightarrow CO_2 + 2 H_2O \qquad (2.12)$$

表 2.4 より各化合物の標準生成エンタルピーは

$$\Delta H_{f\,CH_4}^\circ = -74.848 \text{ kJ/mol}$$
$$\Delta H_{f\,O_2}^\circ = 0$$
$$\Delta H_{f\,CO_2}^\circ = -393.513 \text{ kJ/mol}$$
$$\Delta H_{f\,H_2O(l)}^\circ = -285.840 \text{ kJ/mol}$$
$$\Delta H_{f\,H_2O(g)}^\circ = -241.826 \text{ kJ/mol}$$

ここで，g は気相を，l は液相を表す．
式 (2.10) より反応熱 ΔH_c を求める．

$$\Delta H_{c(l)} = (-285.840 \times 2 - 393.513) - (-74.848)$$
$$= -890.345 \text{ kJ/mol(CH}_4)$$
$$\Delta H_{c(g)} = (-241.826 \times 2 - 393.513) - (-74.848)$$
$$= -802.317 \text{ kJ/mol(CH}_4)$$

$-\Delta H_{c(l)}$，$-\Delta H_{c(g)}$ はそれぞれメタンの高発熱量, 低発熱量を示

す．

［例題 2.3］ プロパンと酸素，エタノールと酸素との反応式より，それぞれの低発熱量 H_u を求めてみよ．

［解答］

● プロパンの場合

$C_3H_8 + 5O_2 \longrightarrow 3CO_2 + 4H_2O(g)$ を用いて，プロパンの低発熱量 $H_{uC_3H_8}$ は式 (2.10) と表 2.4 より

$$\Delta H_c = -393.513 \times 3 - 4 \times 241.826 - (-103.847)$$
$$= -2043.996 \text{ kJ/mol}$$
$$H_{uC_3H_8} = 2043.996 \text{ kJ/mol}$$

● エタノールの場合

$C_2H_5OH + 3O_2 \longrightarrow 2CO_2 + 3H_2O(g)$ よりエタノールの低発熱量 $H_{uC_2H_5OH}$ は

$$\Delta H_c = -393.513 \times 2 - 3 \times 241.826 - (-277.608)$$
$$= -1234.896 \text{ kJ/mol}$$
$$H_{uC_2H_5OH} = 1234.896 \text{ kJ/mol}$$

（2） 燃焼ガスの熱力学的性質

炭化水素 C_nH_m が空気中で完全燃焼する場合には生成物は CO_2, H_2O, O_2, N_2 であるが，実際には CO, H_2, OH, NO など不完全燃焼ガス成分や燃焼の中間生成物，微量生成物質が現れる．高温の燃焼ガスはこれらの成分の混合ガスと見なしてその熱力学的性質を求める．燃焼ガス中の各成分のモル分率を y_i とする．y_i は高温になると熱解離反応 (thermal dissociation reaction) により変化するが，ここでは温度に対して変化しないものとする．燃焼ガスのモルエンタルピーは式 (2.11) より次式で表される．

$$H_g = \sum_i y_i H_i = \sum_i y_i \left[\int_{T_0}^{T} C_{pi} dT + \Delta H_{fi}^°(T_0) \right] \quad (2.13)$$

燃焼ガスのモル定圧比熱 C_{pg} は

$$C_{pg} = \sum_i y_i C_{pi} \quad (2.14)$$

燃焼ガス中の成分 i のモルエントロピー S_{gi} は

$$S_{gi} = \int_{T_0}^{T} \frac{C_{pi}}{T} dT - R \ln \frac{p_i}{p_0} + S_{fi}^°(T_0, p_0)$$
$$= \int_{T_0}^{T} \frac{C_{pi}}{T} dT - R \ln \frac{p}{p_0} - R \ln y_i + S_{fi}^°(T_0, p_0)$$
$$\quad (2.15)$$

ここで，$S_{fi}^°(T_0, p_0)$ は成分 i が T_0, p_0 において基準化学種から生成するときのエントロピーであり，標準生成エントロピーという．p_i は各成分の分圧でモル分率 y_i とは次の関係がある．

$$\frac{p_i}{p_0} = y_i \frac{p}{p_0} \quad (2.16)$$

p は分圧の和，全圧を示す．

燃焼ガスのモルエントロピー S_g は次式で表される．

$$S_g = \sum_i y_i S_{gi}$$

$$= \sum_i y_i \left[\int_{T_0}^{T} \frac{C_{pi}}{T} dT - R \ln y_i + S_{fi}^\circ(T_0) \right] - R \ln \frac{p}{p_0}$$
(2.17)

化学反応において重要なギブス(Gibbs)のモル自由エネルギー(free energy)は定義より次式で表される.

$$G = \sum_i y_i G_i = \sum_i y_i (H_g - TS_g) \tag{2.18}$$

モル自由エネルギー G を用いて,「熱力学的系が周囲と平衡するまでに外界になしうる最大仕事」すなわちエクセルギー E をプロパンの燃焼(例題2.3)の場合に求めてみよう.

等温燃焼の場合,燃焼前後の自由エネルギーの差が燃料と酸素のなし得る最大仕事になる[7]ことより,

燃焼前のギブスの自由エネルギー G_1 は表2.4より

$$G_1 = [\Delta H_f^\circ(T_0) - T_0 S^\circ(T_0)]_{C_3H_8} + 5[-T_0 S^\circ(T_0)]_{O_2}$$
$$= -103847 - 298.15 \times 269.910 - 5 \times 298.15 \times 205.058$$
$$= -490.0108 \text{ kJ/mol(fuel)}$$

燃焼後の自由エネルギー G_2 は H_2O を気相として

$$G_2 = [\Delta H_f^\circ(T_0) - T_0 S^\circ(T_0)]_{CO_2} + 4[\Delta H_f^\circ(T_0) - T_0 S^\circ(T_0)]_{H_2O}$$
$$= 3(-393513 - 298.15 \times 213.593) - 4(-241826 - 298.15 \times 188.724) = -2563.963 \text{ kJ/mol(fuel)}$$
$$E = G_1 - G_2 = 2073.9525 \text{ kJ/mol(fuel)}$$

この値はプロパンの高発熱量 2219 kJ/mol,低発熱量 2044 kJ/mol の中間の値である.

(3) 断熱火炎温度

燃焼過程において,化学エネルギーから変換された熱エネルギーは生成物の温度上昇に用いられるか,外部へ放熱される.原系の組成や初期温度が与えられる場合,これを等圧下でかつ断熱状態で燃焼させるときに得られる温度を断熱火炎温度(adiabatic flame temperature)または断熱燃焼温度(adiabatic combustion temperature)という.断熱火炎温度は燃焼前後のエンタルピーが等しいという条件下で定まる.

$$H_u = H_b \tag{2.19}$$

燃焼の原系のエンタルピー H_u は容易に求めることができるが,生成系のエンタルピー H_b は温度がわからないため計算できない.したがって,断熱火炎温度を求めるには温度 T を変えて式(2.19)が成立するまで反復計算する方法と,JANAF熱化学データ[9]を用いる方法がある.

[例題 2.4] 298.15 K,1 bar,空気比 $a = 1.5$ でメタンと空気の混合気を完全燃焼する場合の断熱火炎温度をJANAF熱化学データを用いて計算せよ.

[解答]
　　反応式は式(2.7)に a を考慮して

$$CH_4 + 1.5(2 O_2 + 7.52 N_2) \longrightarrow$$
$$CO_2 + 2 H_2O + O_2 + 11.28 N_2$$

原系のエンタルピーは

$$H_u = \Delta H^\circ_{f\,CH_4} + 2\Delta H^\circ_{f\,O_2} + 7.52 \Delta H^\circ_{f\,N_2}$$
$$= -74.85 + 0 + 0 = -74.85 \text{ kJ/mol}$$

生成系の燃焼ガスのモル数と，温度 $T_b = 1600\,\text{K},\ 1800\,\text{K}$ におけるエンタルピーはJANAF熱化学データより次のようになる．

項目	生成ガス	CO_2	H_2O	O_2	N_2
温度条件	生成モル数 n	1	2	1	11.28
	ΔH°_f	-393.52	-241.83	0	0
温度 T_b 1600 K	$H^\circ(T_b) - H^\circ(T_0)$	67.57	52.91	44.27	41.90
	$H^\circ(T_b)$	-325.95	-188.92	44.27	41.90
	$nH^\circ T_b$	-325.95	-377.84	44.27	472.63
温度 T_b 1800 K	$H^\circ(T_b) - H^\circ(T_0)$	79.43	62.69	51.67	48.98
	$H^\circ(T_b)$	-314.09	-178.14	51.67	48.98
	$nH^\circ T_b$	-314.09	-358.28	51.67	552.49

これより，1600 K における $\sum nH^\circ T_b = -186.89\,\text{kJ/mol}$
1800 K における $\sum nH^\circ T_b = -68.21\,\text{kJ/mol}$
$H_b = -74.85\,\text{kJ/mol}$ となる T_b の値を補間法より求める．

$$T_b = 1600 + \frac{(-74.85)-(-186.89)}{(-68.21)-(-186.89)} \times (1800-1600)$$
$$= 1788.8\,\text{K}$$

生成ガスの断熱火炎温度は1788.8 K と求まる．

2.4 大気環境とエンジン燃料

2.4.1 大気環境の状況と自動車排出ガス規制

日本では環境基本法に基づき，人の健康を保護し生活環境を保全する上で維持されることが望ましい基準として，大気汚染に係る環境基準（表2.5）が定められている．また大気汚染防止法に基づき，一般環境大気測定局，自動車排出ガス測定局にお

表 2.5 大気汚染に係わる環境基準

物　質	環境上の条件
二酸化硫黄（SO_2）	1時間値の1日平均値が0.04 ppm以下であり，かつ1時間値が0.1 ppm以下であること．
二酸化窒素（NO_2）	1時間値の1日平均値が0.04 ppmから0.06 ppmまでのゾーン内またはそれ以下であること．
浮遊粒子状物質（SPM）	1時間値の1日平均値が0.10 mg/m³以下であり，かつ，1時間値が0.20 mg/m³以下であること．
光化学オキシダント（O_x）	1時間値が0.06 ppm以下であること．
一酸化炭素（CO）	1時間値の1日平均値が10 ppm以下であり，かつ，1時間値の8時間平均値が20 ppm以下であること．

表 2.6 法や条例によるディーゼル自動車単体規制

法や条例	規制の内容
大気汚染防止法による規制	自動車排ガス規制，燃料品質規制
自動車 NO_x・PM 法による規制	3大都市圏における車種規制，NO_x・PM 規制
自治体の条例による規制	首都圏(4都県)における車種規制，PM 規制
省エネルギー法による燃費規制	トップランナー方式による燃費改善目標値

いて大気汚染の常時監視が行われている．平成14年度の測定結果によると，二酸化窒素（NO_2）および浮遊粒子物質（SPM）については，大都市圏を中心に環境基準を達成していない状況がみられている．その主な原因は自動車の排出ガスとされており，対策が求められている．特にディーゼル自動車の環境負荷に関しては，大都市圏など特定地域において，表2.6に示すような国と自治体による規制が制定されている．

自動車における排出ガス規制は，昭和48年以降，大気汚染物質の規制物質の追加や規制値の強化が行われており，現在では窒素酸化物（NO_x），粒子状物質（PM），炭化水素（HC），一酸化炭素（CO）の4つの大気汚染物質が規制対象となっている．平成8年に中央環境審議会に「今後の自動車排出ガスの低減対策のあり方」について諮問が行われ，平成15年までに7回の答申が提出されている．これらの答申を踏まえ順次必要な規制が整備されている．平成14年4月の第5次答申で示された排出ガスの低減目標値を表2.7, 2.8に示す．答申の主な内容を以下に示す．

① ディーゼル新長期規制

平成17年末までに窒素酸化物等を低減しつつ粒子状物質

表 2.7 中央環境審議会第5次答申で示されたディーゼル自動車の排出ガス低減目標値（平成15年版環境白書）

車種区分 ディーゼル車		許容限度設定目標値（平均値）				達成時期
		PM	NO_x	NMHC	CO	
乗用車	小型	0.013 g/km	0.14 g/km	0.024 g/km	0.63 g/km	平成17年
	中型	0.014 g/km	0.15 g/km	0.024 g/km	0.63 g/km	平成17年
トラック・バス	軽量車 W≦1.7t	0.013 g/km	0.14 g/km	0.024 g/km	0.63 g/km	平成17年
	中量車 1.7<W≦3.5t	0.015 g/km	0.25 g/km	0.024 g/km	0.63 g/km	平成17年
	重量車 W>3.5t	0.027 g/kWh	2.0 g/kWh	0.17 g/kWh	2.22 g/kWh	平成17年

NMHC：非メタン炭化水素

表 2.8 中央環境審議会第 5 次答申で示されたガソリン・LPG 自動車の排出ガス低減目標値（平成 15 年版環境白書）

車種区分		許容限度設定目標値（平均値）			達成時期
		NO$_x$	NMHC	CO	
乗用車 軽乗用車		0.05 g/km	0.05 g/km	1.15 g/km	平成 17 年
軽貨物車		0.05 g/km	0.05 g/km	4.02 g/km	平成 19 年
トラック・バス	軽量車 W≦1.7t	0.05 g/km	0.05 g/km	1.15 g/km	平成 17 年
	中量車 1.7＜W≦3.5t	0.07 g/km	0.05 g/km	2.55 g/km	平成 17 年
	重量車 W＞3.5t	0.7 g/kWh	0.23 g/kWh	16.0 g/kWh	平成 17 年

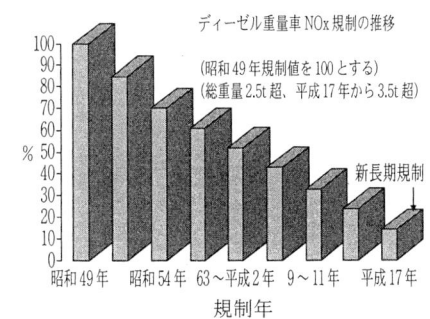

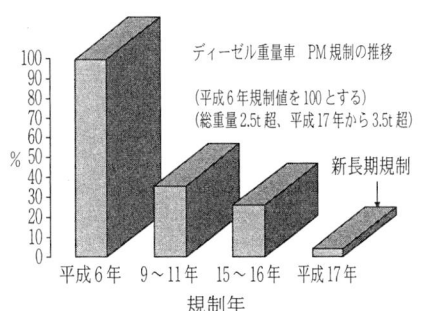

に重点をおいた厳しい規制に強化し，新短期規制（平成 15～16 年規制）に比べ粒子状物質で 50～85％，窒素酸化物で 41～50％ 削減する

② ガソリン新長期規制

平成 17 年末までに二酸化炭素低減対策に配慮しつつ窒素酸化物等の排出ガスの規制を強化し，新短期規制（平成 12 年規制）に比べ窒素酸化物で 50～70％ 削減する

③ 自動車の排ガス性能を的確に評価するため試験モードを変更する

④ ガソリン中の硫黄分許容限度設定目標値を，平成 16 年末までに現行の半分の 50 ppm 以下に低減する

なお，新車の排出ガスについては，図 2.3, 2.4 に示すように，昭和 48 年以降，大気汚染防止法に基づいて自動車から排出される NO$_x$, HC, PM 等汚染物質の排出規制を逐次強化してきており，その排出量を大幅に削減している．

また，大気環境の改善には使用過程車の排出ガス低減も重要であることから，環境省ではディーゼル車対策技術評価検討会を開催して，ディーゼル・パティキュレート・フィルタ（DPF）等の排出ガス後処理装置の技術的可能性・効果等を検討して

図 2.3 ディーゼル重量車の NO$_x$, PM 規制の推移

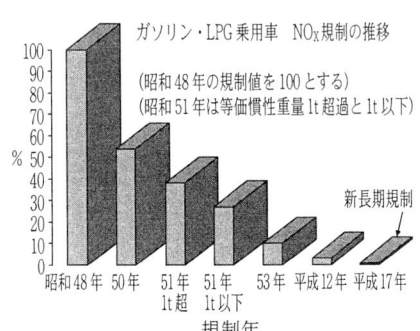

表 2.9 大気汚染防止法における自動車燃料品質規制値（平成 15 年版環境白書）

自動車燃料の種類	燃料の性状または燃料に含まれる物質	規制値
ガソリン	鉛 硫黄 ベンゼン MTBE	検出されないこと 0.01 質量% 以下 1 体積% 以下 7 体積% 以下
軽油	硫黄 セタン指数 90% 留出温度	0.05 質量% 以下 45 以上 摂氏 360 度以下

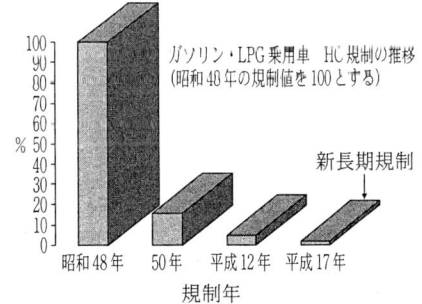

図 2.4 ガソリン・LPG 乗用車の NO$_x$, HC 規制の推移

報告書を取りまとめており，事業者や地方公共団体によるDPFや酸化触媒の装着について補助を行い，普及を推進している．

2.4.2 大気汚染防止のための燃料対策

自動車燃料の品質を確保することは，排出ガスによる大気汚染を防止するために必要な対策の1つとなる．大気汚染防止法において自動車燃料の品質確保のための基準が表2.9のように定められている．平成12年，14年の中央環境審議会の第4次，5次答申に基づき，平成16年末までに軽油中の硫黄分の許容限度を0.05質量%以下から0.005質量%以下に，ガソリン中の硫黄分を許容限度の0.01質量%以下から0.005質量%以下に低減することとしたが，平成15年7月の第7次答申においては軽油中の硫黄分は平成19年より0.001質量%(10ppm)以下とすべきこととされている．軽油中の硫黄分10ppm化が図られることを前提に，新長期規制以降のディーゼル車の排出ガス低減目標およびその達成時期が今後検討されることとなっている．なおガソリンについてもリーンバーンエンジン車の燃費向上や，三元触媒の耐久性向上の期待より，平成17年以降のできるだけ早い時期に硫黄分10ppm以下のガソリンを供給開始していくことが望ましいとの提言が総合資源エネルギー調査会よりなされている．

2.4.3 代替燃料，添加燃料に対する規制

近年，地球温暖化防止や資源リサイクルの観点から化石燃料の代替燃料が論議されており，

①サトウキビやトウモロコシから精製したバイオエタノールがガソリンの代替またはガソリンへの添加燃料として，②菜種油等から精製される脂肪酸メチルエステル（バイオディーゼル）が軽油の代替または軽油への添加燃料として，注目されている．これらの燃料を使用した場合であっても排出ガスの悪化が起きないように燃料の規制を実施すべきとの立場から第7次答申では，ガソリンへのエタノールの添加量の上限を3体積%として平成15年8月より規制が実施されている．現在はアルコール等含酸素燃料については，含酸素率1.3質量%を許容濃度とすることを結論としている．より高濃度のアルコール添加については，対応するガソリンエンジンの技術開発状況や供給体制を考慮して今後の検討課題とされた．軽油へのバイオディーゼル添加については，現時点では限られたデータしか得られておらず，今後添加率の上限を定めるために，安全性および排出ガスの検証試験を進めている．このように，環境省はバイオマス燃料規制の導入のほかにも，排出ガスの悪化を防止するために必要な項目を燃料品質の規制項目として追加した（表2.10）．なお，バイオディーゼル利用についてはさらに開発が進んでおり，水乳化バイオディーゼル[6]の研究も報告されている．

上記のバイオマス燃料以外に，DME(ジメチルエーテル, CH_3

表 2.10 燃料品質項目への追加とその許容限度設定目標値（平成16年版環境白書）

(a) ガソリンの燃料品質規制追加項目

追加項目		許容限度設定目標値
オクタン価		89 以上
蒸留性状	10% 留出温度	70℃ 以下
	50% 留出温度	75℃ 以上 110℃ 以下
	90% 留出温度	180℃ 以下
	終点	220℃ 以下
	残油量	2.0 体積 % 以下
蒸気圧		夏季用 44 kPa 以上 72 kPa 以下（平成 17 年から 65 kPa 以下）冬季用 44 kPa 以上 93 kPa 以下
含酸素率		1.3 質量 % 以下

(b) 軽油の燃料品質規制追加項目

追加項目	許容限度設定目標値
密度	0.86 g/cm³ 以下
10% 残油残留炭素	0.1 質量 % 以下

OCH_3），GTL（ガストゥリキッド），MTBE（メチルターシャルーブチルエーテル，$CH_3OC_4H_9$），ETBE（エチルターシャルブチルエーテル，$C_2H_5OC_4H_9$）等についても，軽油やガソリンの代替燃料や添加用燃料として関心が集まっている．DMEは天然ガスや石炭ガスから製造される燃料であり，常温でガス体である．軽油よりもセタン価が大きく，含酸素燃料であることより排気微粒子の発生が少ない．軽油と比較して低粘性であることより潤滑性に欠けると言われている．ガソリンと比べて低温改質が可能なことより，3章に記述される燃料電池の燃料としても優位性があるとされている．DME用インジェクタを装着したDMEディーゼルバス・トラックの実車走行試験が行われている現状にある．

GTLは天然ガスから合成される燃料であり，排ガス中の窒素酸化物，一酸化炭素の排出量が少なく，環境にやさしい燃料として注目されている．セタン価は大きく，芳香族化合物は少ない燃料である．既存のディーゼルエンジンにGTLと軽油の混合燃料を入れて，実車走行試験が行われている．一方，GTLは製造コストや製造時の二酸化炭素排出が課題として指摘されている．

ETBE，MTBEはそれぞれエタノール，メタノールとイソブチレンから合成される含酸素燃料であり，オクタン価向上剤である．フランスや米国ではすでにガソリンの添加剤としての混合が認められており，日本においても最近は自動車燃料品質規制（表2.9）に加えられている．一方，これらの燃料添加剤が人

体に及ぼす影響については各国で調査されている段階にある．

2.4.4 大都市地域における自動車排出ガス規制対策

大都市地域における二酸化窒素および浮遊粒子状物質に係る厳しい大気汚染に対応するために平成13年6月に改正された「自動車 NO_x・PM法」に基づいて，平成14年4月に総量削減基本方針が閣議決定され，事業者による排出の抑制については同年5月に，車種規制については10月にそれぞれ施行された．同法では，首都圏，阪神圏(大阪，兵庫)，中部圏(愛知，三重)の8都府県を対象として，排ガス基準に適合しないディーゼル車（貨物，乗合，乗用車等）の車両登録を禁止している．しかし，3大都市圏の外部から乗り入れてくるディーゼル車には規制が及ばず，規制の見直しによって排ガス基準を満たさない車両の走行を禁止するなど取り締まりを強化する方向となった．

一方，首都圏ディーゼル車規制条例によって，東京，神奈川，埼玉，千葉の4都県では，独自にPMを対象とする排ガス規制を定めており，基準に適合しないディーゼル車（トラック，バス等）の運行禁止命令を出している．なお自動車排ガスの規制対策技術については後章に譲る．

2.4.5 ガスタービンの排ガス規制

産業用ガスタービンについては，昭和62年ガスタービンが大気汚染防止法によりばい煙発生施設として排ガス規制の対象となったことに始まる．その後規制値は段階的に強化され，平成3年には NO_x が 294 ppm（O_2 0%基準）とばいじんが 0.05 g/m^3_N となった．なお東京や大阪などでは NO_x 100 ppm以下の上乗せ規制値を設けている．

航空機の排ガスについては，高々度大気中での唯一の NO_x 発生源であり，EPA（米国環境保護庁）により1973年に排出基準が制定されている．1981年にはICAO（国際民間航空機関）がジェットエンジンから排出されるガス状物質などについて基準値を定めている．その後 NO_x については規制が段階的に強化され，2004年には1999年規制レベルを12%強化した規制が出される予定である．なおガスタービンにおける排出ガスの規制対策技術については後章に譲る．

演習問題

1. クリーンエネルギー自動車には，電気自動車，燃料電池自動車，ハイブリッド自動車，天然ガス自動車，メタノール自動車等があげられているが，各自動車の使用時の長所，短所を列記せよ．
2. 自動車から排出される大気汚染物質を挙げ，それぞれの物質が環境に及ぼす影響，健康に与える害を調べよ．
3. 炭化水素 C_nH_m 1 m^3_N を燃焼するのに必要な理論空気量

を求めよ．(公害防止管理者試験類似問題)
(ヒント：式 (2.7) を用いよ．)

4. メタノール CH_3OH 32 kg を完全燃焼させるのに必要な理論酸素量は何 kg か．また理論空気量 m^3_N を求めよ．なお，$2\,CH_3OH + 3\,O_2 \longrightarrow 2\,CO_2 + 4\,H_2O$ を用いよ．
(乙種第 4 類危険物取扱者試験類似問題)

5. 水素の酸化反応：$H_2 + \frac{1}{2}O_2 \longrightarrow H_2O_{(l)}$ における反応熱 ΔH_c を求めよ．また，水素の低発熱量 H_u を計算せよ．ただし，温度と圧力は 25°C, 0.1013 MPa とする．

6. 温度 298.15 K (25°C) で，空気中に水素が体積割合で 10% 含まれる混合気が，圧力一定の下で燃焼する場合を考える．発生した熱量がすべて燃焼ガスに与えられたときの断熱火炎温度は何°C か．ただし，空気中の酸素の体積割合は 21% とする．
(熱管理士試験類似問題)(ヒント：この混合気の反応式は
$H_2 + 1.89\,O_2 + 7.11\,N_2 \longrightarrow$
$H_2O + (1.89 - 0.5)O_2 + 7.11\,N_2$)

[解答]
3. $(4.76n + 1.19m)\,m^3_N$
4. 理論酸素量 48 kg, 理論空気量 160 m^3_N
5. $\Delta H_c = -285.84\,kJ/mol$, $H_u = 241.826\,kJ/mol$
6. JANAF の熱化学データ[7),9)] を用いて，$T_b = 824$°C

文　献

1) BP 統計 2003 年．
2) 平成 15 年版環境白書．
3) 平成 16 年版環境白書．
4) 日本機械学会編：燃焼工学ハンドブック，丸善，1995．
5) 久保田秀暢：自動車の環境対策の現状と将来，産業と環境，2004．
6) C. JAQIN, 浜崎和則, 木下英二, 亀田昭雄：日本機械学会論文集 B 編, 70-695, 2004.
7) 水谷幸夫：燃焼工学，森北出版，2002．
8) 大竹一友, 藤原俊隆：燃焼工学，コロナ社，1994．
9) Chase, M. W., Jr ほか：NIST JANAF Thermochemical Tables, Pt. 1, 2, 4th Edition, 1988, American Chemical Society.
10) Y. Cengel & M Boles, 浅見敏彦訳：図説 応用熱力学，オーム社，1999．
11) 小西誠一：燃料工学概論，裳華房，1991．
12) 熱力学教育研究会編：機械技術者のための熱力学，産業図書，1995．

第3章　エンジンの性能と熱サイクル

　熱サイクルを行うガスを作動ガスといい，作動ガスの1サイクルでの変化について表したものをガスサイクル線図と言って，目的により圧力と容積；PV線図，エンタルピーとエントロピー；hs線図または温度とエントロピー；Ts線図などを使い分け，各サイクルの基本的な性能解析や考察を行う．

　通常のピストンエンジンは，燃料によって作動ガスの内部エネルギーを高めて高温・高圧のガスとし，それを大気圧と大気温度レベルまでピストンの容積変化に伴って膨張させ，その間に力学的なエネルギーを回転力として取り出す．このガス膨張と容積変化と組み合わせた実用エンジンに，ガソリンエンジンやディーゼルエンジンがある．ガソリンエンジンはオットサイクル（Otto cycle）で，ディーゼルエンジンはディーゼルサイクル（Diesel cycle）またはサバテサイクル（Sabathe cycle）で記述される．この章では各サイクルの基本的な概要を述べる．

　代表的な3つのサイクルとも冷却過程（放熱過程）は全て容積一定の下で行う定容放熱であるが，作動ガスの内部エネルギーを高める加熱過程により，定容加熱を行うガソリンエンジン，および定圧加熱または定容加熱と定圧加熱を組み合わせて作動するディーゼルエンジンに分けられる．

　さらに実用されているもう1つのエンジンの代表として，作動ガスの膨張を運動エネルギーに変換し，これに羽根車の回転運動とを組み合わせ，工業仕事として動力を得る速度型エンジンのガスタービンエンジン（Brayton cycle）が挙げられる．

　実際のエンジンでは，作動ガスは1サイクル毎に，新気を吸入し排気行程で排出し，同一作動ガスは再び使用しない基本的にオープンサイクル（open cycle）である．しかし，ガスサイクル論では同一ガスに因るものとして取り扱い，作動ガスの組成も簡単化して状態方程式の適用できる理想気体の空気として取り扱う場合が多い．

　この章では，主として熱力学的な側面からエンジンの性能と熱サイクルについて概説する．3.1～3.4節では基本的なレシプロエンジンを取り上げ，3.5節ではエンジン全般に関する「理論的な性能と実際の性能」について論じ，3.6節では燃料電池の性能を，3.7節では速度型のガスタービンエンジンの基礎について述べ，3.8節ではエンジンを用いたコ・ジェネレーションシステムについて説明する．

3.1 カルノーサイクルエンジン

熱機関 (heat engine) は，高熱源と低熱源の両方が必要であり，両熱源間で作動する最も理想化した究極のエンジンサイクルとして，Nicolas Leonard Sadi Carnot が考え出した，2つの等温変化と2つの断熱変化よりなるカルノーサイクル (Carnot cycle) が位置する．通常は高熱源として化石燃料の燃焼によって得られる燃焼温度をとり，低熱源を通常大気温度レベルにとる．

図 3.1 にカルノーサイクルの PV 線図と Ts 線図を示す．

1—2 等温膨張（受熱）

高熱源 T_1 から温度を一定に保って熱量 Q_{12} を得る加熱過程．すなわち受熱しても気体の温度は上昇せず，もっぱら内部エネルギーの変化を容積変化に費やすゆえ，$T_1 = T_2$, $u_1 = u_2$ より受熱量は Q_{12} は，

$$Q_1 = Q_{12} = U_2 - U_1 + \int_1^2 PdV = P_1 V_1 \int_1^2 \frac{1}{V} dV$$
$$= mRT_1 \ln \frac{V_2}{V_1} = mRT_1 \ln \frac{P_1}{P_2} \quad (3.1)$$

となる．

2—3 断熱膨張

外部への仕事をし，その分内部エネルギーが消費され $T_2 \to T_3$ に下がる．$T_2 V_2^{\kappa-1} = T_3 V_3^{\kappa-1}$

3—4 等温圧縮（放熱）

温度 T_3 を保って等温圧縮し，発生する熱量 Q_{34} を放熱する．

$$Q_2 = Q_{34} = mRT_3 \ln \frac{V_4}{V_3} = mRT_3 \ln \frac{P_3}{P_4} \quad (3.2)$$

4—1 断熱圧縮

内部エネルギーが増加し，$T_4 \to T_1$ へと温度上昇する．
$$T_4 V_4^{\kappa-1} = T_1 V_1^{\kappa-1}$$

また体積変化の関係は，$T_1 = T_2$, $T_3 = T_4$ から，

$$T_2 V_2^{\kappa-1} = T_3 V_3^{\kappa-1}, \quad T_3 V_4^{\kappa-1} = T_1 V_1^{\kappa-1} \text{ より，} \frac{V_2}{V_1} = \frac{V_3}{V_4}$$

となる．

それゆえ，1サイクルでの仕事は，

$$L_{th} = Q_{12} - Q_{34} = mR \left(T_1 \ln \frac{V_2}{V_1} - T_3 \ln \frac{V_3}{V_4} \right)$$
$$= mR(T_1 - T_3) \ln \frac{V_2}{V_1} \quad (3.3)$$

加えた熱量に対して理論的に得られる仕事との比を理論熱効率 (theoretical thermal efficiency) η_{th} といい，次式で与えられる．

$$\eta_{th-C} = \frac{L_{th}}{Q_{12}} = \frac{mR(T_1 - T_3) \ln \frac{V_2}{V_1}}{mRT_1 \ln \frac{V_2}{V_1}} = 1 - \frac{T_3}{T_1}$$

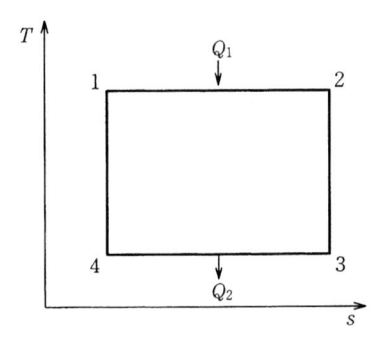

図 3.1 カルノーサイクル

$$\left(=1-\frac{低熱源温度}{高熱源温度}\right) \tag{3.4}$$

すなわち，カルノーサイクルの理論熱効率は，高熱源と低熱源の温度差のみに依存し，加熱の方法，作動ガスの性質に依存しない．また等温変化は加えた熱量を全て仕事に変換でき，カルノーサイクルを行うエンジンは，同一条件の高熱源と低熱源間で作動する熱機関の中で最も高い熱効率が得られるが，実際には等温変化を行うことが困難で実現できていない．しかし1800年初頭に提起されたことが，動力へのエネルギー変換を考える上で今日においても重要な指針を与えている．

3.2 オットサイクルガソリンエンジン

1876年 Nicolaus. A. Otto によって考案され，現在のガソリンエンジンの基本的なサイクルである．図3.2にオットサイクル（Otto cycle）の PV 線図と Ts 線図を示す．おおよそのシリンダ内作動ガスの状態変化は次のようである．まずピストンの下降によってシリンダ内が大気圧以下の負圧となり，キャブレター（carburetor）を通してガソリンとの混合気を吸入する．このときのシリンダ内圧力は約 70〜80 kPa であり，大気温度で吸入された混合気は，シリンダ壁面などからの受熱により約 70〜80℃ の温度となる．この状態から断熱圧縮され状態点2で圧力は約 500 kPa，ガス温度 200〜300℃ の高温高圧ガスとなる．ここで点火プラグにより点火され，ピストン変位を伴わないごく短時間に爆発的な定容燃焼を行い，圧力・温度ともに急激に上昇し3に至る．このときの圧力は約 5000 kPa，温度は 2000℃ 近くに達する．燃焼が容積一定下で行われるため定容サイクル（constant-volume cycle）とも，また燃焼の開始をスパークプラグの火花によって行われるのでオットサイクルを行うエンジンを火花点火エンジン（spark ignition engine）とも呼ぶ．

次に徐々にピストンの下降と共に断熱膨張し，仕事を発生して4に至る．その後瞬間的に定容放熱し状態点1に戻り，排気弁が開いて音速に近い流速で排気され最初の状態に戻る．燃料の供給の仕方は従来のキャブレター（carburetor）を用いたものから，燃料制御の容易さにより最近の自動車用ガソリンエンジンではほとんど全てが，吸気管内直接噴射またはシリンダ内直接噴射になっている．

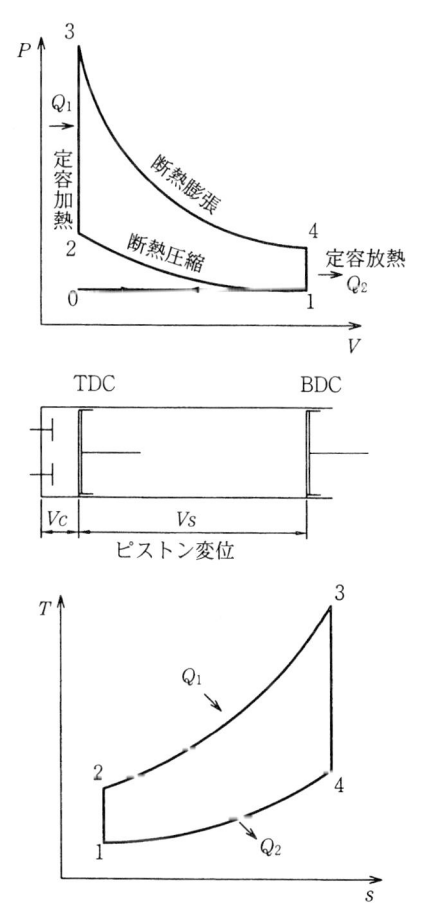

図3.2 オットサイクル

3.2.1 理論熱効率；η_{th-o}

定容比熱 $c_v=$ 一定とし，m kg の作動ガスに対して，定容加熱，定容放熱であるから，

$$Q_1 = Q_{23} = mc_v(T_3 - T_2)$$
$$Q_2 = Q_{41} = mc_v(T_4 - T_1)$$

加熱量と放熱量の差が理論仕事ゆえ，$L_{th} = Q_1 - Q_2$

したがって，理論熱効率は供給された熱量と仕事に変換された熱量の比から，

$$\eta_{th-o} = \frac{L_{th}}{Q_1} = 1 - \frac{Q_2}{Q_1} = 1 - \frac{mc_v(T_4-T_1)}{mc_v(T_3-T_2)}$$
$$= 1 - \frac{T_4-T_1}{T_3-T_2} \qquad (3.5)$$

となる．

また圧縮比（compression ratio）$\dfrac{V_1}{V_2} = \dfrac{V_4}{V_3} = \dfrac{V_c+V_s}{V_c} = \varepsilon$ を用いると，

1―2 は断熱変化ゆえ，

$$T_2 = T_1\left(\frac{V_1}{V_2}\right)^{\kappa-1} = T_1\varepsilon^{\kappa-1}$$

2―3 は定容変化であるから，

$$T_3 = T_2\frac{P_3}{P_2} = T_1\varepsilon^{\kappa-1}\frac{P_3}{P_2} = T_1\varepsilon^{\kappa-1}\xi = T_2\xi$$

ここで $\xi = P_3/P_2$ を圧力比（pressure ratio）と言う．

3―4 は断熱変化より，

$$T_4 = T_3\left(\frac{V_3}{V_4}\right)^{\kappa-1} = T_1\varepsilon^{\kappa-1}\xi\frac{1}{\left(\dfrac{V_4}{V_3}\right)^{\kappa-1}} = \frac{T_1\varepsilon^{\kappa-1}\xi}{\varepsilon^{\kappa-1}} = T_1\xi$$

したがって，オットサイクルの理論熱効率は次式で求められる．

$$\eta_{th-o} = 1 - \frac{T_4-T_1}{T_3-T_2} = 1 - \frac{T_1\xi - T_1}{T_1\varepsilon^{\kappa-1}\xi - T_1\varepsilon^{\kappa-1}}$$
$$= 1 - \frac{T_1(\xi-1)}{T_1\varepsilon^{\kappa-1}(\xi-1)} = 1 - \frac{1}{\varepsilon^{\kappa-1}} \qquad (3.6)$$

すなわち，

（1） オットサイクルの理論熱効率は，圧縮比 ε と比熱比 k の関数となり，供給熱量には無関係となる．

（2） それゆえ，圧縮比を高くすれば良いが，ガソリンとの混合気を圧縮するため，ε を高くすると断熱圧縮による混合気温度の上昇により自発火（self-ignition）やノッキング（knocking）を引き起こしたり，衝撃波を伴った異常燃焼となるデトネーション（detonation）を起こすため，圧縮比には上限がある．通常 $\varepsilon = 7\sim11$ 程度の値をとる（5.3節参照）．

（3） 圧縮比および比熱比ともに大きくなると熱効率は向上するが，圧縮比が高くなるに従って，熱効率の向上割合は少なくなる．（図 3.6 参照）

各状態点の圧力は，

断熱変化より　$\dfrac{P_2}{P_1} = \left(\dfrac{V_1}{V_2}\right)^{\kappa} = \varepsilon^{\kappa}$　∴　$P_2 = \varepsilon^{\kappa}P_1$

定容変化から　$\dfrac{P_3}{P_2} = \dfrac{T_3}{T_2} = \xi$　∴　$P_3 = \xi P_2 = \xi\varepsilon^{\kappa}P_1$

また，$P_4 = \dfrac{1}{\varepsilon^{\kappa}}P_3 = \dfrac{1}{\varepsilon^{\kappa}}\xi\varepsilon^{\kappa}P_1 = \xi P_1$ となる．

3.2.2 理論平均有効圧；P_{mth-o} (theoretical mean effective pressure)

エンジンは，回転数で見ても低速から高速域まで，また負荷状態でも低負荷から高負荷まで変化し，それらが相互に絡み合って幅広い運転範囲に対応可能な特性を持ち，その性能を1つのパラメータで表すことは難しい．平均有効圧は1サイクルでなされる仕事量を行程容積で除した値で定義され，エンジンの大きさに関係なく，作動ガスのエネルギーがどの程度有効に動力に変換されているかの出力密度を表し，エンジンの性能を表す指標としてよく用いられる．また PV 線図において，サイクルで囲まれた面積が1サイクルでなされる仕事を表すゆえ，これを行程容積を長辺とする長方形に置き換えたときの短辺の高さが平均有効圧となる．言い換えれば，$P = c/v^\kappa$ という断熱膨張に伴う圧力変化でなされる1サイクルでの仕事を，サイクルを通して平均的な圧力で行ったときに作用すると考えられる有効な圧力を意味する．一般にこの値が高いほどうまく設計されていることを表す指標で，仕事に何を基準にとるかによって図示平均有効圧 P_{mi}，正味平均有効圧 P_{mb} などと区別される．

$c_v = \dfrac{R}{\kappa - 1}$, $\dfrac{P_3}{P_2} = \dfrac{T_3}{T_2} = \xi$, $P_2 = \varepsilon^\kappa P_1$ また式 (3.6) より，

$\dfrac{T_4 - T_1}{T_3 - T_2} = \dfrac{1}{\varepsilon^{\kappa-1}}$, $T_4 - T_1 = \dfrac{T_3 - T_2}{\varepsilon^{\kappa-1}}$ および $P_2 V_2 = m R T_2$ より

$m = \dfrac{P_2 V_2}{R T_2}$, $V_1 - V_2 = V_2 \left(\dfrac{V_1}{V_2} - 1\right) = V_2 (\varepsilon - 1)$ などを用い，平均有効圧の定義から，

$$
\begin{aligned}
P_{mth-o} &= \frac{Q_1 - Q_2}{V_1 - V_2} = \frac{m c_v \{(T_3 - T_2) - (T_4 - T_1)\}}{V_2 (\varepsilon - 1)} \\
&= \frac{P_2 V_2}{R T_2} \frac{R}{\kappa - 1} \frac{\{(T_4 - T_1) \varepsilon^{\kappa-1} - (T_4 - T_1)\}}{V_2 (\varepsilon - 1)} \\
&= \frac{P_2}{T_2} \frac{(T_4 - T_1)(\varepsilon^{\kappa-1} - 1)}{(\kappa - 1)(\varepsilon - 1)} = \frac{P_2 (T_4 - T_1)(\varepsilon^\kappa - \varepsilon)}{T_2 (\kappa - 1)(\varepsilon - 1) \varepsilon} \\
&= \frac{P_1 \varepsilon^{\kappa-1} \left(\dfrac{T_3 - T_2}{\varepsilon^{\kappa-1}}\right)(\varepsilon^\kappa - \varepsilon)}{T_2 (\kappa - 1)(\varepsilon - 1)} \\
&= \frac{P_1 \left(\dfrac{T_3}{T_2} - 1\right)(\varepsilon^\kappa - \varepsilon)}{(\kappa - 1)(\varepsilon - 1)} = P_1 \frac{(\xi - 1)(\varepsilon^\kappa - \varepsilon)}{(\kappa - 1)(\varepsilon - 1)} \\
&= P_1 \frac{(\xi - 1) \varepsilon^\kappa}{(\kappa - 1)(\varepsilon - 1)} \cdot \left(1 - \frac{1}{\varepsilon^{\kappa-1}}\right) \quad (3.7)
\end{aligned}
$$

となる．

3.2.3 理論出力；N_{th} (theoretical power output)

平均有効圧の定義式 $P_{mth} = L_{th}/V_s$ より，行程容積やエンジン回転数などが決まれば，理論出力を求めることができる．

$$
\begin{aligned}
N_{th} = P_{mth} & \left[\frac{\text{N}}{\text{m}^2}\right] \times \frac{\pi}{4} D^2 [\text{m}] \times S [\text{m}] \times z \\
& \times \frac{n}{60} [\text{rpm}] \times \frac{1}{2} \quad \left[\frac{\text{Nm}}{\text{s}} = \text{W}\right] \quad (3.8)
\end{aligned}
$$

ここで，P_{mth}：理論平均有効圧 [Pa]
D：シリンダ径，ボア [m]
S：ストローク [m]
z：気筒数
n：回転数 [rpm]
1/2：1サイクル当たりの出力回数　4ストローク
1：　　　　　　　　　　　　　　2ストローク

実用的に4ストロークエンジンでは，P_{mth}[MPa]，総排気量 V_s[cm³]，回転数 n[rpm] を用いると，

$$N_{th} = P_{mth}[\text{MPa}] \times V_s[\text{cm}^3] \times n[\text{rpm}] \times \frac{1}{2}$$
$$\times \frac{1}{6 \times 10^4} \quad [\text{kW}] \tag{3.9}$$

で与えられる．

[例題 3.1]

理論平均有効圧 $P_{mth}=1$ MPa，排気量 $V_s=2000$ cm³，回転数 $n=6000$ rpm のとき，理論出力 $N_{th}=100$ kW となる．

3.2.4 燃料消費率 be g/MWs=g/MJ or g/kWh

be：1J の仕事得るのに要する燃料の量　g/MJ
Hu：燃料の低発熱量，燃料1kg当たりの発熱量
　　　ガソリンで約 42~44 MJ/kg

$$\eta_{th} = \frac{1}{Hu \cdot be}, \quad be = \frac{1}{Hu \cdot \eta_{th}} \quad \text{または} \quad be \cdot Hu \cdot \eta_{th} = 1$$

従来の単位との換算は，

$$1[\text{g/kWh}] = \frac{1}{1.35962}[\text{g/PSh}] = \frac{1}{3.6}[\text{g/MJ}]$$

なお，$\left(\frac{1}{0.735} = 1.35962\right)$ である．

[例題 3.2]

排気量 1994cc，圧縮比 $\varepsilon=9$ の自動車用ガソリンエンジンが回転数 $n=5000$ rpm で運転している．圧縮初めの圧力 $P_1=80$ kPa および温度 $T_1=70$°C，圧力比は $\xi=3.5$ であった．比熱比 $\kappa=1.28$，定容比熱 $c_v=0.960$ kJ/kgK，燃料の低位発熱量 $Hu=44$ MJ/kg として以下の諸量を求めよ．

[解答]

1) 理論熱効率　式(3.6)より $\eta_{th-o} = 1 - \frac{1}{9^{0.28}} = 0.459$

2) 燃料消費率

$$be = \frac{1}{0.459 \times 4.4 \times 10^7 [\text{J/kg}]} = 0.4951 \times 10^{-7} [\text{kg/J}]$$
$$= 50.0 [\text{g/MJ}]$$
$$= 50.0 \left[\frac{\text{g}}{1000 \text{kW}} \frac{3600}{h} \right] = 50.0 \times 3.6 \left[\frac{\text{g}}{\text{kWh}} \right]$$
$$= 178.27 \, [\text{g/kWh}]$$

3) 各状態点の温度および圧力
$T_1 = 343.15$ K

$T_2 = T_1 \varepsilon^{\kappa-1} = 343.15 \times 9^{0.28} = 634.85$ [K]
$T_3 = \xi T_2 = 634.85 \times 3.5 = 2222$ [K]
$T_4 = \xi T_1 = 3.5 \times 343.15 = 1201$ [K]
$P_1 = 80$ kPa
$P_2 = \varepsilon^\kappa P_1 = 9^{1.28} \times 80 \times 10^3 = 1.332$ [MPa]
$P_3 = \xi P_2 = 3.5 \times 1.332 = 4.662$ [MPa]
$P_4 = \xi P_1 = 3.5 \times 80 = 280$ [KPa]

4) 供給熱量 Q_1 および理論仕事 L_{th}
$Q_1 = c_v(T_3 - T_2) = 0.96 \times 10^3 (2222 - 634.85)$
$= 1.524 \times 10^6$ [J/kg]

作動ガス 1kg 当たりの仕事は，
$L_{th} = \eta_{th} Q_1 = 0.459 \times 1.524 \times 10^6 = 0.6995 \times 10^6$ [J/kg]

5) 理論平均有効圧 P_{mth-o}

作動ガスのガス定数を求める．
$R = (\kappa - 1) c_v = (1.28 - 1) 0.96 \times 10^3 = 268.8$ [J/kgK]

圧縮初めの比体積は状態方程式より，
$v_1 = \dfrac{RT_1}{P_1} = \dfrac{268.8 \times 343.15}{80 \times 10^3} = 1.153$ [m³/kg]

圧縮終わりの比体積は，$v_2 = \dfrac{v_1}{\varepsilon} = \dfrac{1.153}{9} = 0.1281$ [m³/kg]

したがって，理論平均有効圧は，
$P_{mth-o} = \dfrac{L_{th} [\text{J/kg}]}{(v_1 - v_2) [\text{m}^3/\text{kg}]} = \dfrac{0.699 \times 10^6}{(1.153 - 0.1281)}$
$= 0.683 \times 10^6$ [Pa]

注) 前式において，分子の仕事量 L_{th} に，作動ガス流量 m kg/s を乗じて得られる出力 W を用いれば，分母は通常のシリンダ容積 V_1 －すき間容積 V_2 となる．

または式 (3.7) を用いて，
$P_{mth-o} = P_1 \dfrac{(\xi - 1)(\varepsilon^\kappa - \varepsilon)}{(\kappa - 1)(\varepsilon - 1)} = 80 \times 10^3 \dfrac{(3.5 - 1)(9^{1.28} - 9)}{(1.28 - 1)(9 - 1)}$
$= 0.683 \times 10^6$ [Pa]

6) 理論出力 N_{th} 式 (3.9) より，
$N_{th} = P_{mth} [\text{MPa}] \times V_s [\text{cm}^3] \times n [\text{rpm}] \times \dfrac{1}{2} \times \dfrac{1}{6 \times 10^4}$
$= 0.683 \times 1994 \times 5000 \times \dfrac{1}{2} \times \dfrac{1}{6 \times 10^4} = 56.75$ [kW]

3.3 ディーゼルサイクルエンジン

1893 年 Rudolf Christian Karl Diesel (1858～1913) によって考え出されたディーゼルサイクル (Diesel cycle) は，ピストンによる機械的仕事により燃料の点火点を遥かに超える温度まで空気のみを断熱圧縮し，その高温・高圧の空気中へ微粒化された燃料を噴射して圧力一定の下で燃焼させてガス温度を高め，オットサイクルの約半分以下のゆっくりした速度で膨張させ仕事を取り出す仕組みである．オットサイクルのような点火

源を必要とせず，圧縮着（点）火を行うので圧縮着火エンジン (compression-ignition engine) とも呼ばれる．空気のみを圧縮するため knocking の心配が無いため圧縮比を高く取れ，現在実用になっている熱機関の中で最も熱効率が高く，長距離用のトラックやバス，毎分数百回転の速度で動作する大型の舶用エンジンなどに広く用いられている．

3.3.1 理論熱効率；η_{th-D}

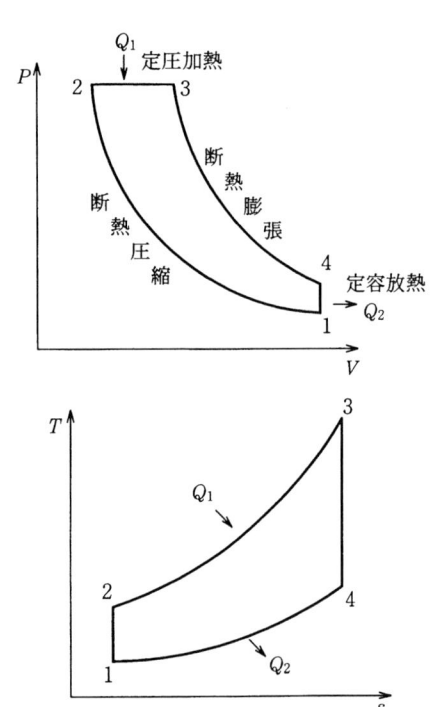

図 3.3 にディーゼルサイクルの PV 線図と Ts 線図を示す．オットサイクルと同様に $m\,\mathrm{kg}$ の作動ガスに対して，

2—3 定圧加熱　　$Q_1 = mc_p(T_3 - T_2)$
4—1 定容放熱　　$Q_2 = mc_v(T_4 - T_1)$

したがって，ディーゼルサイクルの理論熱効率は，

$$\eta_{th-D} = 1 - \frac{Q_2}{Q_1} = 1 - \frac{mc_v(T_4-T_1)}{mc_p(T_3-T_2)} = 1 - \frac{1}{\kappa}\frac{(T_4-T_1)}{(T_3-T_2)} \tag{3.10}$$

オットサイクルと同様に 1—2 は断熱変化ゆえ，

$$T_2 = T_1\left(\frac{V_1}{V_2}\right)^{\kappa-1} = T_1\varepsilon^{\kappa-1}$$

2—3 定圧加熱

$$\frac{T_2}{V_2} = \frac{T_3}{V_3}, \qquad T_3 = T_2\left(\frac{V_3}{V_2}\right) = T_1\varepsilon^{\kappa-1}\rho$$

ここで $\frac{V_3}{V_2} = \rho$ を噴射締め切り比 (injection cutoff ratio) といい，この間に燃料が継続して噴射される．

3—4 断熱変化

$$T_4 = T_3\left(\frac{V_3}{V_4}\right)^{\kappa-1} = T_3\left(\frac{V_3}{V_2}\right)^{\kappa-1}\left(\frac{V_2}{V_4}\right)^{\kappa-1}$$

$$= T_1\varepsilon^{\kappa-1}\rho\rho^{\kappa-1}\frac{1}{\varepsilon^{\kappa-1}} = T_1\rho^{\kappa}$$

それゆえ，

$$\eta_{th-D} = 1 - \frac{1}{\kappa}\frac{(T_4-T_1)}{(T_3-T_2)} = 1 - \frac{1}{\kappa}\frac{T_1\rho^{\kappa}-T_1}{T_1\varepsilon^{\kappa-1}\rho - T_1\varepsilon^{\kappa-1}}$$

$$= 1 - \frac{1}{\kappa}\frac{\rho^{\kappa}-1}{\varepsilon^{\kappa-1}(\rho-1)} = 1 - \frac{1}{\varepsilon^{\kappa-1}}\frac{\rho^{\kappa}-1}{\kappa(\rho-1)} \tag{3.11}$$

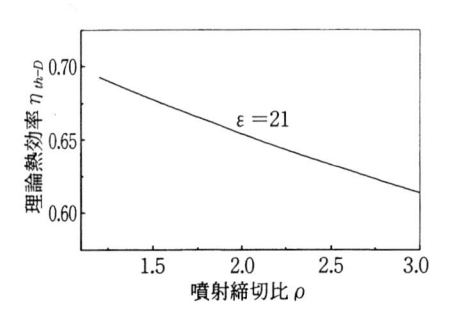

図 3.4 に噴射締め切り比と理論熱効率との関係を示す．ディーゼルサイクルの理論熱効率は圧縮比 ε のみならず，噴射締め切り比 ρ，すなわち加熱量の影響を受ける．また $\varepsilon \to$ 大，$\rho \to 1$ に近づければ η_{th-D} を高くできる．なお，式から明らかなように $\rho = 1$ のときオットサイクルの熱効率が求まる．

3.3.2 各状態点の圧力

$$\frac{P_2}{P_1} = \left(\frac{V_1}{V_2}\right)^{\kappa} = \varepsilon^{\kappa} \qquad \therefore \quad P_2 = \varepsilon^{\kappa}P_1 = P_3 (定圧変化)$$

同様に $P_4 = \left(\frac{V_3}{V_4}\right)^{\kappa}P_3 = \left(\frac{V_3}{V_2}\frac{V_2}{V_4}\right)^{\kappa}P_3 = \left(\frac{\rho}{\varepsilon}\right)^{\kappa}P_3 = \rho^{\kappa}P_1$

ディーゼルサイクルの理論平均有効圧は，オットサイクルと

図 3.3 ディーゼルサイクル

図 3.4 ディーゼルサイクルの噴射締切比と理論熱効率

同様にして,
$$P_{mth-D} = P_1 \frac{\varepsilon^\kappa \kappa(\rho-1) - \varepsilon(\rho^\kappa-1)}{(\kappa-1)(\varepsilon-1)} \quad (3.12)$$
となる.

[例題 3.3]

圧縮初めの圧力 $P_1 = 80\,\text{kPa}$ および温度 $T_1 = 70℃$, 圧縮比 $\varepsilon = 21$, 1サイクル間の作動ガス 1kg 当たりの定圧加熱量 $Q_1 = 1950\,\text{kJ/kg}$, 比熱比 $\kappa = 1.28$, 定容比熱 $c_v = 0.960\,\text{kJ/kgK}$ で作動するディーゼルエンジンがある. 噴射締め切り比 ρ を算出して理論熱効率, 理論仕事および理論平均有効圧を求めよ.

[解答]

断熱変化ゆえ,
$$T_2 = \left(\frac{V_1}{V_2}\right)^{\kappa-1} T_1 = 21^{0.28} \times 343.15, \quad \therefore \quad T_2 = 804.8\,[\text{K}]$$
$$P_2 = \left(\frac{V_1}{V_2}\right)^\kappa P_1 = 21^{1.28} \times 0.08, \quad \therefore \quad P_2 = 3.94\,[\text{MPa}]$$

また $c_p = 1.28 \times c_v = 1.228\,\text{kJ/kgK}$ で定圧加熱を行うため
$$Q_1 = Q_{23} = c_p(T_3 - T_2) = 1950\,[\text{kJ/kg}]$$
$$T_3 - T_2 = \frac{1950}{c_p} = \frac{1950}{1.228} = 1587.95,$$
$$\therefore \quad T_3 = 1587.95 + T_2 = 2392.75\,[\text{K}]$$

したがって噴射締め切り比 ρ は,
$$\rho = \frac{V_3}{V_2} = \frac{T_3}{T_2} = \frac{2392.75}{804.8} = 2.97$$

それゆえ, 理論熱効率は
$$\eta_{th-D} = 1 - \frac{1}{\varepsilon^{\kappa-1}} \frac{\rho^\kappa - 1}{\kappa(\rho-1)} = 1 - \frac{1}{21^{1.28-1}} \frac{2.97^{1.28} - 1}{1.28(2.97-1)}$$
$$= 0.4875$$

さらに, 理論仕事 L_{th} は
$$\eta_{th-D} = \frac{L_{th}}{Q_1},$$
$$\therefore \quad L_{th} = Q_1 \eta_{th-D} = 1950 \times 0.4875 = 950.63\,[\text{kJ/kg}]$$

また, 理論平均有効圧は,
$$P_{mth-D} = P_1 \frac{\varepsilon^\kappa \kappa(\rho-1) - \varepsilon(\rho^\kappa-1)}{(\kappa-1)(\varepsilon-1)}$$
$$= 80 \times 10^3 \frac{21^{1.28} \times 1.28(2.97-1) - 21(2.97^{1.28}-1)}{(1.28-1)(21-1)}$$
$$= 866\,[\text{kPa}]$$

3.4 サバテサイクル(ディーゼル)エンジン

ピストンエンジンの放熱過程は全て定容放熱であり, 加熱過程の形態により定容加熱のガソリンエンジン, 定圧加熱のディーゼルエンジンと一般に区別される. しかし, 程度の差はあれ実際のエンジンでは, 定容加熱と定圧加熱が合わさった合成または複合サイクル (combined cycle) すなわち, サバテサイクル (Sabathe cycle) を行うものが多く, 比較的中・高速ディー

ゼルエンジンの基本をなすサイクルである．また通常オットサイクルは定容下の予混合燃焼，ディーゼルサイクルは定圧下の拡散燃焼と言われている．しかし特にディーゼルサイクルでは，燃料噴射から着火までのわずかな期間に燃料と空気の予混合が起こり，これに火が点いて急激な予混合燃焼を生じ，ガソリンエンジンと同様の定容加熱過程が加わる．その後主噴射により定圧下の拡散燃焼と二段階の加熱過程を取る場合が多い．

また実際のガソリンエンジンの燃焼も厳密には容積一定下で完了せず，ピストン変位を伴った複合サイクルの形態に近いことが多い．それゆえ，この節では二重燃焼サイクル(dual combustion cycle) とも呼ばれるサバテサイクルを取り上げる．時間的に余裕が無ければ，このサバテサイクルをきちんと理解しておけば，他の2つのサイクルの概要が把握できる．

3.4.1 理論熱効率；η_{th-S}

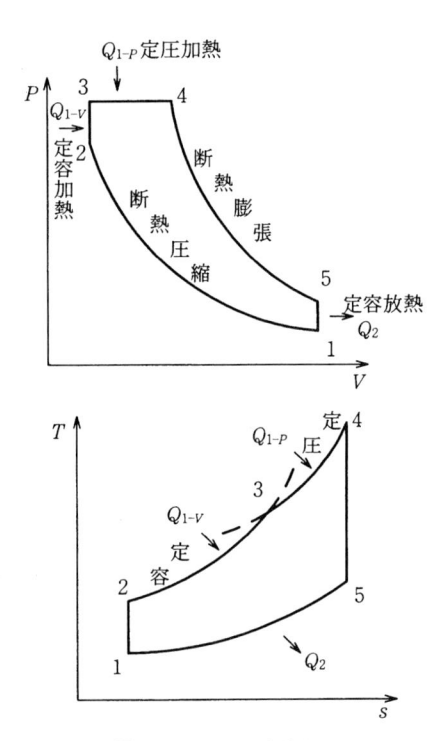

図 3.5 にサバテサイクルの PV 線図と Ts 線図を示す．m kg の作動ガスに対して，1サイクル中の全加熱量 Q_1 は，定容加熱と定圧加熱の合計ゆえ，

$$Q_1 = Q_{v-23} + Q_{p-34} = mc_v(T_3 - T_2) + mc_p(T_4 - T_3)$$
$$Q_2 = Q_{v-51} = mc_v(T_5 - T_1)$$

したがって，サバテサイクルの理論熱効率は，

$$\eta_{th-S} = 1 - \frac{Q_2}{Q_1} = 1 - \frac{mc_v(T_5 - T_1)}{mc_v(T_3 - T_2) + mc_p(T_4 - T_3)}$$
$$= 1 - \frac{(T_5 - T_1)}{(T_3 - T_2) + \kappa(T_4 - T_3)} \tag{3.13}$$

となる．

1—2 は断熱変化ゆえ，

$$T_2 = T_1 \left(\frac{V_1}{V_2}\right)^{\kappa-1} = T_1 \varepsilon^{\kappa-1}$$

2—3 は定容加熱であるから，

$$T_3 = T_2 \frac{P_3}{P_2} = T_1 \varepsilon^{\kappa-1} \frac{P_3}{P_2} = T_1 \varepsilon^{\kappa-1} \xi = T_2 \xi$$

ここで ξ は圧力比である．

3—4 は定圧加熱であるから，

$\frac{T_3}{V_3} = \frac{T_4}{V_4}$, $\frac{T_4}{T_3} = \frac{V_4}{V_3}$, ここで $\frac{V_4}{V_3} = \rho$ は噴射締め切り比である．

$$T_4 = T_3 \left(\frac{V_4}{V_3}\right) = T_3 \rho = T_1 \varepsilon^{\kappa-1} \xi \rho$$

4—5 は断熱変化ゆえ，$T_4 V_4^{\kappa-1} = T_5 V_5^{\kappa-1}$ より，

$$T_5 = T_4 \left(\frac{V_4}{V_5}\right)^{\kappa-1} = T_4 \left(\frac{V_4}{V_3}\right)^{\kappa-1} \cdot \left(\frac{V_3}{V_5}\right)^{\kappa-1}$$
$$= T_4 \rho^{\kappa-1} \frac{1}{\varepsilon^{\kappa-1}} = T_1 \varepsilon^{\kappa-1} \xi \rho \rho^{\kappa-1} \frac{1}{\varepsilon^{\kappa-1}} = T_1 \xi \rho^{\kappa}$$

したがってサバテサイクルの理論熱効率は，

$$\eta_{th-S} = 1 - \frac{T_1 \xi \rho^{\kappa} - T_1}{T_1 \varepsilon^{\kappa-1} \xi - T_1 \varepsilon^{\kappa-1} + \kappa(T_1 \varepsilon^{\kappa-1} \xi \rho - T_1 \varepsilon^{\kappa-1} \xi)}$$

図 3.5 サバテサイクル

$$=1-\frac{1}{\varepsilon^{\kappa-1}}\frac{(\xi\rho^{\kappa}-1)}{(\xi-1)+\kappa\xi(\rho-1)} \quad \text{で表せる.} \quad (3.14)$$

PV 線図からも明らかなようにサバテサイクルは,

(1) $\rho=1$ のときオットサイクルの理論熱効率を与え,
$\xi=1$ のときディーゼルサイクルの理論熱効率

$$\eta_{th-D}=1-\frac{1}{\varepsilon^{\kappa-1}}\frac{\rho^{\kappa}-1}{\kappa(\rho-1)}$$

となる.

(2) 圧縮比 ε, 圧力比 ξ が大になり, 締め切り比 $\rho \to 1$ に近づければ熱効率は大きくなる. すなわち, 定容加熱を主とし, 定圧加熱を少なくすればよいと言える.

(3) オット, ディーゼルおよびサバテサイクルの中で, オットサイクルのみが加熱量 Q_1 に無関係であり, 他の2つのサイクルは加熱量 Q_1 の影響を受ける.

図3.6に各サイクルにおける圧縮比に対する理論熱効率を示す. よく3つのサイクルを同一圧縮比で比較してオットサイクルが一番高くなるなどと議論されるが, 現実の圧縮比の差は2倍以上もあり余り現実的なものとは言えない. knocking などの制約からオットサイクルの圧縮比には上限があり, 実際はサバテサイクル→ディーゼルサイクルが現在実用になっている内燃エンジンの中で, すこぶる燃費がよい. またレシプロエンジンでは, 作動ガスの膨張をピストン変位による容積変化と組み合わせて仕事を取り出しているが, この膨張速度はガソリンエンジンの3000〜8000rpmに対してディーゼルエンジンは300〜3400rpmと半分程度と緩やかであり, ゆっくりと十分に膨張させることができエネルギーの変換効率も高くなる. さらに, 出力の制御がガソリンエンジンの絞り弁による流動抵抗からポンピングロスが大きいのに比して, ディーゼルエンジンでは絞り弁が不要で空気のみを吸入して圧縮し, シリンダへの燃料噴射量により出力制御を行うため, 特に部分負荷時の損失が小さくて済む. これらの詳細については後の章で述べる.

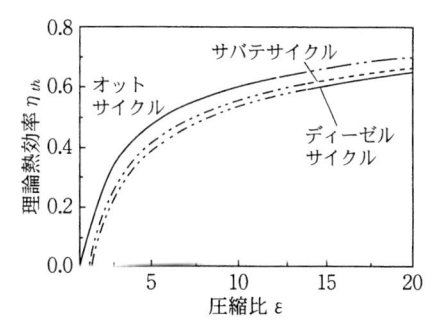

図 3.6 各サイクルの熱効率比較

3.4.2 理論平均有効圧;P_{mth-S}

次に, サバテサイクルの理論平均有効圧はオットサイクルと同様にして,

$$P_{mth-S}=P_1\frac{\varepsilon^{\kappa}\{(\xi-1)+\kappa\xi(\rho-1)\}-\varepsilon(\xi\rho^{\kappa}-1)}{(\kappa-1)(\varepsilon-1)} \quad (3.15)$$

となる.

$\rho=1$ のときオットサイクル,
$\xi=1$ のときディーゼルサイクルの理論平均有効圧,

$P_{mth-D}=P_1\dfrac{\varepsilon^{\kappa}\kappa(\rho-1)-\varepsilon(\rho^{\kappa}-1)}{(\kappa-1)(\varepsilon-1)}$ となることは先の理論熱効率と同様である.

オット, ディーゼル, サバテサイクルとも, 冷却過程は定容変化であり, これをさらに膨張させて定圧変化にできれば冷却

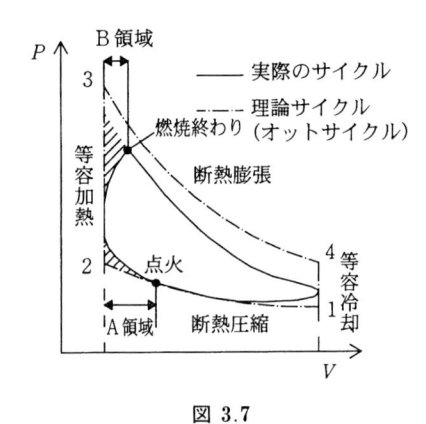

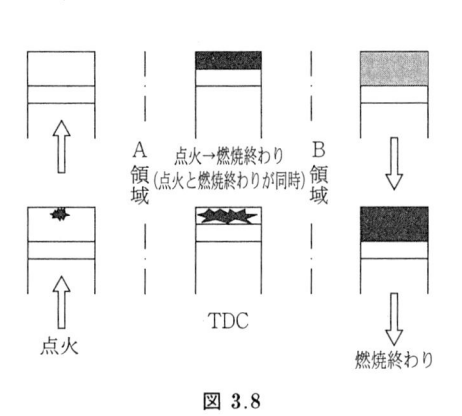

熱量を小さくすることができ熱効率の上昇につながる．しかし定圧変化のためには，行程容積 V_s が過大になりピストンエンジンでは実用上困難となる．定圧加熱とピストンのストロークを無限大にして定圧冷却としたものとして，3.7 節で述べるガスタービンサイクルがあげられる．

3.5 理論的な性能と実際の性能

3.5.1 線図効率

前節まではエンジンの理論的な性能について熱力学的サイクルを基礎に議論してきた．しかし，シリンダ内で起きている現象は，サイクル論で想定している過程とは異なっている．その違いをまとめたのが，表 3.1 である．このような違いが，エンジン性能にどのように影響するかを評価するためのパラメータとして，線図効率（diagram factor）η_i がある．η_i は

$$\eta_i = \frac{L_i}{L_{th}} \tag{3.16}$$

で表される．ただし，L_i は図示仕事（indicated work）と呼ばれ，1 サイクル間にピストン面を通じて発生する仕事を意味する．L_{th} は理論仕事であり，サイクル論で想定したシリンダ内変化が生じている場合の図示仕事である．一般に $L_i < L_{th}$（$\eta_i < 1$）であるが，そのわけを，2 つの項目について具体的に考察する．

図 3.7 は火花点火エンジンの実際の燃焼経過とオットサイクルで想定している過程を PV 線図で表している．実際の燃焼経過は，オットサイクルのように上死点で一瞬に起きるものではなく，点火プラグで発生した火炎核が成長・伝ぱしていくものである．したがって図 3.8 に示すように，上死点前に火花点火が行われ，すべての混合気の燃焼が完了するのは上死点過ぎになる．点火から上死点までの領域 A においてシリンダ内の圧力を比較すると，燃焼が始まっている実際の場合のほうが，サイクル論で想定している場合よりも高くなる．逆に，上死点後から燃

図 3.7

図 3.8

表 3.1 サイクル論の想定と実際の現象の差*

シリンダ内の現象	サイクル論	実際の現象
シリンダ内ガスと壁面とのあいだの熱交換	なし（断熱）	ある
加熱（燃焼）過程	オットサイクル：定容 ディーゼルサイクル：定圧 サバテサイクル：定容-定圧	いずれにも当てはまらない
放熱過程	定容	排気の流出
ガス組成	理想気体（空気）	燃焼前：空気と燃料および前サイクルの燃焼ガスの混合気 燃焼後：燃焼ガス

* シリンダ内が熱力学的平衡状態にあることや変化が準静的にすすむなどの違いはここには含めていない

焼終わりまでの領域 B では瞬時に燃焼が完了しているオットサイクルのほうがシリンダ内圧力は高くなることがわかる．

上死点前は体積が減少し（$dV<0$）負の仕事を生ずるので圧力が低いほどよく，上死点後は体積が増加し（$dV>0$）正の仕事を生ずるので圧力が高いほどよいことになる．すなわち，領域 A, B ともに，実際の燃焼経過に比べオットサイクルのほうが発生する仕事が大きくなる．

次に，放熱過程を考える．サイクル論における放熱過程では下死点において一瞬に熱を奪い取り，エンジン出口状態の圧力（一般には大気圧）にするとの想定である．この過程は，実際の4ストロークエンジンでは，排気弁を開く操作によって起きるシリンダ内の圧力と容積の関係に対応する．図3.9に示すように，もし，下死点 A で排気弁を開くと膨張行程（$dV>0$）の仕事は理論どおり最大限生かされるが，弁を開けても排ガスが一瞬にして流出するわけではないので排気行程（$dV<0$）の仕事すなわち「排気押出し仕事」が大きくなり，L_i の値はこの分だけ L_{th} より小さくなる．そこで，実際のエンジンでは，下死点の前（点 B や C など）で排気弁を開くのが普通である．開弁開始点が B と C の PV 線図を比較すると，早く排気弁を開くと膨張過程の仕事は犠牲になるが，排気押出し仕事も減ることがわかる．これは，仕事を多く取り出すことができる最適の開弁タイミングがあることを意味している．

図 3.9 放熱過程

3.5.2 機械効率

図示仕事 L_i は1サイクル間に作動ガスがピストン面に伝えた仕事である．この仕事の中でわれわれが利用できるのは，エンジンの回転軸端で取り出せる仕事すなわち正味仕事 L_e である．L_e の値は，ピストンリングとシリンダ，主軸受などの摩擦による仕事と冷却ファン，水ポンプ，油ポンプ，発電機などの補機駆動の仕事を L_i から差し引いた値になる．$L_i - L_e = L_f$ は摩擦仕事と呼ばれる．その総合的な評価は，しばしば機械効率（mechanical efficiency）

$$\eta_m = L_e / L_i \quad (3.17)$$

で行う．

3.5.3 出力，トルク，平均有効圧，燃料消費率

まず，エンジンの回転軸端で取り出せる仕事 L_e を基礎においた正味出力 N_e(W)，正味トルク T_e(Nm)，正味平均有効圧 P_e(Pa) について説明する．ここでの議論は，単位の取り扱いを単純にするため，回転数を毎秒あたりの値 n(rps) として進める．

（1） N_e と T_e

図3.10に示すように，エンジンで直接回転体 A を回している場合を考える．中心から R(m) だけ離れた位置に物体 B を接触させ押し付けたところ，接線方向に作用する力が F(N) の

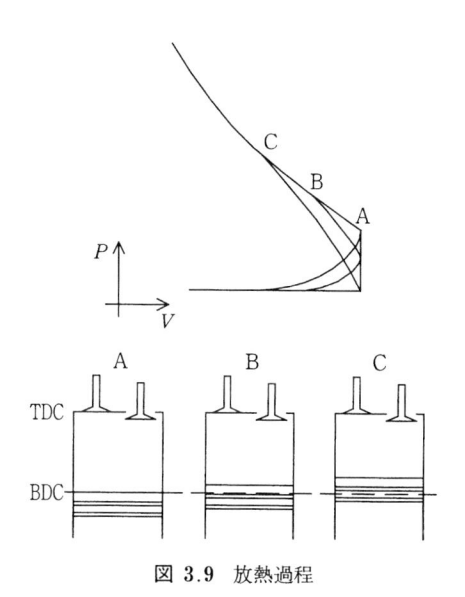

図 3.10 トルク

とき回転数が n で一定の値になった．これは，エンジン回転数が n のときに，トルク T_e が

$$T_e = R \cdot F \qquad (3.18)$$

となることを示している．1回転すると，力の作用点の移動距離が $2\pi R$ となるので，仕事は $2\pi RF = 2\pi T_e$ となる．N_e は1秒あたりの軸端で得られる仕事を意味するので，

$$N_e = 2\pi T_e \cdot n \qquad (3.19)$$

となる．

（2） P_e

正味平均有効圧は，行程体積 $V_s (\mathrm{m}^3)$ あたりの1サイクルの正味仕事であるから

$$P_e = L_e / V_s \qquad (3.20)$$

となる．

4ストロークエンジンでは，2回転で1サイクルが完成するので，1秒あたりのサイクル数は $n/2$ となるので，

$$N_e = (n/2) L_e = (n/2) P_e \cdot V_s \qquad (3.21)$$

となる．2ストロークエンジンは，1回転で1サイクルが完成するので

$$N_e = n \cdot L_e = n \cdot P_e \cdot V_s \qquad (3.22)$$

である．

（3） b_e と η_e

N_e の出力を得るのに要する燃料流量が $B (\mathrm{kg/h})$ である時，

$$b_e = 1000 B / N_e \qquad (3.23)$$

を正味燃料消費率と呼ぶ．この b_e の単位は g/kWh である．燃料の低発熱量が $H_u (\mathrm{MJ/kg})$ である時，正味熱効率は

$$\eta_e = \frac{\text{正味出力}}{\text{単位時間あたりの供給熱量}}$$
$$= \frac{N_e}{1000 H_u (B/3600)} = \frac{3.6 N_e}{H_u B} = \frac{3600}{H_u b_e} \qquad (3.24)$$

となる．正味燃料消費率は実用上便利なものであり（第3章問題2）広く用いられる．

[例題 3.4] ボア 60mm，ストローク 90mm の4シリンダの4ストロークガソリンエンジンがある．これを，2800rpm の回転数において，腕の長さ 0.36m の位置で 155N の接線方向のブレーキ力を作用させたときの燃料消費量が 6.7 l/h であった．使用したガソリンの低発熱量が 44.0 MJ/kg で，比重が 0.735 であった．このときの，エンジントルク，正味出力，正味平均有効圧，正味燃料消費率，正味熱効率，図示平均有効圧，図示熱効率を求めよ．ただし，機械効率を 0.86 とする．

[解答]
1) トルク $T_e = 155 \times 0.36 = 55.8$ Nm
2) 正味出力は式(3.19) から $N_e = 2\pi \times 55.8 \times (2800/60) = 16.4$ kW
3) 行程容積 $V_s = 4 \times (\pi/4) \times (0.06)^2 \times 0.09 = 1.02 \times 10^{-3}$ m^3 であるので，式(3.21)から，正味平均有効圧は $P_e =$

$2N_e/(n \cdot V_s) = 689\,\mathrm{kPa}$

4) 正味平均燃料消費率 $b_e = 1000 \times 0.735 \times 6.7/16.35 = 301$ g/kWh

5) 正味熱効率は式 (3.24) から $\eta_e = 3600/(44.0 \times 301) = 0.272$

6) 式 (3.17) の機械効率の定義から，図示平均有効圧 $P_i = P_e/\eta_m = 801\,\mathrm{kPa}$，同様に $\eta_i = 0.316$

（4） 正味熱効率 η_e と理論熱効率 η_{th} の関係

1 サイクルに加える熱を Q とすると，正味熱効率 $\eta_e = L_e/Q$，理論熱効率 $\eta_{th} = L_{th}/Q$ であるので，

$$\eta_e = \frac{L_e}{L_i} \times \frac{L_i}{L_{th}} \times \frac{L_{th}}{Q} = \eta_m \eta_i \eta_{th} \quad (3.26)$$

となる関係が成り立つ．式 (3.26) から，実際に我々が使うことのできる正味仕事を多く取り出すには，理論熱効率 η_{th} を高めることのほか，シリンダ内の現象をコントロールして η_i を高めたり，摩擦損失を減らすことなどで η_m を高めるための研究開発が必要であることがわかる．η_i や η_m の値を高めるための具体的内容は，第 4 章以下に述べる．

3.6 燃料電池の理論熱効率

燃料の酸化反応で生じた熱を利用して作動流体の圧力を高め，ピストンを動かして機械的な仕事を取り出すのがピストンエンジンであることを述べた．これに対して化学反応で直接電気を取り出すのが燃料電池である．この電気エネルギーはモータで機械的な仕事に変換できるので，エンジンと同じ作用が期待できる．

まず，水素を燃料にする燃料電池の理論熱効率について述べる．図 3.11 は燃料電池の原理を示している．負極側に供給された水素は，触媒の作用で

$$\mathrm{H_2} \longrightarrow 2\,\mathrm{H^+} + 2e^- \quad (3.27)$$

なる反応を生ずる．電子 ($2e^-$) は外部接続の回路を通り，水素イオン $\mathrm{H^+}$ は電解質を通って正極側に移動する．正極では，供給された酸素を水酸化イオン ($\mathrm{OH^-}$) などにする過程を経て，

$$2\,\mathrm{H^+} + \frac{1}{2}\mathrm{O_2} + 2e^- \longrightarrow \mathrm{H_2O} \quad (3.28)$$

なる反応により，最終的に水を生成する．

理論熱効率を決定する熱力学の立場は，燃料電池内で起こる反応の詳細な経過については立ち入るものではなく，図 3.12 に示すように，原系（平衡状態にある水素と酸素）および生成系（平衡状態にある水蒸気または水）の状態量と系が外界に行う仕事と外界から系に流入する熱の関係について議論するものである．燃料電池で起こる化学変化は等温，等圧で行われると考えてよいので，$G = H - TS$ で定義される Gibbs の自由エネルギー G が重要な意味を持ってくる．

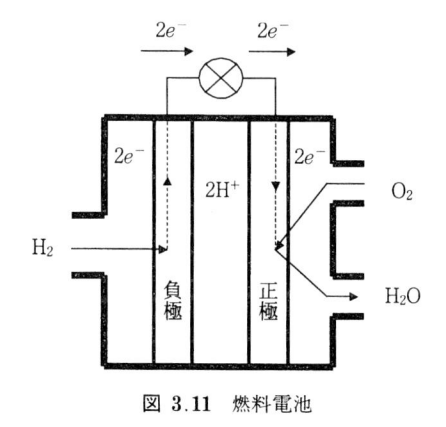

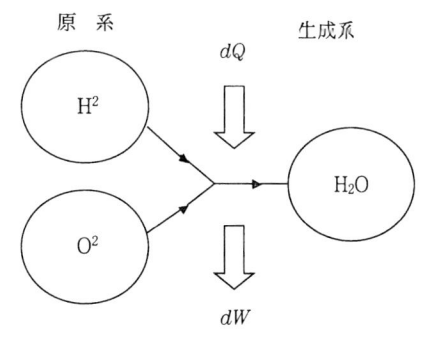

図 3.11 燃料電池

図 3.12 熱力学による取り扱い

G の意味を検討するため，系が微小変化した場合を考えると
$$dG = dH - TdS - SdT \tag{3.29}$$
となる．等温変化（$dT=0$）であるので
$$dG = dH - TdS \tag{3.30}$$
エンタルピーの定義から $dH = dU + pdV + Vdp$ であるので，
$$dG = dU + pdV + Vdp - TdS \tag{3.31}$$
となる．等圧変化（$dp=0$）だから
$$dG = dU + pdV - TdS \tag{3.32}$$
系に熱 dQ が可逆的に流入すれば
$$dQ = TdS \tag{3.33}$$
第一法則から $dQ = dU + dW$ であるので式（3.32）は
$$-dG = dW - pdV \tag{3.34}$$
となる．この dW は仕事ではあるが，その種類を特定することはできない．ここでは，扱っている系から電気エネルギーとなると考える．式（3.34）の左辺は Gibbs の自由エネルギーの減少量を示している．右辺の pdV は圧力と温度が一定のもとでの気体の膨張に伴う仕事であり，系自身の変化に必要な仕事である．したがって，右辺 $dW-pdV$ は，我々が自由に使える最大有効仕事（maximum useful work）を表している．すなわち，Gibbs の自由エネルギーの減少量を計算すると，その値が最大有効仕事すなわち燃料電池から取り出すことができる理論上の電気エネルギーとなる．次の例題を通して実際の計算法について理解を深める．

[例題 3.5] 1 mol の H_2 と 1/2 mol の O_2 から 1 mol の H_2O（液体）を生成し電気を取り出す燃料電池がある．この変化が可逆であるときの発電量すなわち最大有効仕事を計算せよ．ただし，温度 298 K，1 気圧の下で反応が進むものとせよ．

[解答] Gibbs の自由エネルギーの計算は，第 2 章で述べた燃料の反応熱を求めるのと同じ方法による．すなわち，1 気圧（0.1013 MPa），298 K の下で，ある物質を標準物質（H_2, C, O_2, S, N_2）から生成するときの自由エネルギー変化 $(\Delta G_f^\circ)_{298}$ を標準生成自由エネルギーと呼び，その測定値が実験的に求められている（表 2.4）．

いま，
$$\nu_1 Y_1 + \nu_2 Y_2 + \cdots \rightarrow \nu_1' Y_1' + \nu_2' Y_2' + \cdots$$
の化学反応が起こる場合の自由エネルギーの変化は
$$\Delta G_{298}^\circ = \sum \nu_i' (\Delta G_f^\circ)'_{298} - \sum \nu (\Delta G_f^\circ)_{298} \tag{3.35}$$
で与えられる．
ここに，$(\Delta G_f^\circ)'_{298}$ と $(\Delta G_f^\circ)_{298}$ は，生成系と原系の標準生成自由エネルギーを表している．ここで考えている反応は
$$H_2 + (1/2)O_2 \longrightarrow H_2O \tag{3.36}$$
であるので，表 2.4 から
$$\begin{aligned}\Delta G_{298}^\circ &= 1 \times (-237.192) - (1 \times 0 + 1/2 \times 0)\\ &= -237.192 \text{ kJ/kmol}\end{aligned}$$
となり，式（3.36）の反応による標準生成自由エネルギーの変化

は$-237.192\,\mathrm{kJ/mol(H_2)}$となる．すなわち，燃料電池に送った水素1molあたりから取り出せる最大の電気エネルギーは237.192 kJである．

エンジンと比較するため，水素と酸素の反応熱$-285.8\,\mathrm{kJ/mol\,(H_2)}$（第2章問題1）に対して取り出せる最大の電気エネルギーの割合，すなわち理論熱効率は

$$-237.2/(-285.8)=0.830$$

となる．

これは熱力学的な計算値であって，抵抗分極，活性化分極，拡散分極と呼ばれる損失があって，このような高い効率を示す燃料電池が存在するわけではない．この事情はエンジンでも同じであり，温度 $T_1=2000\,\mathrm{K}$（燃焼ガス温度のレベル）の高熱源と $T_2=340\,\mathrm{K}$（空気温度のレベル）の低熱源のあいだで作動するカルノーサイクルエンジンの理論熱効率は，燃料電池と同じ

$$\eta=1-\frac{T_2}{T_1}=1-\frac{340}{2000}=0.830$$

となる．しかし，このようなカルノーサイクルエンジンは実在していない．

熱力学的考察は必要ではあるが，3.5節で述べたように，実際の姿（real world）における性能こそ優先されるべきである．エンジンと燃料電池を比較する時などは，ここに注意しなければ，判断を誤ることになる．

3.7 ブレイトンサイクルガスタービンエンジン

間歇燃焼やピストンクランク機構の運動の不自然さなどのマイナス面を無くして，ガスの膨張を直接羽根車の滑らかな回転に結びつけて動力を得たいとの願望は，ガソリンやディーゼルエンジンが考え出されたのと同程度に古くから存在している．しかし，ピストンエンジンのような新気による冷却過程がなく，タービン翼は連続的に高温の燃焼ガスに晒されて冷却が困難であり，また回転数もレシプロエンジンに比して非常に高いため，遠心力による翼の機械的な強度が持たないなどから圧縮機やタービンの効率は低く，不完全燃焼，ガス漏れ，設備が大がかりになるなどの問題が多く，実際にはなかなか実現しなかった．

1905年ドイツの Hans H. Holzwarth は，現在のレシプロエンジンとターボチャージャーを組み合わせたような，燃焼室に弁を有する**定容**燃焼ガスタービンを考案した．圧力比6，溶鉱炉ガスを燃料とし，タービン入口温度720℃で出力2000 kWを達成したが，定容・間歇燃焼のため効率が悪く普及しなかった．その後定圧連続燃焼ガスタービンへと移行し，その基本的な構想は現在のものと全く同一である．

ガスタービンは図3.13に示すように，基本的にはそれぞれ独立しても作動できる①圧縮機，②燃焼器および③タービンの3つの大きな要素から構成される．原理は至って簡単で，タービ

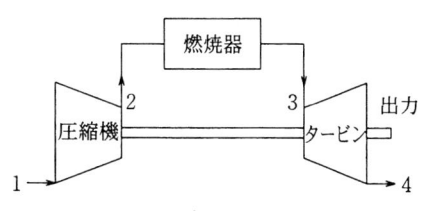

図 3.13 ブレイトンサイクル（オープンサイクル）の構成図

ンで発生した動力の一部(約2/3)を使って圧縮機を回して空気を5〜20気圧まで圧縮し,燃焼器に導き,燃料を噴射して定圧燃焼させ,約900℃〜1350℃の高温高圧の燃焼ガスを作り出す.これを先細ノズルを用いて運動エネルギーに変換し,タービンの羽根車に吹き付けて動力を取り出す.

冷却水が不要であり,空気過剰率の高い状態で燃焼は連続的に行われるため,レシプロエンジンに比較して燃料の要求性状が緩やかで,ガス,液体,一部では固体燃料の使用も可能である.速度型エンジンのためエンジン寸法,重量の割りに多量の作動ガスを処理でき,大出力向きのエンジンで150MWのものが実用になっており,高回転数ではあるが機械的な振動の少ない滑らかな回転運動が得られる.

3.7.1 理論熱効率;η_{th-B}

2つの定圧変化と2つの断熱変化から成るサイクルで,ディーゼルサイクルの定容放熱を定圧放熱に置き換えたものとも言える.図3.14にブレイトンサイクルのPV線図とTs線図を示す.$m$kgの作動ガスに対して,

2—3は定圧加熱　　$Q_1 = mc_p(T_3 - T_2)$
4—1は定圧放熱　　$Q_2 = mc_p(T_4 - T_1)$

したがって,ブレイトンサイクル理論熱効率は,

$$\eta_{th-B} = 1 - \frac{Q_2}{Q_1} = 1 - \frac{mc_p(T_4 - T_1)}{mc_p(T_3 - T_2)}$$

$$= 1 - \frac{T_4 - T_1}{T_3 - T_2} = 1 - \frac{T_1(T_4/T_1 - 1)}{T_2(T_3/T_2 - 1)} \quad (3.37)$$

ここで,1—2,3—4は断熱変化ゆえ,

$$\frac{T_1}{P_1^{\kappa-1/\kappa}} = \frac{T_2}{P_2^{\kappa-1/\kappa}} = c, \quad \frac{T_2}{T_1} = \left(\frac{P_2}{P_1}\right)^{\kappa-1/\kappa},$$

$$\therefore \quad \frac{P_2}{P_1} = \left(\frac{T_2}{T_1}\right)^{\kappa/\kappa-1}$$

同様に $\frac{P_3}{P_4} = \left(\frac{T_3}{T_4}\right)^{\kappa/\kappa-1}$, $\frac{P_2}{P_1} = \frac{P_3}{P_4} = r$:膨張比ゆえ

$$\frac{T_2}{T_1} = \frac{T_3}{T_4} \quad \therefore \quad \frac{T_3}{T_2} = \frac{T_4}{T_1} \quad (3.38)$$

したがって,ガスタービンの理論熱効率は次式となる.

$$\eta_{th-B} = 1 - \frac{T_1(T_4/T_1 - 1)}{T_2(T_3/T_2 - 1)} = 1 - \frac{T_1}{T_2} = 1 - \frac{T_4}{T_3}$$

$$= 1 - \left(\frac{P_1}{P_2}\right)^{\kappa-1/\kappa} = 1 - \left(\frac{1}{r}\right)^{\kappa-1/\kappa} \quad (3.39)$$

単純なガスタービンサイクルの理論熱効率は,

(1) 膨張比 r の関数となり,$r \to$ 大になると,η_{th} も大になる.

(2) タービン入口・出口の温度差が大きくなるほど,η_{thB} も大になる.

(3) 出口温度 T_4 はほぼ大気温度で一定と考えると,温度差を大きくするにはタービン入口温度を高くすることが求められる.

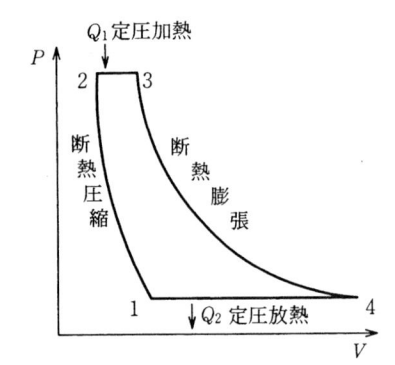

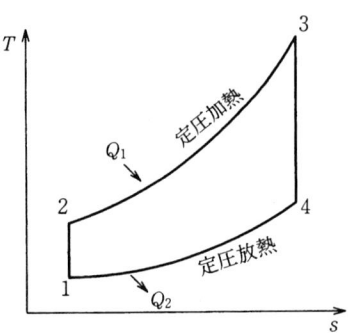

図 3.14 ブレイトンサイクル

(4) しかし，レシプロエンジンのような新気による冷却過程がなく，タービンブレードは連続的に高温の燃焼ガスに晒されるため，タービン入口温度には上限が存在する．すなわち，圧力比は余り上げることができない．

(5) また，ガスタービンの大きな特徴として，タービンの発生仕事の一部で圧縮機を駆動している．圧縮機必要仕事 l_{c-th} は，

$$l_{c-th} = h_2 - h_1 = c_p(T_2 - T_1) = c_p T_1\left(\frac{T_2}{T_1} - 1\right)$$
$$= c_p T_1 (r^{\frac{\kappa-1}{\kappa}} - 1) \tag{3.40}$$

より得られる．

すなわち，密度の小さな空気を圧縮するには大きな力が必要であり，l_{c-th} は圧力比 r が大きくなるほど大になる．

他方タービンで得られる仕事 l_{t-th} は，

$$l_{t-th} = h_3 - h_4 = c_p(T_3 - T_4) = c_p T_3\left(1 - \frac{T_4}{T_3}\right)$$
$$= c_p T_3\left(1 - \frac{1}{r^{\kappa-1/\kappa}}\right) \tag{3.41}$$

で与えられ，l_{t-th} は $r \to$ 大で一定値に近づく．

特に $r^{\frac{\kappa-1}{\kappa}} = \frac{T_3}{T_1}$ になると $l_{c-th} = l_{t-th}$ となり，外部への有効仕事が 0 になる．

各部の温度は断熱変化より，

$$T_2 = \left(\frac{P_2}{P_1}\right)^{\kappa-1/\kappa} T_1 = r^{\frac{\kappa-1}{\kappa}} T_1$$

$$T_4 = \frac{T_3}{(P_3/P_4)^{\frac{\kappa-1}{\kappa}}} = \left(\frac{P_4}{P_3}\right)^{\kappa-1/\kappa} T_3 = \left(\frac{1}{r}\right)^{\kappa-1/\kappa}$$

T_1 は圧縮機の吸い込み条件として通常大気温をとる．またタービン入口温度 T_3 は，タービン翼の材質，形状，冷却方法などや燃焼器での新気との希釈割合に依って決める場合が多く，単純に熱力学的には決めにくい．現在は $T_3 = 1350$°C 程度であり，圧縮機から吐出される新気を用いた翼の冷却も，消費する空気量に対して得られる効果は限界に近い．

3.7.2 実際のガスタービンサイクル

図 3.15 に実際のブレイトンサイクルの hs 線図を示す．これまでの取り扱いは可逆断熱変化を前提にしているが，実際には圧力損失や熱損失を伴う不可逆変化であり，c_p や κ も一定ではない．圧縮機では等エントロピー変化の 1→2 ではなく不可逆変化の損失を伴った 1→2' に，タービンでは 3→4 ではなく 3→4' の変化をたどり，それぞれの効率は次式で定義される．

圧縮機効率　$\eta_c = \dfrac{T_2 - T_1}{T_2' - T_1} = \dfrac{h_2 - h_1}{h_2' - h_1}$　0.80 程度 (3.42)

タービン効率　$\eta_t = \dfrac{T_3 - T_4'}{T_3 - T_4} = \dfrac{h_3 - h_4'}{h_3 - h_4}$　0.85 程度 (3.43)

図 3.15　実際のガスタービンサイクル

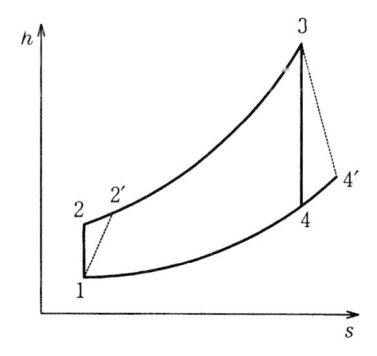

なお,エンタルピーの変化量は,1—2′,3—4′共に斜線の長さでなく,縦軸への投影長さになることに留意することが必要である.

3.7.3 再生ガスタービンサイクル (regenerative Brayton cycle)

単純なブレイトンサイクルの放熱温度は5〜600℃にも達する上,作動ガス流量も大きいことから排ガスはかなりの熱量を有しており,この排熱を有効利用して圧縮機を出た空気温度を高めてやれば燃焼器で加熱する熱量の節約になる.すなわち,一度捨てていた排熱を**再生**利用して燃焼器入口空気を加熱し,熱効率の向上を図る目的のサイクルで,機器の構成を図3.16にその PV 線図と Ts 線図を図3.17に示す.**再熱**サイクルと混同しないことが大切.

また,圧縮機入口空気温度 T_1 を高めるのではなく,圧縮機を出た燃焼器に入る前の空気 T_2 を加熱することに注意してほしい.すなわち,圧縮機で断熱圧縮することによって吐出ガス温度が上昇し,燃焼器入口ガス温度が必然的に高くなることとは根本的に異なる.燃焼器に供給される空気中の酸素の量が重要であり,圧縮機入口空気を暖めたのでは空気密度の低下を招きうまくない.

Ts 線図は囲まれた面積が熱量を表すゆえ,

 排気での回収熱量 s_6-6-4-s_4, $c_p(T_4-T_6)$

 圧縮空気に与えた熱量 s_2-2-5-s_5, $c_p(T_5-T_2)$

効率100%の理想の再生器により熱交換が行われるゆえ,

$$T_4 = T_5$$
$$\therefore c_p(T_4-T_6) = c_p(T_5-T_2) = c_p(T_4-T_2)$$

したがって,実際の加熱量 Q_1' は,

$$Q_1' = Q_1 - c_p(T_5-T_2) = c_p(T_3-T_2) - c_p(T_4-T_2)$$
$$= c_p(T_3-T_4)$$
$$Q_2' = Q_2 - c_p(T_4-T_6) = c_p(T_4-T_1) - c_p(T_4-T_2)$$
$$= c_p(T_2-T_1)$$

それゆえ,再生サイクルの理論熱効率は,

$$\eta_{th-reg} = 1 - \frac{Q_2'}{Q_1'} = 1 - \frac{c_p(T_2-T_1)}{c_p(T_3-T_4)} = 1 - \frac{T_2-T_1}{T_3-T_4}$$
$$= 1 - \frac{T_1(T_2/T_1-1)}{T_3(1-T_4/T_3)} = 1 - \frac{T_1}{T_3}\frac{T_2/T_1-1}{1-T_1/T_2}$$
$$= 1 - \frac{T_1}{T_3}\frac{\left(\frac{P_2}{P_1}\right)^{\kappa-1/\kappa}-1}{1-\left(\frac{P_1}{P_2}\right)^{\kappa-1/\kappa}} = 1 - \frac{T_1}{T_3}\left(\frac{P_2}{P_1}\right)^{\kappa-1/\kappa}$$

(3.44)

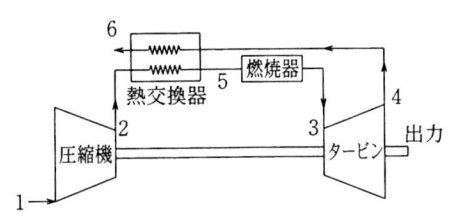

図 3.16 再生ブレイトンサイクルの構造図

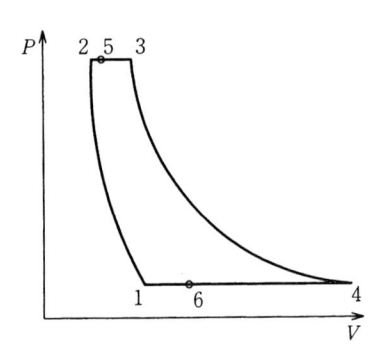

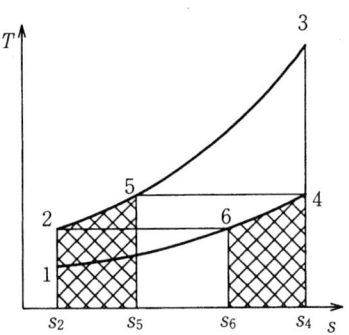

図 3.17 再生ブレイトンサイクル

再生サイクルではブレイトンサイクルに比して,

(1) 圧力比 $r = P_2/P_1$ と,温度比 $\dfrac{T_1}{T_3} = \dfrac{最小温度}{最高温度}$ の影響を受ける.

（2） 図3.18に示すように，温度比が一定であれば，圧力比は小さいほど良く，ブレイトンサイクルと逆になる．

（3） すなわち，圧力比が増大するにつれて，ブレイトンサイクルに対して熱効率は減少する．

（4） 圧力比 $r \to 1$ に近づくと，$1-\dfrac{T_1}{T_2}=1-\left(\dfrac{1}{r}\right)^{\kappa-1/\kappa}$ ゆえ，カルノーサイクルの熱効率になる．

また実際の再生器は伝熱などの損失を伴い，熱交換器の効率を上げるには伝熱面積を大きくすれば良いが，タービンの背圧上昇を招き熱効率低下につながるため，両者の兼合が重要となる．

再生サイクルはある一定の条件下で，熱効率を向上させる手法であるが，基本的にはブレイトンサイクルの範疇であり出力アップにはつながらない．ブレイトンサイクルの2つの断熱変化を小刻みに多段階に変化させ，——例えば圧縮時には少し圧縮して冷却器で温度を下げる——を繰り返せば，鋸状ではあるが等温変化に近づく．タービン側では少し膨張させて温度が低下した分加熱器で再加熱を行う多段膨張にすると，ブレイトンサイクルの2つの断熱変化を等温変化に置き換えたエリクソンサイクルに近づき，同じ温度条件下で作動するカルノーサイクルになる．この考えをガスタービンに応用したサイクルを中間冷却・再熱ガスタービンサイクルといい，実際の大型火力発電設備などで用いられている．

[例題 3.6] 気温 $T_1=20°C$，気圧 $P_1=101.3\,\mathrm{kPa}$ の大気条件下で，圧力比 $r=8$，タービン入口温度 $T_3=1127°C$ で作動するブレイトンガスタービンサイクル(Brayton gas turbine cycle)がある．定圧比熱 $C_p=1.005\,\mathrm{kJ/kgK}$，比熱比 $\kappa=1.35$ としたときの各問いに答えよ．

（1） 理論圧縮仕事 l_c，理論タービン仕事 l_t，理論正味仕事 l_{b-th} を求めよ．

[解答] 各状態点の記号は図3.14と同一とすると，圧縮始めの圧力 $P_1=101.3\,\mathrm{kPa}$，$r=8$ より，圧縮機出口圧力は，
$$P_2 = P_1 \times 8 = 810.4\,[\mathrm{kPa}]$$
また，断熱変化と $T_1 = 293\,\mathrm{K}$ より，
$$T_2 = \left(\frac{P_2}{P_1}\right)^{\kappa-1/\kappa} T_1 = \left(\frac{810.4}{101.3}\right)^{0.2593} \times 293 = 502.4\,[\mathrm{K}]$$
同様に $P_4 = P_1 = 101.3\,\mathrm{kPa}$，$T_3 = 1400\,\mathrm{K}$ ゆえ，
$$T_4 = \left(\frac{P_4}{P_3}\right)^{\kappa-1/\kappa} T_3 = \left(\frac{101.3}{810.4}\right)^{0.2593} \times 1400 = 816.5\,[\mathrm{K}]$$
それゆえ，理論圧縮仕事 l_{c-th}，理論タービン仕事 l_{t-th} は，式(3.40)および式(3.41)を用いて，
$$l_{c-th} = h_2 - h_1 = c_p(T_2 - T_1) = 1.005(502.4 - 293)$$
$$= 210.4\,[\mathrm{kJ/kg}]$$
同様に，
$$l_{t-th} = h_3 - h_4 = c_p(T_3 - T_4) = 1.005(1400 - 816.5)$$
$$= 586.4\,[\mathrm{kJ/kg}]$$

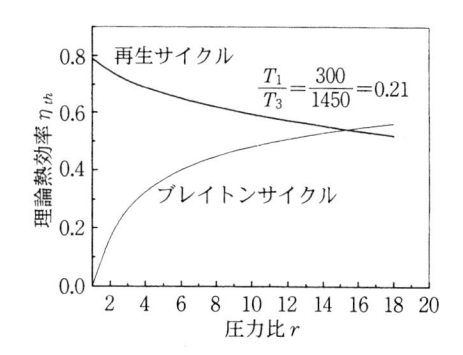

図 **3.18** 単純ブレイトンサイクルと再生ブレイトンサイクルの理論熱効率比較

したがって理論正味仕事 l_{b-th} は,
$$l_{b-th} = l_{t-th} - l_{c-th} = 586.4 - 210.4 = 376.0 \text{ kJ/kg}$$

(2) 加熱量 Q_1, 放熱量 Q_2 を求めよ.

[解答] 1サイクル当たりの加熱量 Q_1 は,
$$Q_1 = h_3 - h_2 = c_p(T_3 - T_2) = 1.005(1400 - 502.4)$$
$$= 902.1 \text{ [kJ/kg]}$$

同様に放熱量 Q_2 は,
$$Q_2 = h_4 - h_1 = c_p(T_4 - T_1) = 1.005(816.5 - 293)$$
$$= 526.1 \text{ [kJ/kg]}$$

(3) 理論熱効率 η_{th} を求めよ.

[解答] 式 (3.39) より
$$\eta_{th-B} = 1 - \frac{Q_2}{Q_1} = 1 - \frac{526.1}{902.1} = 1 - \frac{T_1}{T_2} = 1 - \frac{293}{502.4}$$
$$= \frac{l_{b-th}}{Q_1} = \frac{377.0}{902.1} = 0.4168$$

または, 圧力比を用いて, $\eta_{th-B} = 1 - \dfrac{1}{\left(\dfrac{P_2}{P_1}\right)^{\kappa-1/\kappa}} = 1 - \dfrac{1}{8^{0.2593}}$

$= 0.4168$

(4) (4-1) 航空機に用いられているジェットエンジンは, 再生器などの付加が困難なため, 単純なブレイトンサイクルを行っている. タービン内での膨張は, 圧縮機駆動に必要な動力のみを回転力として取り出し, 残りは先細ノズルからジェット噴流として運動エネルギーの形で飛行機を飛ばす推力として利用する場合, 噴流の到達できる理論断熱膨張速度および外気温におけるマッハ数はいくらになるか.

(4-2) またこの断熱熱落差分のエネルギーを動力の形で取り出した場合, 作動ガス流量 $m=12.7 \text{kg/s}$ のときいくらの出力が得られるか.

[解答] (4-1) ターボジェットサイクルの構成図と Ts 線図を図 3.19 に示し, 各状態点の記号を図のようにとる. 膨張仕事から圧縮機駆動に必要な仕事を取り出した状態点7の温度は,
$$l_{c-th} = l_{t-th} = c_p(T_3 - T_7) = 210.4 \text{ kJ/kg} \quad \{設問 (1)\}$$
$$T_3 - T_7 = \frac{210.4}{1.005} = 210.4 \quad \therefore \quad T_7 = 1190.6 \text{ [K]}$$

したがって, 理論断熱膨張速度 w_{jet} は,
$$w_{jet} = \sqrt{2c_p(T_7 - T_4)} = \sqrt{2 \times 1.005 \times 10^3(1190.6 - 816.5)}$$
$$= 867.1 \text{ [m/s]}$$

または断熱変化より状態点7の圧力は,
$$\frac{P_3}{P_7} = \left(\frac{T_3}{T_7}\right)^{\kappa/\kappa-1}, \quad \left(\frac{1400}{1190.6}\right)^{3.857} = 1.868$$
$$P_7 = 1.868 \times 0.8104 = 0.434 \text{ [MPa]}$$

すなわち, ジェットノズル入口圧力 P_7 を用いると, W_{jet} は次式からも算出できる.
$$w_{jet} = \sqrt{2c_p T_7 \left\{1 - \left(\frac{P_4}{P_7}\right)^{\kappa-1/\kappa}\right\}}$$

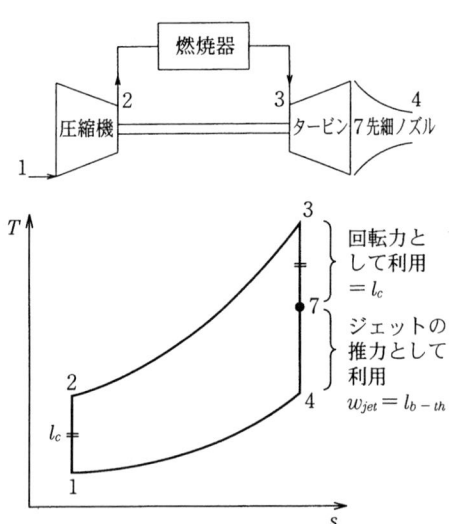

図 3.19 ターボジェットエンジンサイクル

$$= \sqrt{2 \times 1005 \times 1190.6 \left\{1 - \left(\frac{0.1013}{0.434}\right)^{0.2593}\right\}}$$
$$= 867.2 \ [\text{m/s}]$$

大気温度 $T_0=293\text{K}$ での局所音速 a は，空気のガス定数 $R=287.2\text{kJ/kgK}$ として，
$$a = \sqrt{\kappa R T_0} = \sqrt{1.35 \times 287.2 \times 293} = 337.0 \ [\text{m/s}]$$

したがって，このときのマッハ数 M は，

$M = w_{jet}/a = 867.2/337 = 2.57$ となる．

もちろんこの値は全く損失を考慮していない理想的な場合であるが，状態点7からの膨張仕事を回転力として取り出し，プロペラを回して飛行する場合と比較して，ノズル効率≒0.93＞タービン効率≒0.86に加え，プロペラ効率や重くてかさばる減速機も不要になるなど，燃焼器によって付加された熱エネルギーを推力として利用した方が全体のエネルギー利用効率は高くなり機速も速くでき有利となる．ただしこのまま純粋にジェットとして用いると，噴出速度が早すぎて逆に流動損失を伴うので，亜音速飛行ではファンを回して低速の噴流と併用して利用することが多い．

(4-2) 噴流として利用せず，動力として取り出した場合は，
$$l_{b-th} = 1.005 \times 10^3 (1190.6 - 816.5) = 376 \ [\text{kJ/kg}]$$

すなわち，設問(1)の理論正味仕事が l_{b-th} が状態7と4の間の温度差からも求めることができる．

また，作動ガス流量 $m=12.7\text{kg/s}$ とすると，

$N_{th} = 376 [\text{kJ/kg}] \times 12.7 [\text{kg/s}] = 4,775.2 [\text{kW}]$ となる．

(5) 理想の再生器を付加した場合の熱効率の改善はどれほどになるか．

[解答] 記号は図3.14および図3.17と同一にとり，効率100％の熱交換器により再生が行われるゆえ，
$$T_5 = T_4 = 816.5 \ [\text{K}]$$

したがって，$T_5 - T_2 = 816.5 - 293 = 523.5°\text{C}$ の加熱量の節約になる．実際に必要な加熱量 Q_{1-reg} は，
$$Q_{1-reg} = h_3 - h_5 = c_p(T_3 - T_5) = 1.005(1400 - 816.5)$$
$$= 586.4 \ [\text{kJ/kg}]$$

正味仕事は変化しないゆえ，
$$\eta_{th-reg} = \frac{l_{b-th}}{Q_{1-reg}} = \frac{376.0}{586.4} = 0.641$$

再生サイクルを行うことにより，単純なブレイトンサイクルからの熱効率向上は，64.1％－41.68％＝22.42％改善され，図3.18に示すように再生器の利用は大幅な熱効率の上昇につながる．

(6) 図3.15において理論的な圧縮機出口温度 T_2 に対して，不可逆変化を行った実際の圧縮機出口温度上昇は50°C，同様にタービン出口温度上昇は80°Cとしたときの，圧縮機効率 η_c，タービン効率 η_t を算出し，実際の圧縮機仕事 l_c'，タービン仕事 l_t' および正味熱効率 η_b はどの程度低下するか評価せよ．

[解答] 式 (3.21) および (3.22) より，圧縮機については，

$$\eta_c = \frac{h_2 - h_1}{h_2' - h_1} = \frac{T_2 - T_1}{T_2' - T_1} = \frac{502.4 - 293}{(502.4 + 50) - 293} = 0.807$$

$$\therefore \ l_c' = h_2' - h_1 = c_p(T_2' - T_1) = 1.005(552.4 - 293)$$
$$= 260.7 \text{ kJ/kg}$$

同様にタービンについては，

$$\eta_t = \frac{h_3 - h_4'}{h_3 - h_4} = \frac{T_3 - T_4'}{T_3 - T_4} = \frac{1400 - (816.5 + 80)}{1400 - 816.5} = 0.863$$

$$\therefore \ l_t' = h_3 - h_4' = c_p(T_3 - T_4') = 1.005(1400 - 896.5)$$
$$= 506.0 \text{ [kJ/kg]}$$

したがって，実際の正味仕事 l_b' は，

$$l_b' = l_t' - l_c' = 506 - 260.7 = 245.3 \text{ [kJ/kg]}$$

また実際の加熱量は，

$$Q_1' = h_3 - h_2' = c_p(T_3 - T_2') = 1.005(1400 - 552.4)$$
$$= 851.8 \text{ [kJ/kg]}$$

したがって，実際の熱効率は，

$$\eta_b' = \frac{l_b'}{Q_1'} = \frac{245.3}{851.8} = 0.2879$$

または $\eta_b' = \eta_{th} \times \eta_c \times \eta_t = 0.4168 \times 0.807 \times 0.863 = 0.290$

したがって，熱効率の低下は，$0.4168 - 0.2879 = 0.1289$，約 13% 下がる．

3.8 エンジンとコ・ジェネレーション

3.8.1 コ・ジェネレーションの（熱力学的）意義

　人類はより快適でより便利な生活を得るために，古来より何とかして動力 (power) を得ることに熱心であった．今日のように資源自体の枯渇が問題となり，また燃料の使用による二酸化炭素濃度の増加を抑制するためには，エネルギーの利用法を根本的に見直すことが重要となる．これまで見てきたように，熱から動力を得るためには，高熱源と低熱源の温度差が必要であり，また熱力学の第二法則により，仕事から熱への変換は100%可能であるが，その逆は必ず損失を伴い，3.1節や3.5節の例でも取り上げたように，最大でもカルノーサイクルの熱効率しか得られない．その上カルノーサイクルの熱効率は，等温変化が前提であり実際には実現不可能である．しかしながら，36歳と若くして亡くなった Sadi Carnot が，カルノーサイクルを通して我々に教えるところは，「熱から動力を取り出さないで，熱の温度を下げてしまったら，それは正味の損失であり，燃料に火を点けたなら，まず最初に'動力'を取り出しなさい」という，今日においてもエネルギー利用の基本となるものである．

　具体的には，限られた資源の有効利用を図り，化石燃料による二酸化炭素排出を削減するためには，燃料に一度火を点けたなら，燃焼温度の（約）2000℃から大気温度まで，その間の熱エネルギーを全て使い尽くすことが大切である．他方で，熱か

ら動力への変換は必ず損失を伴うことから,「燃料に火を点けたら,まずエンジンを回しなさい.その後,エンジンからの排熱で蒸気や温水を得れば,エネルギーの総合利用効率は遥かに増大しますよ」と言うことがカルノーサイクルの本質的な意味するところであろう.42℃のお風呂のお湯や,暖房の28℃程度の温度レベルを得るのに,何も都市ガスを直接燃して得られる2000℃の燃焼ガス温度は必要なく,エンジンを回した後360°～500℃の排熱で十分である.

この考えを具現化したものに今日急速に普及してきているコ・ジェネレーションシステム co-generation system；CGS 欧米では combined heat and power；CHP がある．co とは2つを generation は発生を意味し,通常電力と熱を併利用することを指す．この背景として例えばガスタービンの入口温度を高めるために,翼冷却を行っているが,冷却空気量の増大から,得られる効果も上限に近いなど,エンジン単体での熱効率の上昇にはどんなに頑張っても限界がある．Carnot の教えを実践するにはまずエンジンを回して電力を取り出し,排熱を蒸気または温水などの熱エネルギーとして回収すれば,エネルギーの総合利用効率を70～85％ へと飛躍的に向上させることができる．さらに最近では,二酸化炭素排出抑制の点からも CGS は,高く評価されてきている．

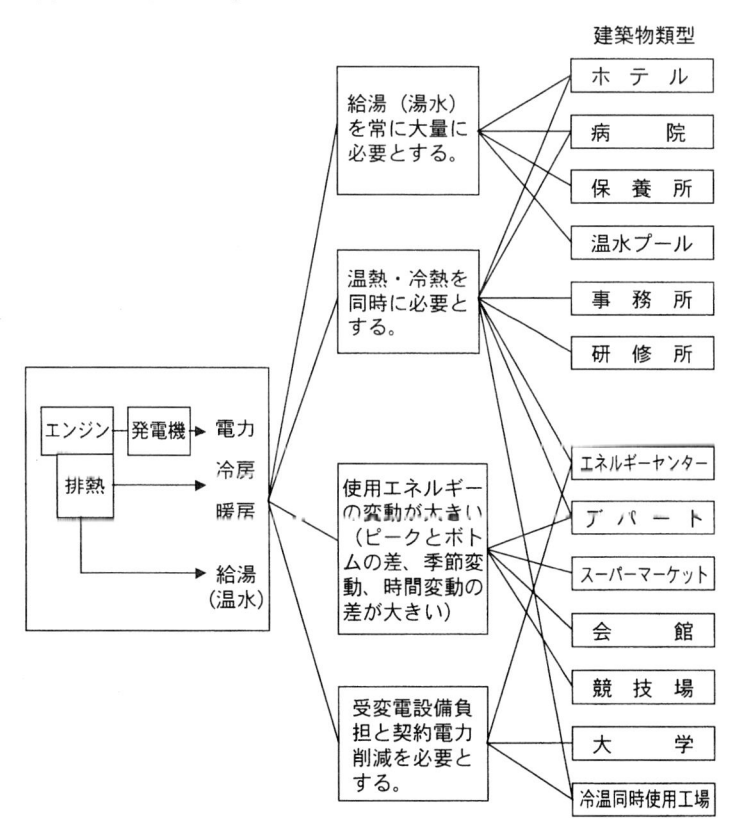

図 3.20 建築物とコ・ジェネレーション

もちろんこのシステムは大型のガスタービンを用いた火力発電所などでも可能であり，既に実施されている事例も多いが，熱の輸送は非常に厄介なので，近くに熱需要のある地域に限定される．それゆえ究極的には，各家庭や事業所で小型のエンジンを回わして電力を確保し，同時に排熱で蒸気または温水を得て，冷暖房等に供する形態をとることが望ましい．この様な小規模の設備を多数分散させたオンサイト (on sight) のCGS方式の形態をとると，電源・熱源の二重化にもなり，震災時などにも対応可能であり，また遠隔地での大規模発電所による送電損失もなくすことができるなどのメリットも大きくなる．

　オンサイトのCGSは建物の類型によって異なった設計が行われる．図3.20にあるように大量の給湯の必要性，温熱と冷熱の同時必要性，使用エネルギーの大きな変動，契約電源削減の必要性などに応じて，最適のCGSが存在する．

　CGSに利用できるエンジンは，基本的に何れの種類でも良いが，各エンジンには受け持つことのできる最適な温度範囲など一長一短があり，その得失を十分に把握してうまく使い分けることが重要となる．すなわち，2000℃を作動ガス温度とするレシプロエンジンは比較的高温部を，その下位に1350℃付近を受

表 3.2　エンジンとコ・ジェネレーション・システム

		ガスエンジン	ディーゼルエンジン	ガスタービン
主な燃料		都市ガス	軽油，A〜C重油	都市ガス，灯油，A重油，軽油
排熱回収形態		排ガス：温水または蒸気 冷却水：温水または蒸気	排ガス：温水または蒸気 冷却水：温水	排ガス：主として蒸気
熱効率		27〜35%	32〜40%	20〜32%
総合効率		75〜85%	60〜80%	75〜85%
排ガス温度	機関出口	450〜550℃	360〜430℃	400〜550℃
	熱交出口	150〜200℃	200℃以上	160〜200℃
騒音		ディーゼルよりやや小さい 95〜97 dB(A)	100 dB(A)前後 102〜105 dB(A)	高周波域が高い 105〜110 dB(A)
NO_x対策	燃焼改善による脱硝	希薄燃焼	噴射時期遅延	水噴射，蒸気噴射
	後処理による脱硝	三元触媒	アンモニア（または安水）脱硝	アンモニア（または尿素）脱硝
特徴		●排熱は高温で利用効率が高い ●低回転のため耐久性に優れる ●排熱回収装置の伝熱面がクリーン ●還元作用によるNO_xの処理が容易なため排ガスはクリーン	●排熱の利用効率が低い ●すすにより排熱回収装置の効率が低下しやすい ●還元作用によるNO_xの処理が困難 ●排熱回収装置で，SO_xによる低温腐食が起こりやすい	●発電効率は低めだが排熱量が多い ●排ガス温度が高温で，蒸気回収が容易 ●小型で軽量 ●冷却水が不要 ●1台当たりの発電用量が1000 kW以上と大きいものが多い

け持つガスタービンが挙げられ，蒸気タービンとつづき，200℃〜1000℃を動作温度とする燃料電池がある．ガスエンジン，ディーゼルエンジンおよびガスタービンを原動機とした場合の主な特徴を表3.2に示す．エンジン単体での熱効率が最も高いのがディーゼルエンジンであるが，排熱回収装置の性能が煤により低下するので総合効率は必ずしも大きくない．逆にガスタービンは熱効率がやや低く電気の使用量が多い場合には不向きであるが，熱を蒸気として多量に回収できる利点もある．いずれにしてもCGSの総合効率は最大80%〜85%に達する．

またCGSでは効率の低下が避けられない部分負荷運転を極力少なくし，エンジンを最適負荷状態で運転することが重要となる．そのため各家庭でCGSを導入する場合，発電した電力で全てを賄うのは得策でなく，通常商用電源と接続して電力の過不足をやり取りする形態をとる．日本の商用電源の品質は非常に高く，これに対応するにはCGS発電の電圧，周波数などを安定化させることや，逆流防止措置の必要など種々の問題が派生する．さらに，①電気事業法，②消防法，③高圧ガス取り締まり法，④建築基準法，⑤労働安全衛生法，⑥系統連系技術要件ガイドラインおよび⑦振動，騒音，大気汚染と言った公害防止協定など関連する法規が多い上，大規模発電を前提にした法規制が多く，小規模なシステムに対応した法整備が進められている．

エネルギーの需要と供給の総合的な観点から推察すると，これからは需要先に設置した小型のCGSの飛躍的な発展が見込まれるため，次節でマイクロガスタービンとガスエンジンを用いた代表的なCGSの事例を取り上げる．

3.8.2 事例1——マイクロガスタービンCGS

エンジンの出力は基本的に作動ガスの処理流量に比例するため，速度型エンジンであるガスタービンは，大型で大出力向きのエンジンであり，小型化や小出力化には不向きであった．また，ガスタービンはデザインポイント付近の定格出力時には高い効率が得られるが，部分負荷では極端に効率が低下するなどの欠点もある．CGSの基本的な考えは，電力と熱のトータルでエネルギーの利用効率を高めれば良いが，日本での電力需要はここ10年で1.5倍になるなど本質的に電力需要が高いため，発電端効率で少なくとも30%程度は確保できることが，供試エンジンの必要条件と考えられる．

ここに来てマイクロガスタービン関連技術の発展により，タービン翼車外径数10mmと言ったマイクロガスタービンの熱効率が向上し，CGSの主原動機として実用に供されるようになってきた．マイクロガスタービンの定義は明確でないが，タービン翼車外径100mm程度以下で，軸出力100kW以下のものを一般に指しているようである．圧縮機，タービンともに一段で構成され，圧縮機は遠心式，タービンはラジアル型か軸流型

のものが多い．また本来ガスタービン自身，使用燃料の幅が広いのが特徴であり，マイクロガスタービンも都市ガス13A，プロパン，灯油，軽油などに対応する．この節では米Capstone Turbine社で開発されたマイクロガスタービンを用い，(株)タクマがCGSシステムとして纏(まと)めているマイクロガスタービンCGSをベースに説明する．

図3.21にマイクロガスタービンの概略図を示す．ガスタービン本体は，いずれも単段の遠心圧縮機とラジアルタービンを組み合わせたもので圧力比は約3.5と低めに押さえている．再生器なしの単純ブレイトンサイクルで作動するマイクロガスタービンの熱効率は約15%程度に留まるが，再生器を装着することで，タービン入口温度850℃，回転数$n=96000$rpmにおいて出力30kWを得て，発電効率26%を達成している．燃焼器はアニュラー缶型を用い，再生用の熱交換器は，燃焼器の外周をドーナツ状に取り囲むように円筒形で構成され非常にコンパクトに纏めてあり，エンジン自体を小型化するのに寄与している．なお，CGS用原動機として，超耐熱合金をベースに翼冷却をしないでメンテナンス期間を長くするためには，タービン入口温度 (tutbine inlet temperature ; TIT) は900℃以下に押さえることが望ましいと言え，TIT＝850℃に設定することによりメンテナンス8000時間を得ている．

また熱回収は真空式の熱交換器を採用し，排出ガス温度を90℃まで下げて排熱回収効率を向上させ，熱出力56kW，70/60（最大90）℃でシステムの総合効率75%以上を確保している．図3.22にシステム全体の構成図を示す．レシプロエンジンに比べて比較的低温の連続燃焼のため排ガス性能も優れており，タービン負荷50%以上で天然ガスを燃料とした場合，NO_x濃度は9~35ppmの低い値となっている．さらに本来複雑な往復動機構がなく，機械的な損失が少ないのがガスタービンの優れた点であるが，ジャーナル，スラスト軸受とも空気軸受の採用によって軸受損失の低減を図り，結果として潤滑油や冷却水

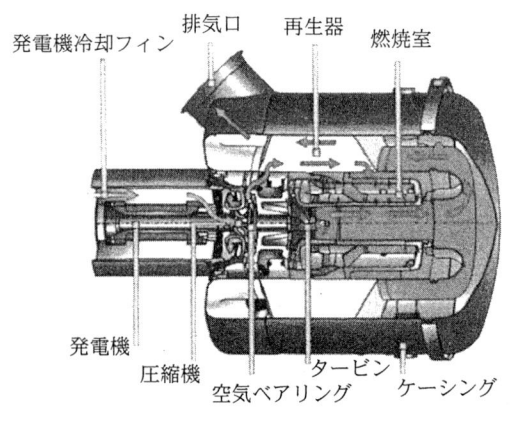

図 3.21 コ・ジェネレーション用マイクロガスタービン構成図（(株)タクマ提供）

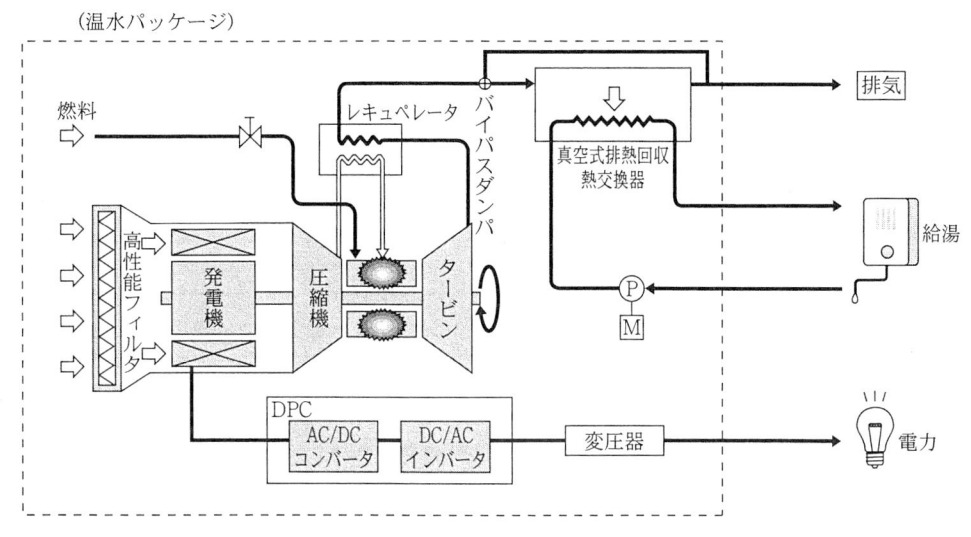

図 3.22 マイクロガスタービン CGS 系統図（(株) タクマ提供）

が不要となり保守整備を容易なものにしている．また機器を構成する部品点数も少ないため，同出力のピストン機関の容積に比して 1/3 程度まで小型化でき，騒音防止と設置の簡便さからパッケージ型を採用し，その外形寸法は $0.9 \text{mW} \times 2.2 \text{mD} \times 2.2 \text{mH}$，質量は 1300 kg 程度で，騒音も機側 1 m において 65 dBA を達成している．さらにタービンは回転数が高いため，従前から市販されている発電機を用いるには減速機が必要となるが，永久磁石を採用し，最近のパワートランジスタなど技術を集成した超高速回転の発電機を開発し，タービンにより直接駆動している点も大きな特徴である．

3.8.3 事例 2——ガスエンジン CGS の経済効果

表 3.3 に，病院に導入されたガスエンジン CGS の事例の効果を示す．導入された建物は，延べ床面積 30000 m^2 の病院である．エネルギー需要量のうち電力はピーク負荷が 1800 kW，年間需要量は 4890 MWh であり，これに対して図 3.23 に示す CGS では 250 kW のガスエンジン発電機 2 台を備え，昼間は 2 台とも運転し，夜間は 1 台のみ運転する．年間エネルギーバランスを見ると CGS 導入によって電力会社からの買電は 34% にとどまり，残りの 66% はガスエンジンから供給されている．一方熱需要の種類は，蒸気，暖房，給湯，冷房である．蒸気は，殺菌，消毒，洗濯やオートクレーブなど病院特有の用途に使用される．この事例では，これらの熱需要の 53%（年間平均）を，ジャケット冷却水と排ガスの排熱回収でまかなえる．

次にこの経済効果を調べる．CGS 設備の導入によるイニシアルコストの増大が起こる．比較するシステムとしては，熱源として蒸気二重効用吸収冷凍機とガス蒸気ボイラを採用し，電力は電力会社からの買電とすると，設備費の増額分は 150,000 千

表 3.3 病院に導入された CGS の効果（東京ガス（株））

建物概要
●用途：病院　●所在地：東京　●延床面積：30,000 m²

試算条件
●エネルギー需要量

		ピーク負荷	年間需要量
電力		1,800 kW	4,890 MWh
熱	蒸気	1,680 Mcal/h	3,690 Gcal/年
	暖房・給湯	2,242 Mcal/h	2,520 Gcal/年
	冷房	3,078 Mcal/h	2,310 Gcal/年

●発電規模：500 kW
●システム：前ページのシステムフローの通り
　　　ガスエンジン発電機 250 kW×2台
　　　蒸気一重効用吸収冷凍機 120 RT
　　　蒸気二重効用吸収冷凍機 450 RT×2台
　　　ガス蒸気ボイラ 3.3 T/H×2台
●発電時間：0:00〜24:00（24時間）｛昼間2台運転 / 夜間1台運転｝
●排熱回収・利用方法

排熱回収源	排熱回収	利用用途
ジャケット冷却水	1 kg/cm²蒸気	蒸気・暖房・冷房
排ガス	8 kg/cm²蒸気	

●比較システム：蒸気二重効用吸収冷凍機 510 RT×2台
　　　　　　　　ガス蒸気ボイラ 3.8 T/H×2台

年間エネルギーバランス

電力供給	買電 34%	発電 66%
熱供給	熱源機 47%	排熱利用 53%

イニシャルコスト

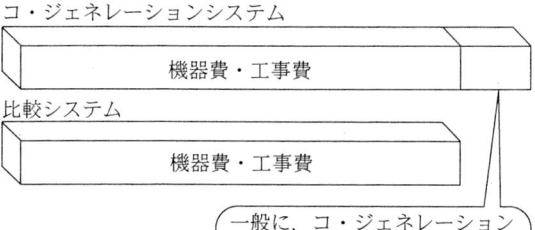

コ・ジェネレーションシステム：機器費・工事費

比較システム：機器費・工事費

設備費増額分を 150,000 千円とします．

> 一般に，コ・ジェネレーションをつけることで 250 千円/kW〜350 千円/kW 初期投資が増加するといわれています．

ランニングコスト

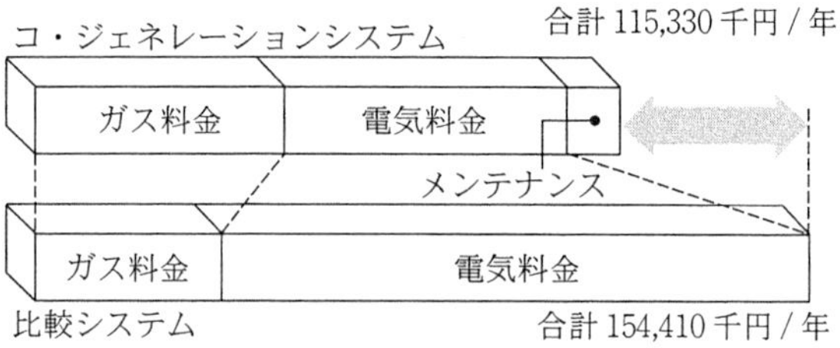

コ・ジェネレーションシステム　合計 115,330 千円/年
（ガス料金／電気料金／メンテナンス）

比較システム　合計 154,410 千円/年
（ガス料金／電気料金）

ランニングメリット 39,080 千円/年

単純投資回収年数

$$\frac{\text{設備費増額分}}{\text{ランニングコストメリット}} = \frac{150{,}000\text{ 千円}}{39{,}080\text{ 千円}/\text{年}} = 3.8\text{ 年}$$

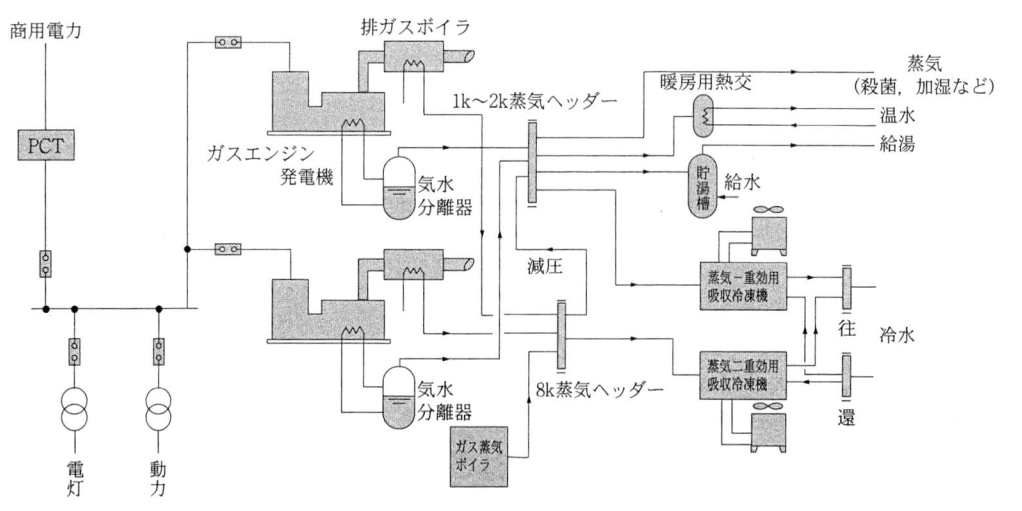

図 3.23

円となる．これに対してランニングコストは，CGS の方が年間 39,080 千円安くなる．このことから，単純投資回収年数は 3.8 年となることがわかる．この値は，電気料金やガス料金，設備費などの推移に支配される面もあるので注意が必要である．

なお，病院では生命維持装置や手術中の電源などのようにこれが切れた場合，医療事故につながるので，電源の二重化，三重化が要求される．このとき，この事例のように，買電と CGS の併用が大きな効果を持つことは明らかである．

演習問題

1. 【 】内に適切な言葉あるいは数式を記入せよ．（大学院入試問題）ピストンとシリンダで囲まれた空間内に質量 m kg の理想気体が封入されており，これが，図 3.24 に示すディーゼルサイクルを行っている．この PV 線図において，1→2 は【1】変化，2→3 は【2】変化，3→4 は【3】変化，4→1 は【4】変化である．したがって，単位質量の作動ガスに対する 1 サイクル間の加熱量 Q_1＝【5】，放熱量 Q_2＝【6】である．したがって，このサイクルの理論熱効率 η は，

$$\eta = 1 - \frac{T_4 - T_1}{\kappa(T_3 - T_2)} \cdots\cdots (1)$$

と表せる．ここで，κ は比熱比である．これを，圧縮比 ε＝【7】と締切比 ρ＝【8】で表すと

$$\eta = 1 - \left(\frac{1}{\varepsilon}\right)^{\kappa-1} \frac{\rho^\kappa - 1}{\kappa(\rho - 1)} \cdots\cdots (2)$$

ただし，温度 T および体積 V の添字は PV 線図上 1，2，3，4 の状態，定圧比熱と定容比熱を c_p，c_v とせよ．

2. 出力 35 kW，正味燃料消費率 195 g/kWh のエンジンを取り付けた発電装置がある．24 時間の連続運転を行うと何 kg の燃料を消費するか．

3. 4 シリンダ，ボア（シリンダ直径）57 mm，ストローク 90 mm のガソリンエンジンがある．定格回転数 2800 rpm におけるトルクと燃料消費量を実測したところ 55.2 Nm，6.74 l/h であった．このとき使用したガソリンの比重は 0.735，低発熱量は 44.2 MJ/kg であった．このときの 1) 正味出力，2) 正味平均有効圧，3) 正味熱効率，4) 正味燃料消費率を求めよ．

4. A four-cylinder, four-stroke diesel engine has a bore of 212 mm and stroke of 292 mm. At full load at 720 rpm the brake mean effective pressure is 0.593 MPa and the specific fuel consumption is 226 g/kWh. The air-fuel ratio is 25/1. Calculate the brake thermal efficiency and volumetric efficiency of the engine. Atmospheric conditions are 0.101 MPa and 288 K, and lower heating value of the fuel is 44.2 MJ/kg.

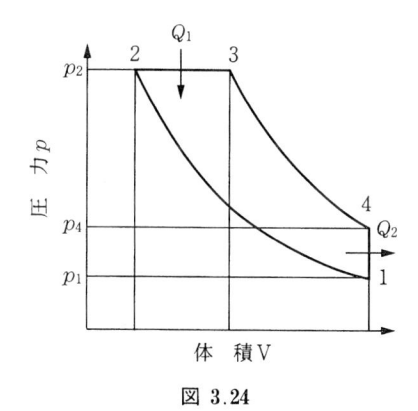

図 3.24

5. ダイレクトメタノール形燃料電池(DMFC)【メタノール(液体)の水溶液を直接燃料極(負極)に送り，二酸化炭素，水素イオンと電子を生成させる．水素イオンは電解質中を通って空気極(正極)に移動し，そこで酸素と反応し水を生成する．電子は外部回路を通過する．】の全反応は

$$CH_3OH + \frac{3}{2}O_2 \longrightarrow CO_2 + 2H_2O$$

である．DMFCの理論熱効率を計算せよ．

6. 高圧(35 MPa)の水素ガス137 l をタンクに搭載した燃料電池車が，315 km の走行距離を示すという(走行モードは明らかにされていない)．以下の問に答えよ．1) 水素の温度を300 K とし，はじめにタンク中にあった水素の質量を状態方程式から求めよ．2) 水素の低発熱量は119.8 MJ/kg とし，タンク内にあったはじめの水素のエネルギーを求めよ．3) このエネルギーに相当するガソリンの質量と体積を求めよ．ただし，ガソリンの低発熱量43.7 MJ/kg，密度 0.75 kg/l とする．4) この燃料電池車の燃費を，ガソリン車と比較せよ(ガソリン1 l で何 km 走行したことになるか)．

7. 自動車はエンジンを原動機としたコ・ジェネレーションシステムの1つである．エンジンに供給する燃料の持つエネルギーが，どのようなエネルギーに変換されて，利用されているかについて考えて見よう．

[解答]

2. 163.8 kg

3. 1) 16.2 kW, 2) 0.755 MPa, 3) 26.6%, 4) 306 g/kWh

4. 36%, 76.1% 第7章の体積効率を参照

5. $\Delta G = \{-394.383 + 2 \times (-237.192)\} - (-166.523) = -702.244$ kJ/mol, $\Delta H = \{-393.513 + 2 \times (-285.840)\} - (-238.655) = -726.538$ kJ/mol, 理論熱効率は96.7%

6. 1) 3.87 kg, 2) 464 MJ, 3) 10.6 kg, 14.2 l, 4) 22.2 km/l (ガソリン)

7. 車の運動エネルギー，熱{冷房と暖房}，電気，光，化学エネルギー{バッテリーへの充電}

第4章　混合気形成

4.1　火花点火エンジンの混合気形成

　ガソリン燃料が完全燃焼するための理論空燃比は燃料組成（水素と炭素の構成比）によって式(2.8)で理論的に求められ，約14.5〜15である．図4.1に示すように，最大出力を示す空燃比はこれより過濃側（リッチ）にあり，空気過剰率が0.9付近，空燃比で約13である．このときが最大燃焼速度を示す理論空燃比より濃い側（リッチ）では，作動ガスの熱解離（吸熱反応）と，不完全燃焼によるCO生成による分子数の増加などにより，最高燃焼温度が高くなり正味平均有効圧が最大値を示す．

　理論空燃比よりも濃くしていくと，空気不足による不完全燃焼割合が増加し，正味平均有効圧および正味燃料消費率ともに悪化し，ついには可燃限界に達する．

　一方，希薄側（リーン）では，空燃比が17付近で経済的な運転となる最小燃料消費率を示し，さらに希薄にすると混合気の失火や消炎が生じて，燃焼変動率が大きくなってエンジンの運転安定性が悪くなり，ついには可燃限界に達する．

　このように混合気が可燃限界になると薄過ぎても濃過ぎても火炎は進行せず，運転不能になる．

　ガソリンエンジンの可燃範囲は8〜22くらいであるが，燃焼室形状やスワールやスキッシュなどの空気流動効果によって影響する．

　通常，均一混合気のガソリンエンジンでは，加速のような出力が要求されるときには最大空燃比が要求され，それ以外の高負荷域では過濃空燃比（約13）に設定し，部分負荷などの低負荷域では経済的運転にて，燃焼変動が生じない程度の希薄空燃比に設定する．

4.1.1　単純気化器

　気化器は燃料と空気を負荷に応じて可燃範囲の空燃比に設定するものである．図4.2に単純気化器を，図4.3にエンジンへの装着例を示す．

　図4.2に示す単純気化器において，燃料はエンジン作動中には吸入空気量に対応して，メインジェットからベンチュリー管内へ吸いだされる．そして，フロートチャンバー内の燃料レベ

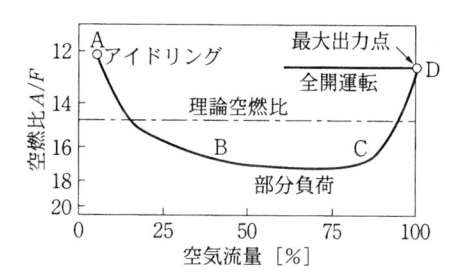

図4.1　空燃比と出力および燃料消費率特性[1]

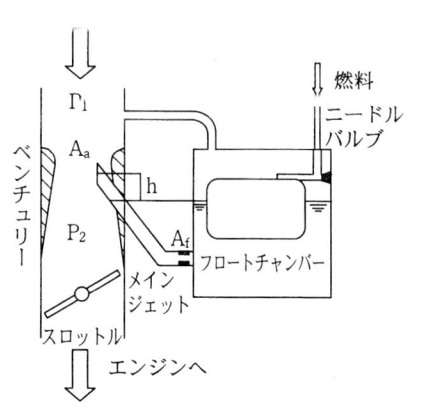

図4.2　単純気化器の基本構造

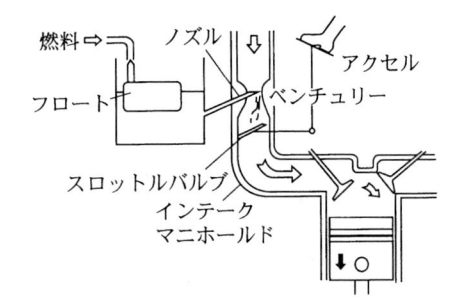

図 4.3 気化器装着位置[2)]

ルが降下し，直ちに，ニードルバルブが開いて，燃料ポンプで送られた燃料がフロートチャンバー内に入り，燃料のレベルが常に一定に保持される．

空気はエンジンの吸入行程時に，スロットル開度に応じてベンチュリー管を通じてシリンダ内へ吸入される．その際，ベンチュリー管の絞り部の前後で差圧が生じるため，燃料はフロートチャンバーからメインジェットを経て，ベンチュリー管内へ吸い出される．ベンチュリー管前後の差圧はスロットル開度が大きいほど大きくなり，それに応じて燃料流量も増加し，出力が大きくなる．エンジン出力はこのスロットルバルブの開度を調整して混合気量を制御する．

次に，ベンチュリーによる空気量の調整について述べる．

ベンチュリー入口とのど部間のエネルギー式は圧力を p，速度を u，入口を1，のど部を2とすると

$$\frac{1}{2}\rho_1 u_1^2 + p_1 = \frac{1}{2}\rho_2 u_2^2 + p_2 \tag{4.1}$$

上式において，入り口速度は u_2 に比較して小さいので，無視して整理すると次式を得る．

$$p_1 - p_2 = \frac{1}{2}\rho_2 u_2^2 \tag{4.2}$$

ゆえに，ベンチュリー管内の空気速度 u_2 は

$$u_2 = \sqrt{\frac{2}{\rho_2}(p_1 - p_2)} \tag{4.3}$$

空気の質量流量 G_a はベンチュリーのど部の断面積を A_a，流量係数を C_a，空気の密度を ρ_a，および $u_a = u_2$，$\rho_a = \rho_2$，$p_1 - p_2 = \Delta p_a$ とすると次式で表される．

$$G_a = C_a A_a \rho_a u_a = C_a A_a \sqrt{2\rho_a \Delta p_a} \tag{4.4}$$

ここで，C_a は 0.82〜0.85 である．
G_a はエンジンの排気量が決まると，4ストロークエンジンの場合次式から求められる．

$$G_a = \eta_v \frac{\rho_a V_s n}{120} \tag{4.5}$$

ここで，η_v は体積効率，ρ_a は空気の密度，V_s はエンジンの排気量（行程体積），n はエンジン回転数である．

次に，メータリングオリフィスからの燃料の質量流量を求める．燃料のノズルとフロート液面の圧力差 Δp_f は，その燃料液柱（ヘッド）を h とすると $\Delta p_f = \rho g h$ である．

燃料の質量流量 G_f はメータリングオリフィスの断面積を A_f，流量係数を C_f，燃料の密度を ρ_f とすると次式で表される．

$$G_f = C_f A_f \rho_f u_f = C_f A_f \sqrt{2\rho_f (\Delta p_a - \Delta p_f)} \tag{4.6}$$

したがって，空気と燃料の空燃比 A/F は次式で表される．

$$A/F = \frac{G_a}{G_f} = \frac{C_a A_a}{C_f A_f}\sqrt{\frac{\rho_a}{\rho_f}}\sqrt{\frac{\Delta p_a}{\Delta p_a - \Delta p_f}} \tag{4.7}$$

上式で示されるように，A_a/A_f を決めると，Δp_a，Δp_f を一定とした場合 A/F は一定に保たれることがわかる．

[例題 4.1] 排気量1800cc，回転数6000rpm，体積効率が0.85の4ストロークガソリンエンジンにおいて，$C_a=0.82$，$C_f=0.75$，$\rho_a=1.2(\mathrm{kg/m^3})$，$\rho_f=740(\mathrm{kg/m^3})$，および$\Delta p_a=6.5$ kPa，$\Delta h=12$mmのとき，空燃比=13.5とする場合のベンチュリ一径およびメータリングオリフィス径を求めよ．

[解答] 式(4.5)において，

$$G_a = \eta_v \frac{\rho_a V_s n}{120} = 0.85 \times \frac{1.2 \times 1800 \times 10^{-6} \times 6000}{120}$$
$$= 0.0918 \ (\mathrm{kg/s})$$

式(4.4)を変形して，

$$A_a = \frac{G_a}{(C_a\sqrt{2\rho_a \Delta p_a})} = \frac{0.0918}{(0.82\sqrt{2 \times 1.2 \times 6500})}$$
$$= 0.8963 \times 10^{-3} = 896.3 \ [\mathrm{mm^2}]$$
$$d_a = \sqrt{\frac{4A_a}{\pi}} = \sqrt{\frac{4 \times 896.3}{\pi}} = 33.8 \ [\mathrm{mm}]$$

同様に，$G_f = G_a/13.5 = 0.0918/13.5 = 0.0068 (\mathrm{kg/s})$

$$A_f = \frac{G_f}{(C_f\sqrt{2\rho_f(\Delta p_a - \Delta p_f)})}$$
$$= \frac{0.0068}{(0.75\sqrt{2 \times 740 \times (6500 - 740 \times 9.8 \times 0.012)})}$$
$$= 2.94 \times 10^{-6} [\mathrm{m^2}] = 2.94 \ [\mathrm{mm^2}]$$
$$d_f = \sqrt{\frac{4A_f}{\pi}} = \sqrt{\frac{4 \times 2.94}{\pi}} = 1.94 \ [\mathrm{mm}]$$

4.1.2 電子制御燃料噴射装置

最近ではCO_2排出削減，地球環境保全の立場から，熱効率の改善や有害排ガス低減が強く求められ，燃焼の緻密な制御を行うために電子化が進み，図4.4に示すような吸入弁前で燃料を低圧（0.3～0.5MPa）で噴射する電子燃料噴射装置（EFI）や図4.16に示すような燃料をシリンダ内に直接噴射する，いわゆる直噴ガソリンエンジンが開発されている．

（1）吸気管内燃料噴射

燃焼室内では炭化水素燃料を空気中の酸素と反応させて燃焼させているので，未燃炭化水素HC，一酸化炭素COおよび二酸化炭素CO_2などが排出される．

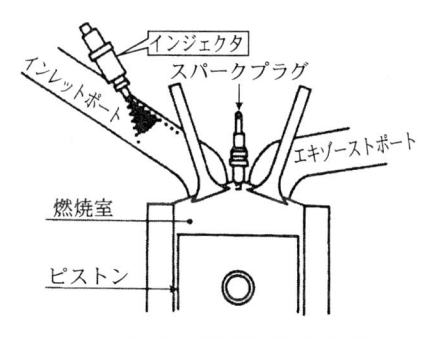

図 4.4 吸気管内低圧燃料噴射[3]

この内，CO_2は完全燃焼によって生成されるので，この排出を低減させるためには少ない燃料消費で仕事をさせる，すなわち，熱効率を向上させることが重要となる．そのためには，エンジンの回転数や負荷に対応させて，精密な制御を行える電子制御燃料噴射装置を搭載するエンジンが多くなってきている．

噴射系の改善で燃費を改善させる方法には，噴射量と噴射タイミングの制御や混合気形成の質に関するものがある．

オーバーラップ時には吸気から排気への吹き抜けを設けている．これは，高負荷時にはエンジンが過熱しているので，吸気から排気への吹き抜けさせることによって，ピストンその他の過熱部分を冷却し熱負荷を低減している．

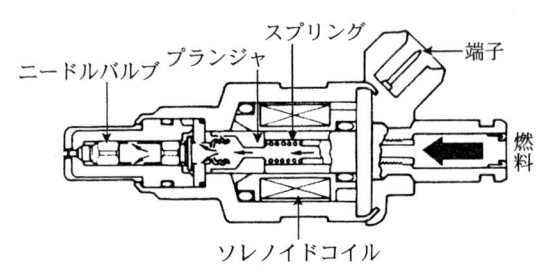

図 4.5　低圧インジェクタ[4]

この期間中に燃料と空気の混合気が供給されると，燃料の一部が燃焼せずに，排気管へ排出される．

電子制御ならば，この期間中には燃料噴射を回避して，排気管へ流出しないようにすることは容易である．また，吸気管内圧力や温度をセンサで検知して，回転数や負荷に応じて最適に制御することも可能である．このような緻密な制御によって，リーンバーン燃焼による燃費低減と有害排ガスの少ない環境負荷を抑制することが可能である．

混合気形成の質に関しては，燃料と空気とを十分に混合させるために，燃料の微粒化の促進と，噴射した燃料が吸気管壁に付着しない工夫や取り付け位置が重要になってくる．

図 4.4 では吸気弁直前の位置で吸気管内の気流に乗せるようにして吸気開口部に向かって噴射している．

吸気管内低圧燃料噴射に用いられているインジェクタ構造を図 4.5 に，その噴霧形状の一例を図 4.6 に示す．

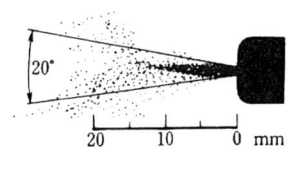

図 4.6　噴霧形状[4]

(a)　低圧インジェクタ

図 4.5 に示すインジェクタにおいて，燃料が無噴射のときは，スプリング力がプランジャ背面に作用してニードルバルブが閉じている．

インジェクタのソレノイドに通電すると，プランジャがスプリングに抗して引きつけられると，ニードルバルブ先端部のシート直前の燃料溜まり部が加圧されてニードルバルブが持ち上げられ，弁部が開口されて燃料がノズル先端部から噴射される．噴射量は通電時間を制御して調整される．

(b)　エンジン空燃比と出力制御

電子燃料噴射の場合でも，空燃比の設定が必要である．燃料噴射量は通電時間によって，空気流量はスロットル開度によって調整する．

図 4.7 はガソリンエンジンの電子制御吸気管内燃料噴射装置の構成図を示す．

吸入空気は吸気マニホールド内の防塵エアーフィルタを通り，図 4.8 に示すエアーフローメータによって吸入空気量が計測され，スロットル開度によってシリンダ内に吸入される空気量が調整される．そして，燃料と空気との混合気量が，設定されて，エンジン出力が制御される．

燃料は燃料タンクから燃料ポンプによって吸い上げられ，約

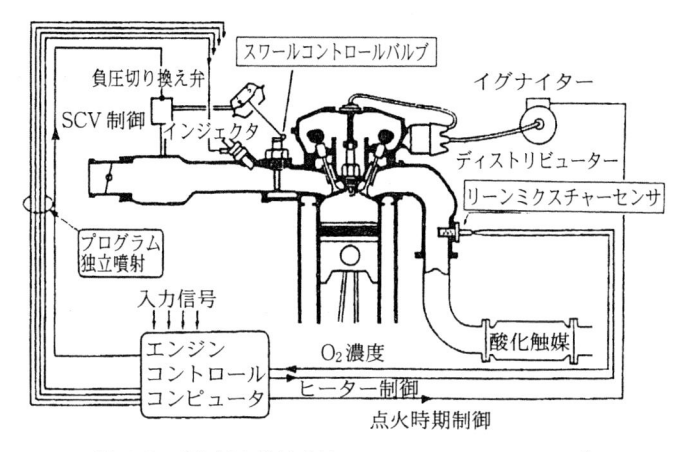

図 4.7 吸気管内燃料噴射ガソリンエンジンシステム[5]

0.3～0.5MPa に加圧され，燃料フィルタを経て吸気弁直前に装備された燃料噴射弁に送られる．

エンジンコンピュータには，スロットルセンサ(開度)，エアーフローメータによる吸入空気量，冷却水温センサ，大気圧センサ，クランク角度センサ，吸気温度センサ，排気温度センサ，ノックセンサ，エンジン回転数，および排気管内酸素(O_2)センサによる諸測定値が入力され，スターテング，アイドリング，定常走行，加速走行，および有害排ガス抑制などのあらゆる運転状況に対応した最適な燃料噴射量が吸気管内に噴射される．このような緻密な制御によって，燃料経済性や走行性能の向上，およびNO_x, HC, および CO などの有害排ガス低減のための三元触媒の活性化を促進させている．

また，始動時（スターテング）には燃料噴射量を理論空燃比より濃くして着火しやすい混合気を形成させる．

(2) ポンピング損失と熱効率

部分負荷などにおいてリーン混合気で燃焼させると熱効率が改善される．

その理由の1つにポンピング損失の低減がある．

ガソリンエンジンのような火花点火エンジンでは，燃料と空気とを予め混合させて圧縮行程端で点火プラグによって混合気に点火させて燃焼させる．

このような予混合燃焼では理論空燃比域が最も点火しやすいために，この付近の空燃比に吸入弁直前の吸入管でスロットルバルブ等によって，吸入空気量を制御している．そのため，部分負荷域では吸入混合気量を制限するために絞り損失が生じ，吸入管内が負圧になり，これに応じてシリンダ内も負圧になり，図4.9 に示すようにポンピング損失が生じる．

希薄（リーン）空燃比の場合には，同一燃料供給量に対する吸入空気量が増加するため，その分，スロットルバルブの開度が大きくなり，負圧が減少しポンピング損失が低減して，熱効率が向上する．

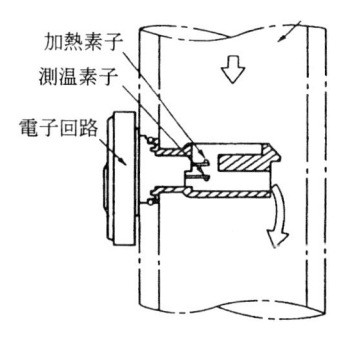

図 4.8 エアーフローメータ[6]
（熱線流量計）

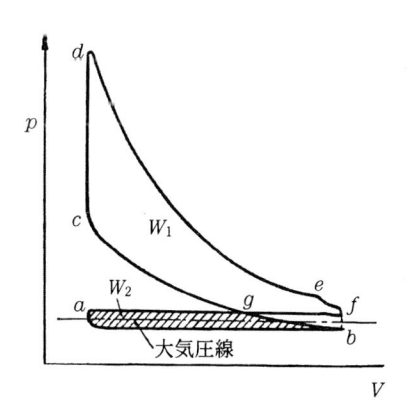

図 4.9 ポンピング損失

他方の理由はオットサイクルの理論熱効率 η は圧縮比を ε, 比熱比を κ とすると次式で表わされ,

$$\eta = 1 - \left(\frac{1}{\varepsilon}\right)^{(\kappa-1)} \tag{4.8}$$

式 (4.8) において, 比熱比 κ が大きくなると熱効率が増加する (3.2 節参照).

混合気が希薄になるほどで比熱比 k が大きくなり ($k<1.4$ の範囲で), 熱効率が向上することになる. これは希薄な状態で運転できる部分負荷領域のみ実現可能である. しかし, 希薄混合気では燃焼速度が遅くなり, 熱効率が低下する側面があるが, これを克服するには積極的なスワールやタンブルなどの空気流動が必要となる.

(3) 燃焼室内の燃料比率および空気流動の必要性

空気に対する混合気中の燃料の容積比率は空気, 燃料の比重量を γ_a, γ_f, 燃料, 空気の体積を V_f, V_a とすると空燃比 A/F は次式で表わされる.

$$\frac{A}{F} = \frac{(\gamma_a V_a)}{(\gamma_f V_f)} \tag{4.9}$$

よって, 空気に対する燃料体積比 V_f/V_a は次式で表わされる.

$$\frac{V_f}{V_a} = \left(\frac{\gamma_a}{\gamma_f}\right) / \left(\frac{A}{F}\right) \tag{4.10}$$

上式において, $\gamma_a = 1.2 \,(\text{kgf/m}^3)$, $\gamma_f = 740 \,(\text{kgf/m}^3)$, 体積効率を 100% とし, 仮に空燃比を $A/F = 15$ とすると,

$$V_f/V \times 100 = (1.2/740)/15 \times 100 = 0.0108\%$$

となる.

この微量な燃料を燃焼以前になるべく均一な混合気を形成させるには, スワールやタンブルなどの吸入空気流動が重要となる.

(a) スワールの効果

螺旋状吸入ポートによって螺旋状接線方向に吸入空気をシリンダ内に流入させることにより, 初期には水平方向のスワール流を形成し, ピストンの下降運動にともないスワールは垂直方向の流れが加わり, スワールとタンブルが重なった流れになる. そして, 圧縮行程になると水平方向に変化しようとする. このようなスワール流は圧縮行程端では混合気の乱れが減衰して圧力損失が生じ, 高速になるほど吸入空気量が減少するが, 安定した燃焼確保には空気流動が必要不可欠となる.

予混合燃焼においては, 希薄混合気になるほど燃焼速度が低下し, 燃焼期間が長くなって失火, 消炎を生じやすく, 燃焼が不安定になりやすい.

そこで, エンジン回転数に応じてスワールを制御できるスワールコントロールバルブ (SCV) が採用されてきている.

図 4.10 は多気筒エンジンにおける同時燃料噴射および各気筒独立燃料噴射と SCV の効果を示す.

その場合, 各気筒独立燃料噴射と SCV の併用による混合気

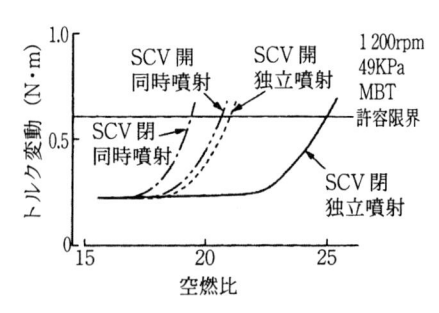

図 4.10 噴射形態による空燃比に対するトルク変動[5]

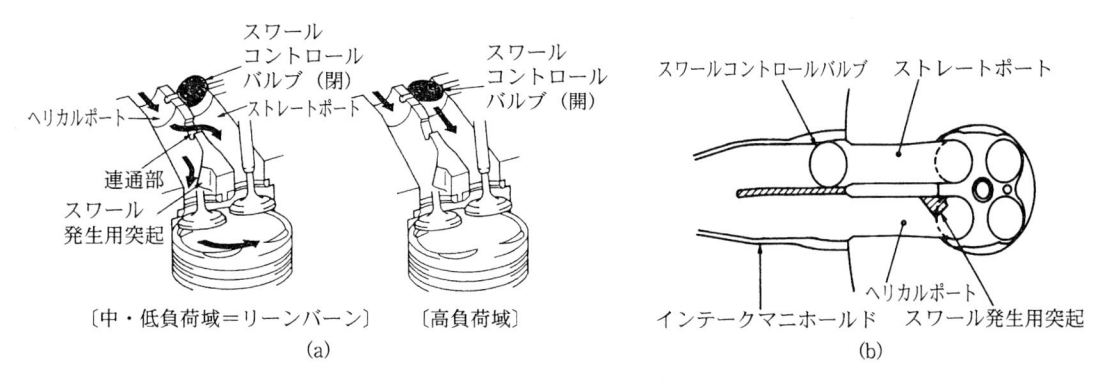

図 4.11 SCV 装着例[5]

形成法が過薄混合気の希薄燃焼限界空燃比が拡大し，その効果が大きいことが示されている．

SCV の装着例を図 4.11 に示す．吸入ポート形状をストレートにし，通路を長くして傾斜を立て，2 本の吸入ポートの一方のストレートポートに SCV を装着している．

他方のヘリカルポート側のスロート手前の内側に突起を設けて強いスワールを発生するようになっている．

低中負荷では SCV を閉じてストレートポートからの流れを遮断し，ヘリカルポートからの流れによりスワール流を生成している．

中高負荷では SCV を徐々に開いてストレートポートからの流れも幾分か導いてスワール流を制御している．高負荷では SCV を全開にしてストレートポートからの流れが 100% 導入され，かつスワール流が抑制されて，高負荷性能を満足させている．

この斜めスワール流は前述のように圧縮行程端では，スワールとタンブル流が重なって，均一混合気を形成するものの，スケールの小さい強い乱れを生成することが機構的に困難である．その結果，スワール比（スワール回転数/エンジン回転数）2〜4 とタンブル比 2 による燃焼限界空燃比は 23 前後である．

(b) タンブルの効果

図 4.12 に示すように 2 本の吸気ポートには隔壁が設けられ，2 ホールインジェクタが採用されている．

希薄空燃比運転時には片方のインジェクタホールから噴射された燃料は吸気ポートの隔壁に沿って外側の空気とは混合が促進せずに層状に燃焼室内に導かれる．タンブル流は中央が過濃混合気で，これを挟んだ両側が外方に向かうほど希薄となる混合気あるいは空気のみの層状の三層構造を形成する．そして，最適化された吸気ポート形状と図 4.13 に示すタンブル用ピストン頂部形状によって，吸入行程から圧縮行程に至るまで強いタンブル流が形成される．このタンブル流は図 4.14 に示すように，圧縮行程端でタンブル用ピストン頂部形状により燃焼室のペントルーフに衝突し，スケールの小さな強い乱れを形成する．

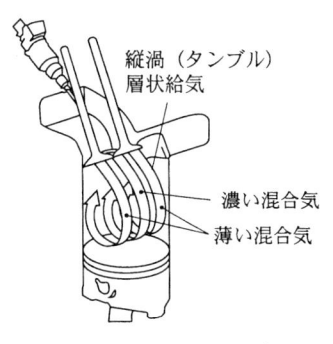

図 4.12 タンブル流[7]

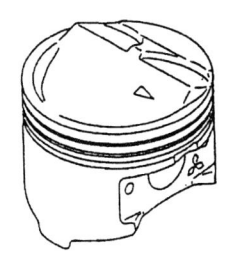

図 4.13 タンブル流にマッチングさせたピストンクラウン[5]

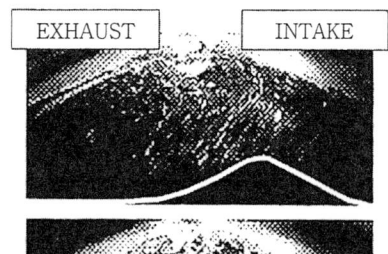

図 4.14 圧縮行程端の混合気流動[5]

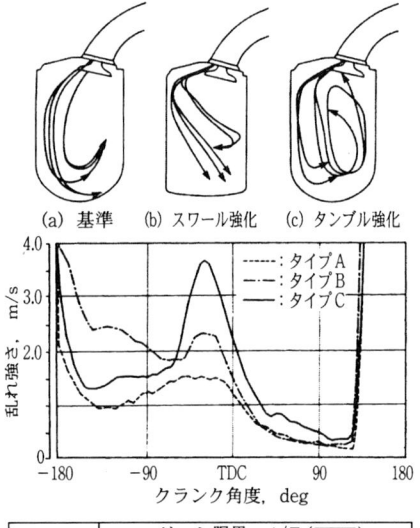

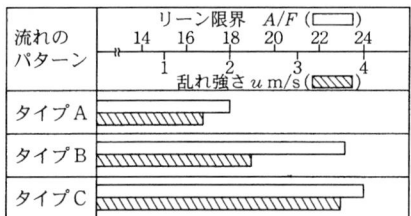

(a) 基準　(b) スワール強化　(c) タンブル強化

図 4.15 空気流動タイプと乱れ強さ[6]

そして，圧縮上死点近傍における層状化された過濃混合気に点火された火炎が，この小さなスケールの強い乱れによって，火炎を消炎することなく，極めて消炎しやすい希薄混合気へ伝ぱして燃焼速度が高められ，安定した層状混合気の燃焼を実現し，タンブル比(＝空気流速/エンジン平均回転速度)が 2〜4 で燃焼限界空燃比が 24〜25 を得ている[5].

図 4.15 に空気流動の相違によるリーン限界空燃比を示す.

図 4.15 にはシリンダ内の空気流動の様相と，各空気流動タイプのクランク角度に対する乱れ強さを示す．空気流動を考慮していない A を基準として，B のスワール流の場合には圧縮行程前半で強い乱れが示されているが，圧縮行程後半では減衰する傾向を示す．これは縦方向のタンブル流が生成されるためであり，ピストンが往復運動するために避けられない要素である．

これに対して，C のタンブル流は圧縮前半はスワール流よりも乱れ強さが弱いが，TDC 近傍になるとタンブル用ピストンの効果が加わり，著しい乱れ強さが生じている．このような乱れ強さは火炎速度を増加し，熱効率が増加し，C に示すようにリーン限界空燃比が拡大する．

そして，空燃比の拡大はポンピング損失を減少させ，熱効率の向上に寄与することになる.

4.1.3 筒内直接燃料噴射エンジン

気化器あるいは吸気管内燃料噴射による予混合気形成による予混合燃焼では，これらの中で最良のものでも燃焼限界空燃比は 25 以下である．ディーゼルエンジンに迫る熱効率の向上には，さらなるリーン限界空燃比の拡大による空気利用率の向上と，ポンピング損失の低減が要求される.

筒内直噴エンジンでは燃料噴射時期を自由に設定できるので，これが最大の魅力である．そのため，アイドリング，定常走行，加速性能などの運転状態や負荷，回転数に応じて，吸入行程時期から圧縮行程時期までの広い角度で単段あるいは多段噴射による混合気形成が可能で，燃費改善，トルク向上や有害排気ガス低減などに有利な優れた性能を有しており，それらの発展には無限の可能性を持っている．これらの実用化には，電子燃料噴射装置やシミュレーション技術の発展が大きく貢献している.

図 4.16 に実用化されている筒内直噴エンジンの一例を示す.

図 4.17 には負荷に対応したピストン位置と燃料噴射時期を示す.

図 4.17(a) には部分負荷時の燃料噴射とピストン位置関係が示されている.

部分負荷時には，圧縮行程時ピストン上昇中にピストン運動に対抗して，上死点近傍にて，高温の湾曲したピストン頂部に燃料が衝突噴射される．このように，ピストン運動と噴射タイミングを適切に設定することによって，衝突した燃料は高温の

ピストンによって加熱されて気化・蒸発するとともに、ピストン頂部湾曲壁面に沿った逆タンブル流に乗せられて、点火プラグ周辺に適切な空燃比の層状混合気を形成する．

このときの空燃比は40程度あるいはそれ以上の超希薄空燃比で運転され、吸気管内噴射と比較して熱効率が著しく改善される．

高負荷時には、図4.17(b)に示すように、ピストンが下降中の吸入行程中に燃料が噴射され、その流れを追うように噴霧が発達し、シリンダ内全域に噴霧が広がっていき、均一混合気が形成される．さらに、燃料噴射による吸気の冷却によって充てん効率が向上し、出力の増加と燃費が改善される．

(I) 筒内高圧燃料噴射

図4.18に高圧インジェクタを示す．インジェクタは電磁コイル部の温度を150℃以下、噴射ノズル先端の温度はベーパロックを回避するために180℃以下に冷却するように、シリンダヘッド冷却水通路の設計には細心の注意が払われている．ベーパロックを引き起こすとガソリンは気泡を発生してインジェクタは燃料を噴射しなくなる．そのため、燃料噴射ノズルのシリンダヘッド装着部の冷却水通路設計には細心の配慮が払われている．

さらに、インジェクタは高温にならないように吸気側に配置し、逆タンブル流に対して斜め方向から噴射し、空気流と衝突しながら混合気を形成する．噴射圧力はこの例では5MPaが採用されている．

ガソリン筒内直噴エンジンの場合には、高負荷では吸気行程時のシリンダ内圧力が大気圧付近の極めて低い圧力の雰囲気下に燃料を噴射するので、噴射圧力が強すぎると、燃料噴霧がタンブル流を突き抜けてライナーに衝突し、潤滑油膜を希釈するばかりでなく、燃焼が悪化して多量のHCを生成する．

したがって、燃料噴射には噴霧貫通力を抑制した拡散しやすい噴霧が要求される．

この例では図4.19に示すように、噴射ノズル先端部に旋回流を生じさせるスワールチップが組み込まれ、貫通力が抑制された拡散効果の大きい噴霧を形成する．噴霧がスワール運動して噴霧されると、噴霧粒子が分散され、かつ周囲空気の抵抗を受けて、著しく貫通力が抑制される．筒内直噴ガソリンエンジンの場合には多量の噴霧を必要とする高負荷では雰囲気圧力が低い吸入行程で燃料噴霧が行われるので、比較的低圧の噴射圧力5MPaとスワールインジェクタにより噴霧貫通が適宜に抑制される．

圧縮行程のTDC付近の燃料噴射では、雰囲気圧力が高く、噴霧が周囲空気の抵抗を受けて貫通力が著しく抑制される．この噴射時期においては、点火プラグ近傍に着火に必要な濃い混合気形成が必要である．したがって、噴霧貫通力が抑制された少量噴射による層状の混合気がタンブル流とのマッチングによっ

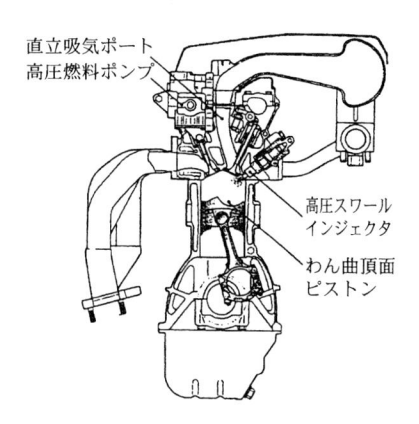

図4.16 直接燃料噴射ガソリンエンジン[8]

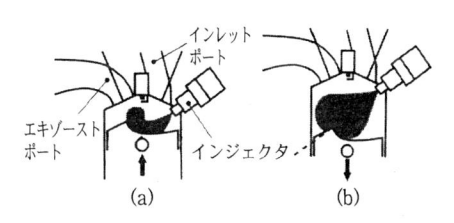

図4.17 ピストン位置と燃料噴射時期[3]

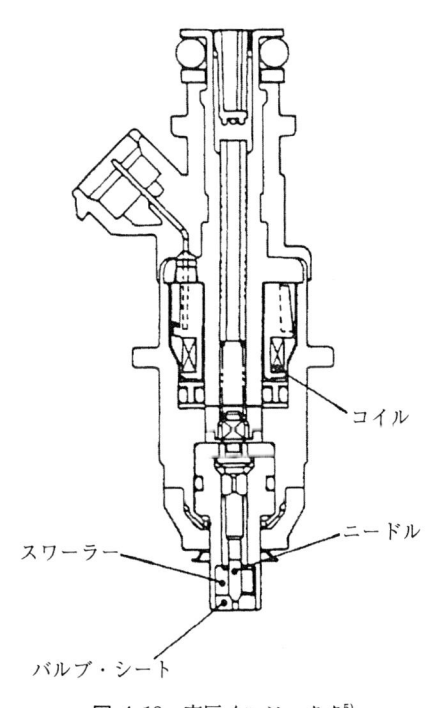

図4.18 高圧インジェクタ[5]

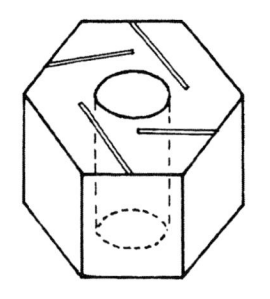

図 4.19 スワールチップ[5]

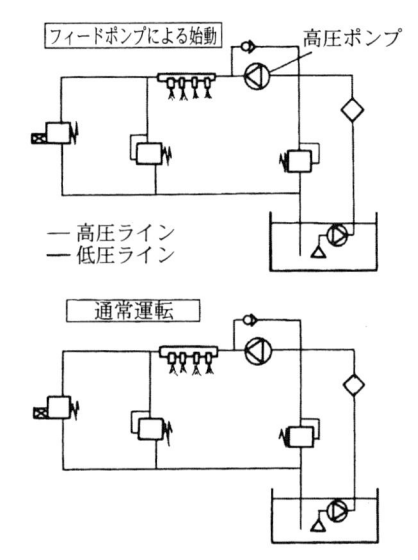

図 4.20 筒内直接噴射の燃料噴射装置[5]

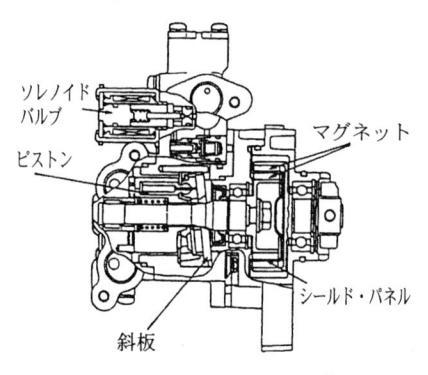

図 4.21 高圧燃料ポンプ[5]

て点火プラグ近傍に形成され，確実な点火が可能となる．
インジェクタに要求されることとして，
(a) 燃焼室にマッチングした噴霧形状
(b) 噴霧貫通力を最適化
(c) 燃料の微粒化
である．
ちなみに，高圧ガソリン燃料の噴霧粒径は $10\sim20\,\mu m$ である．

(2) ピストン燃焼室

ピストン燃焼室形状は，圧縮行程端まで持続し，スケールの小さい強い乱れを形成させるように設計する必要がある．そのため，図4.17に示す例では圧縮行程端における点火プラグ近傍で，球状コンパクト燃焼室形状を示している．

(3) ガソリンエンジンのコモンレール装置

図4.20にガソリンエンジンのコモンレール装置のブロック図を示す．

燃料は低圧のフィード燃料ポンプによってガソリンを燃料タンクから高圧燃料ポンプに送る．高圧燃料ポンプの例として，図4.21に示す奇数の複数プランジャピストンを斜板で往復動する斜板式高圧燃料ポンプにより5MPaに燃圧がスプリング式高圧レギュレータによって調圧されてインジェクタに圧送する．一般に，ガソリン直噴エンジンの燃圧は $5\sim15\,MPa$ が採用されている．ガソリン燃料は粘度が低く，揮発性が高いのでインジェクタの潤滑および冷却には十分な配慮が必要とされる．特に，インジェクタ先端の温度が高いと燃料が蒸発し，ベーパーロックを起こして噴射不能になる．

燃料の噴霧平均粒径は $10\sim20\,\mu m$ である．
図4.22には直噴ガソリンエンジンのシステム構成図を示す．

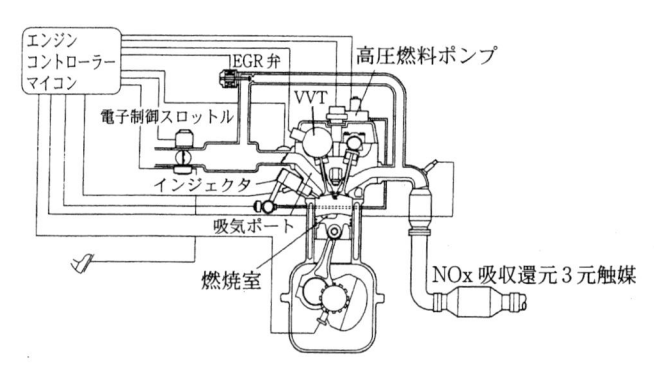

図 4.22 筒内直接噴射ガソリンエンジンシステム[9]

4.2 ディーゼルエンジンの混合気形成

ディーゼルエンジンの燃料噴射装置に要求される機能は，噴射圧力の調整，噴射量と噴射時期の制御および噴霧の形成である．

4.2.1 ボッシュ機械式燃料噴射装置

図4.23にボッシュ機械式燃料噴射ポンプによる噴射システムを示す．

燃料タンクからフィードポンプで汲み上げられた燃料は噴射ポンプに送られる．噴射ポンプ内部ではプランジャにて燃料が12～20MPaに昇圧されて，噴射鋼管によって各気筒のインジェクタに分配されて噴射される．

噴射時期は噴射ポンプカムによって決められ，噴射時期はカム軸の機械式の位相制御ガバナによって設定される．機械式では位相制御角が狭く，精密制御は不可能である．

図4.24にボッシュ列型燃料噴射（A型ポンプ）の構造を示す．

タペットとプランジャが連結されて，カム軸にタペット背面からプランジャスプリングによって復元力が作用している．カムの上昇行程によってタペットを介してプランジャがポンプシリンダ（バレル）内の燃料を昇圧し，デリバリバルブから噴射鋼管を経て，インジェクタに送油される．

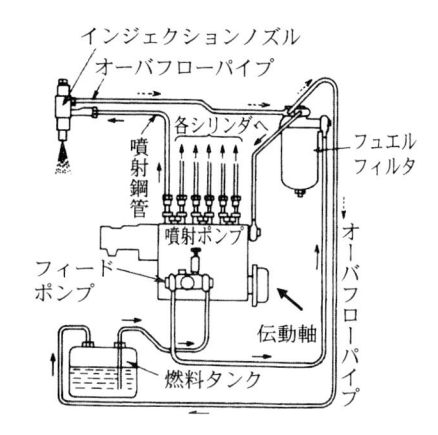

図4.23 ボッシュ機械式燃料噴射装置[10]

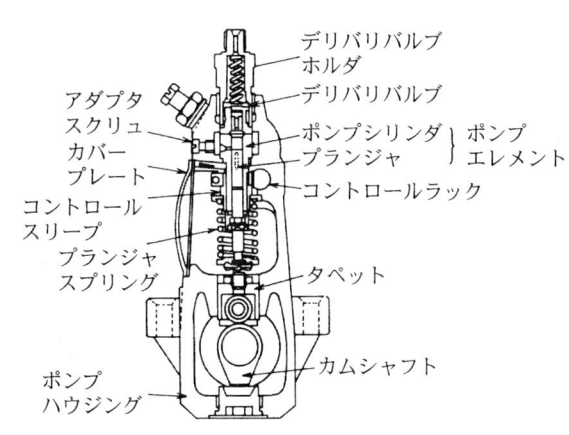

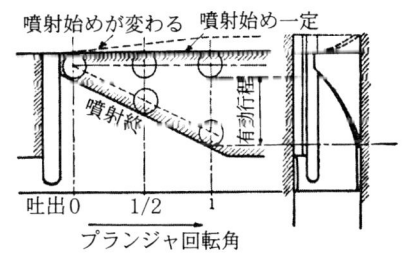

図4.24 ボッシュ列型燃料噴射（A型ポンプ）[10]

（1）噴射量制御

燃料噴射量の調整は図4.25に示すように，プランジャ上部に傾斜溝が施され，燃料入口孔がプランジャの上面で塞がれた位置から噴射が始まり，傾斜溝が燃料入口孔（逃し孔）に連通したときに，昇圧不能となって噴射が終了する．噴射量はプランジャの回転位置を変化させることによって，逃し孔と傾斜溝が連通する位置によって調整される．

図4.26に示すように，プランジャの回転はコントロールピニオンと一体のコントロールスリーブをコントロールラックによって往復動させて行う．

コントロールスリーブが回転すると，そのスリット部においてプランジャのドライビングフェースが往復動しながら回転する．

図4.27はプランジャポンプ回転位置による噴射量調整を示

図4.25 傾斜溝と逃し孔との連通による噴射終了メカニズム[11]

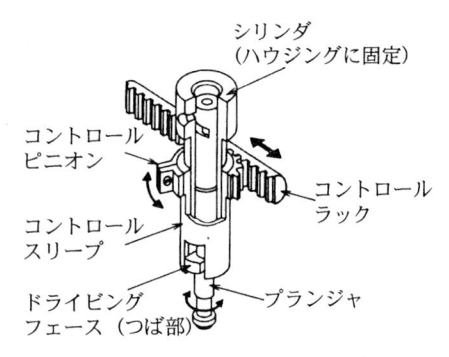

図 4.26 コントロールラックによる噴射量の調整[10]

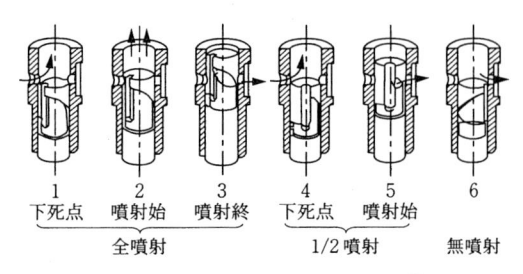

図 4.27 Bosch 燃料噴射量調整[12]

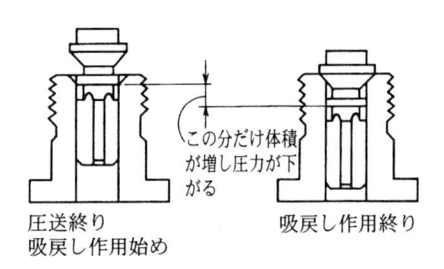

図 4.28 デリバリバルブ[12]

す．全噴射では 1 でプランジャの下死点位置，2 では燃料入り口孔 i′ がプランジャの上面で塞がれてこの位置から燃料の昇圧が開始される．3 では傾斜溝の下方位置で逃し孔 i と連通して，昇圧不能となり燃料噴射が終了する．1/2 噴射では 4 でプランジャの下死点位置，5 で傾斜溝の中位で逃し孔 i と連通して，燃料噴射が終了する．無噴射ではプランジャのたて溝が行程中，逃し孔と連通して，昇圧不能となる．このように，ボッシュ燃料噴射ポンプでは定行程カムで，プランジャ傾斜溝位置の回転により噴射終了時期を制御して噴射量が調整される．

（2）デリバリバルブ

デリバリバルブは図 4.28 に示すようにバルブとバルブシートで構成され，燃料の圧送終了と同時に噴射鋼管とポンププランジャ側を遮断し，プランジャ下降による燃料の逆流防止と噴射鋼管の圧力を下げて，燃料噴射ノズルからの噴射切れを良くして，後だれを防止する吸い戻し作用がある．

（3）噴射ノズル

噴射ノズルはノズルホルダ部とノズル部とから構成されている．

図 4.29 において，噴射ポンプから送油された高圧燃料がフィルタから燃料通路を経て，油溜り部に圧送される．ノズルニードルは先端テーパ部がノズルボディのシート部でシーリングされている．また，ノズルニードルの背面はプレッシャピンを介

$$p_{NO} = \frac{P_D}{\frac{\pi}{4}(D_N^2 - d_N^2)} \quad p_{NC} = \frac{P_D}{\frac{\pi}{4}D_N^2}$$

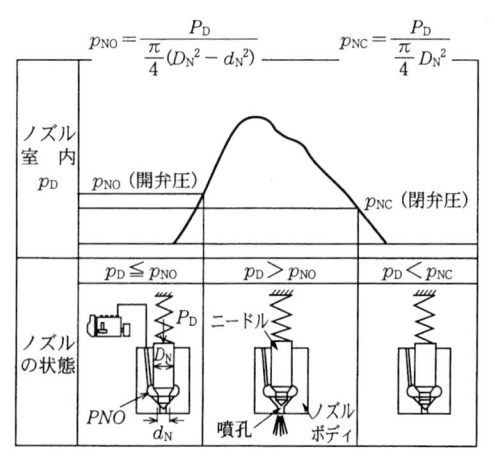

図 4.29 燃料噴射メカニズム[13]

してスプリングで与圧されている．最大ノズルリフトはノズルニードル背面とホルダボディ下部との隙間（ノズルリフト）で設定されている．

ノズルからの燃料噴射は油溜り部の圧力 P_{NO} によるノズルニードル押上げ力がばね力に打ち勝ったときに，ノズルニードルが変位して燃料が噴孔から噴射される．

P_b(N) をばね力，開弁圧力を P_{NO}(MPa)，ノズルニードル上部直径を D_n(mm)，ノズルニードル下部直径を d_n(mm) とすると，開弁圧力を P_{NO}(MPa) は次式で求められる．

$$P_{NO} \geq \frac{P_b}{\frac{\pi}{4}(D_n^2 - d_n^2)} \tag{4.11}$$

また，閉弁圧力 P_{NC}(MPa) は次式で求められる．

$$P_{NC} \leq \frac{P_b}{\frac{\pi}{4}(D_n^2)} \tag{4.12}$$

図 4.30 にノズルおよびノズルホルダの構造を，図 4.31 に各種噴射ノズルの構造を示す．

直接噴射式エンジンの場合には図 4.32 に示すように広い燃焼室に噴射するので貫通力と微粒化が要求され，多孔ホールノズルが用いられている．その孔数は 4〜8 で，単孔ノズルはほとんど使用されていない．

渦流燃焼室や予燃焼室の場合には副室内に燃料を噴射するので，貫通力はあまり必要とせず，狭い空間に拡散するピントルノズルが用いられている．

ピントルノズルはノズルニードル先端に細い棒（ピントル）がつけられている．このノズルではノズルニードルが変位するとノズル孔とピントルの間の隙間から環状に燃料が噴霧され，ノズルニードルの変位に伴ってその噴霧形状が図のように時間経過とともに拡散する．

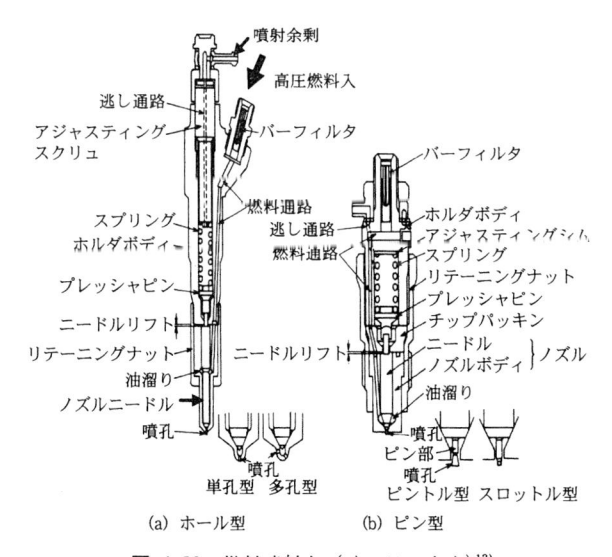

図 4.30 燃料噴射弁（インジェクタ）[13]

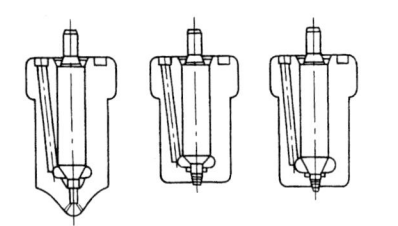

(a) ホールノズル (b) ピントルノズル (c) スロットルノズル

図 4.31 各種噴射ノズル[1]

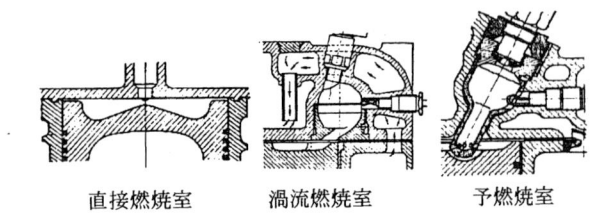

図 4.32 燃焼室と噴射ノズル位置[11]

直接燃焼室　渦流燃焼室　予燃焼室

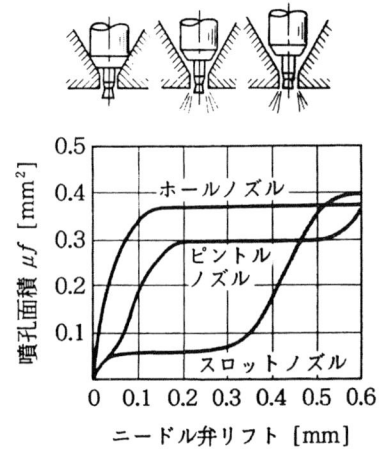

図 4.33 ノズル特性[1]

図 4.33 に示すように，スロットルノズルはピントルの先端に円錐状に広げてノズルに絞りを付けたものである．これは噴射初期においてノズル面積が極度に絞られるため，噴射初期の噴射量が少ないので着火遅れ中の燃焼量が抑制され，ノッキング回避（6.3節参照）に有効である．

(4) VE型ポンプ

図 4.34 に VE 型ポンプを示す．

VE 型ポンプでは一本のプランジャでポンプ軸の一回転で全気筒に分配される．図 4.35 においてプランジャと一体のカムプレートにはフェースカムが施工され，ポンプカム軸とはその軸方向に可動するような回転駆動となっている．ポンプボディに固定のローラがフェースカムに接触してプランジャに変位が与えられる．噴射時期はこの固定カムをフェースカムの円周方向に回転させることによって変化させる．また，各気筒への分配はプランジャがポンプカム軸に連結されるので回転し，図 4.36 に示すようにポンプシリンダの分配通路から各気筒へ圧送される．噴射は図 3.37 に示すように列型プランジャと同様な傾斜溝下部がスピルポート（逃し孔）に通じたときに終了する．噴射量はスピルポート位置を変化させて行う．

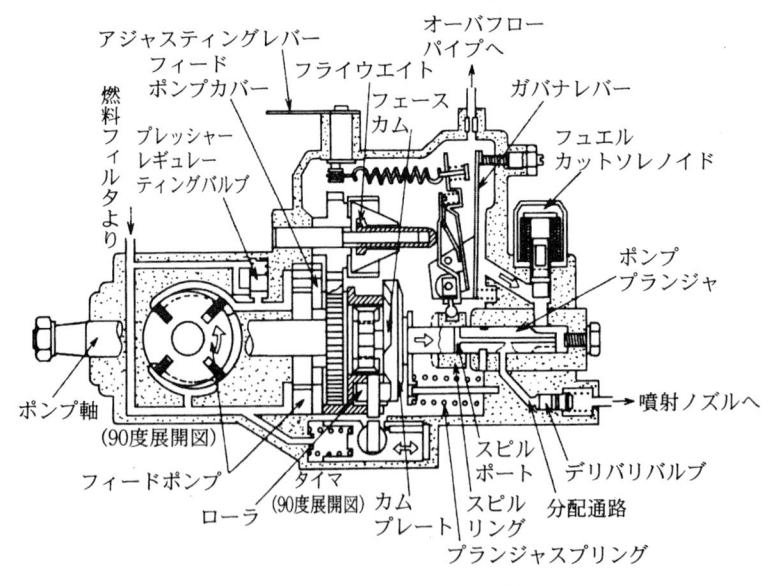

図 4.34 VE型燃料ポンプ[14]

4.2.2 コモンレール式燃料噴射システム

図4.38に示すコモンレール式燃料噴射システムはサプライポンプにより供給された高圧燃料をコモンレールに蓄え,電磁式インジェクタにより噴射する.

燃料噴射量と噴射時期はエンジンコントロールコンピュータからEDU (electric driver unit) を介して,インジェクタの電磁弁に信号を送って制御する.コモンレール内圧力は圧力センサの測定値をエンジンコントロールコンピュータに送られ,目標値以上になると,プレッシャレギュレータバルブに信号が送られてバルブ通路を開いて,燃料を低圧側の燃料タンクに戻し,目標圧力値に維持する.チェックバルブはインジェクタからのリターン圧力の安定化を図っている.図4.39,4.40に示すサプライポンプはアウターカムにより2つの対向するプランジャを交互に押し出す方式である.図4.41において,燃料はサプライポンプのフィードポンプにより燃料タンクから吸い上げられ,プランジャが下降するとチェックバルブが開き,デリバリバルブ(チェックバルブ)が閉じて,サクションコントロールバルブ開度に応じた燃料量が吸入される.そして,プランジャが上昇するとチェックバルブが閉じ,デリバリバルブが開いて,コモンレールへ燃料が圧送される.ポンプ内への燃料吸入量はサクションコントロールバルブの開度により調整され,目標レール内燃圧に設定する.

インジェクタは図4.42に示すようにノズルニードル,ノズルニードルを制御するコマンドピストン,流出入オリフィスを有するコマンド室および制御室内への燃料の流出入をON・OFF制御する電磁弁により構成する.

インジェクタの作動は図4.43に示すように,コマンド室に流入する燃料の圧力によりコマンドピストンが押し下げられる.電磁弁へのON・OFF入力信号により,コマンド室への燃料の流出入が制御される.ソレノイドコイルに通電されない状態では,アウターバルブはスプリング力により下方に押し付けられ,

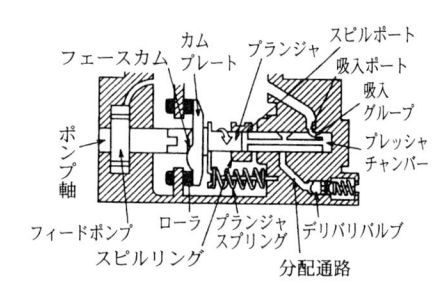

図 4.35 燃料昇圧のメカニズム[13]

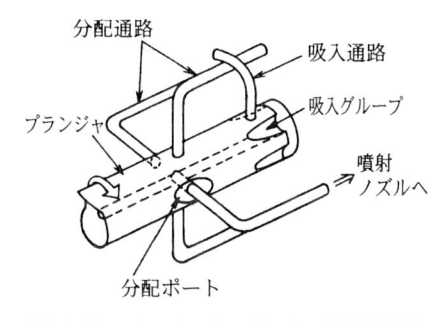

図 4.36 ポンプシリンダによる燃料分配[13]

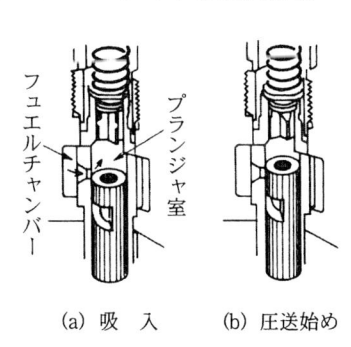

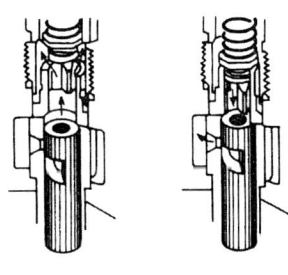

(a) 吸入   (b) 圧送始め

(c) 圧送行程   (d) 圧送終り

図 4.37 プランジャの作動と噴射量制御[10]

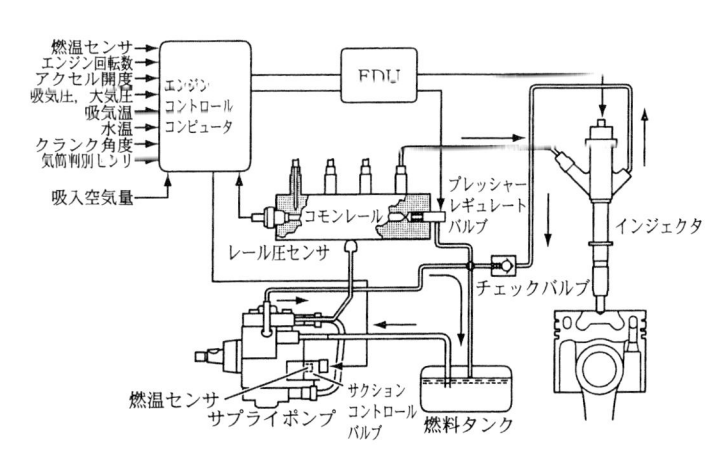

図 4.38 コモンレール式燃料噴射システム[15]

コマンド室のオリフィスが閉じられ，高圧燃料がコマンド室内のコマンドピストンが下方に押され，ノズルニードルが閉じられて噴射は行われない．ソレノイドコイルに通電されると，アウターバルブが引き下げられ，コマンド室のオリフィスが開き，コマンド室内の燃料が流出し，コマンド室内の圧力が低下するため，コマンドピストンが上昇し，ノズルニードルが開いて燃料が噴射される．

コマンドピストンの往復動によりノズルニードルの開閉が行われる．

4.2.3 燃焼室内における混合気形成と燃焼
（1）燃焼室内における混合気形成

燃焼室内では，図4.44に示すように，噴射ノズルからの噴霧形成とスキッシュやスワールなどの空気流動が混合気形成に影響を与える．

ディーゼルエンジンでは上死点近傍で燃料噴射が行われ，噴射後の混合気形成時間が極めて短い．回転数1200rpmにおいて，燃料噴射後15度で混合気に着火すると仮定すると，その時間は $1/480\,\mathrm{s} = 2.08\,\mathrm{ms}$ である．この間に燃料と空気を混合させ，局所的酸欠がない状態で燃焼させなければならない．

これはきわめて困難な技術が要求される．そのため，ディーゼルエンジンでは噴霧直後では局所的混合気濃度が高く，しかも高温雰囲気下で燃料と空気が十分に混合しない状態で空気過剰率 $\lambda = 1$ 以下の酸欠状態で燃焼するため，噴霧粒子内部が周

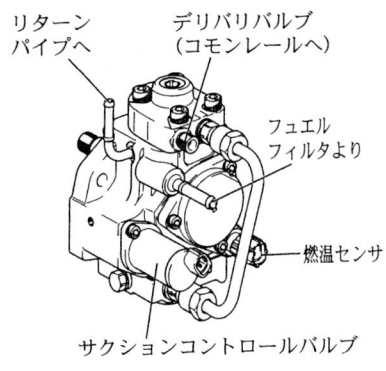

図4.39　サプライポンプ[15]

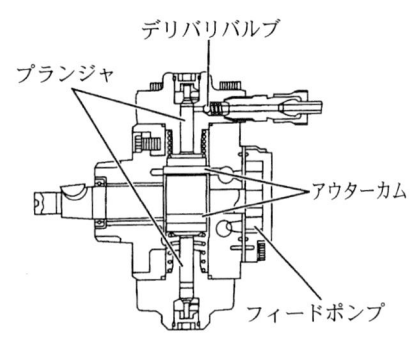

図4.40　サプライポンプ内部構造[15]

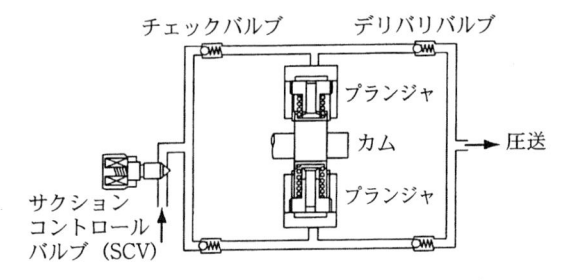

図4.41　サプライポンプによる燃料昇圧[15]

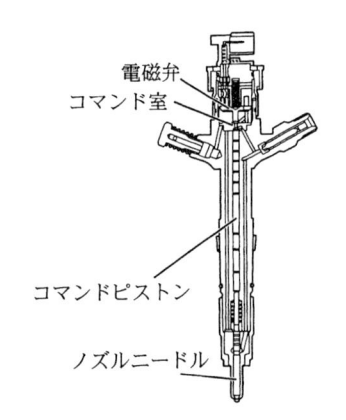

図4.42　高圧インジェクタ[15]

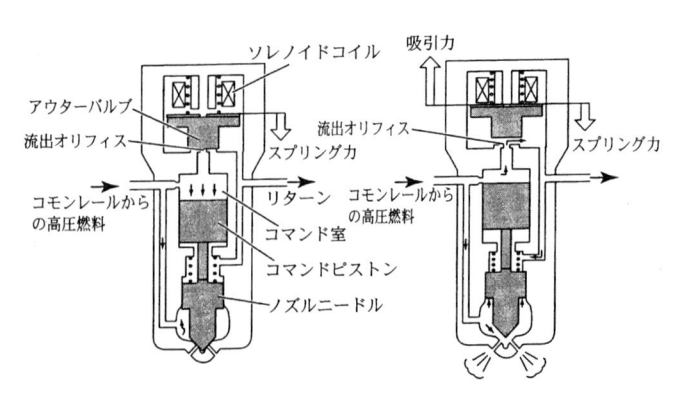

図4.43　高圧インジェクタの作動図[15]

囲高温加熱されて炭化，すなわち，すすが発生する(6.4.2項参照)．

図4.45は燃料噴射後の経過時間に対する空気過剰率λを示したものである．噴射直後は液体の状態なのでλは無限小である．時間経過とともに燃料と空気が混合していき，もっとも燃焼しやすいλが1を通過し，λは最終到達空気過剰率で飽和する．しかし，飽和する前に，ピストン圧縮行程による筒内圧力と温度が上昇し，燃料の着火温度に達すれば燃焼が開始される．燃焼室内の混合気分布は燃料噴射と空気流動の形態によって燃焼室内の混合気分布は不均一で，燃焼しやすい混合気と温度とが符号した所から燃焼が行われる．燃焼中の混合気は液相と気相とが入り混じった状態で燃焼する．これを拡散燃焼という．噴霧粒子の周囲では周囲高温空気の加熱により蒸発・気化が行われ，空気と混合しながら燃焼するが，粒径が大きいところではその中心部は高温加熱による脱水素反応によりすすが生成される．

(2) 燃料噴射と噴霧

ディーゼルエンジンでは筒内に燃料を噴霧した直後に，燃料と空気が混合する．燃焼室空間における混合気分布は不均一で，液相と気相とが混在している．そして，局所的混合気がもっとも燃焼しやすい理論空燃比近傍で混合気が着火温度に達すると，着火が開始する．

ディーゼルエンジンでは燃料噴射から着火までの時間は1～3msときわめて短く，この時間内で着火に良好な混合気を形成しなければならないので，燃料噴射系はきわめて重要となる．

燃料噴射系として重要なことは，燃焼室空間へ噴射燃料が十分に拡散するためには貫通力と分布，そして燃料の微粒化である．しかしながら，これらは互いに矛盾した関係にあり，貫通力を重視すると噴霧の分布が困難となり，分布を重視して微粒化を図ると貫通力が抑制されて燃焼室の隅には到達しない．そこで，燃料空気の混合と分布を促進するために図4.44に示すスワールやスキッシュなどの空気流動とのマッチングが重要となる．

(3) 粒径と粒径分布

燃料噴霧の粒径は蒸発，混合気形成に多大の影響を与え，ディーゼルエンジンでは，貫通力と微粒化を改善するため，小噴孔径ノズルと高圧噴射が用いられている．

図4.46に燃料噴霧のイメージを示す．

噴霧の到達距離は噴霧先端の移動量で，噴霧の貫通力と分散性を示す重要な因子である．燃料噴霧は噴射後，空気の抵抗を受けて分裂して広がる．

図4.47に雰囲気圧力(燃焼室圧力)と粒度分布の関係を示す．

図に示すように雰囲気圧力が高圧になるほど粒径が大きくなり，噴霧分布が広がる傾向を示す．また，雰囲気圧力が低くなると，噴射圧力と雰囲気圧力の差が大きくなり，噴霧粒子が微

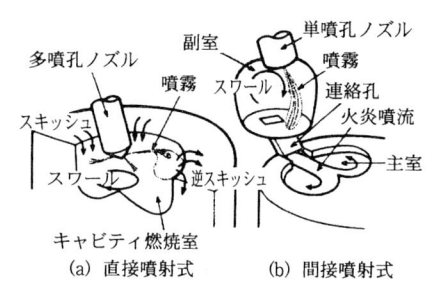

図 4.44 燃焼室内の混合気流動[16]

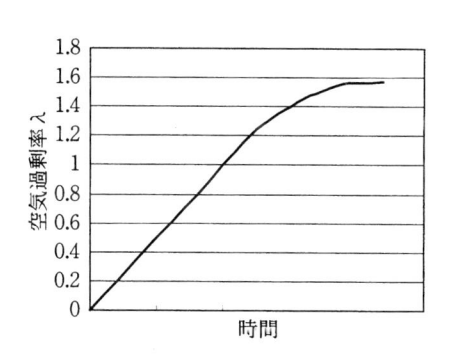

図 4.45 燃料噴射後の経過時間と混合気形成

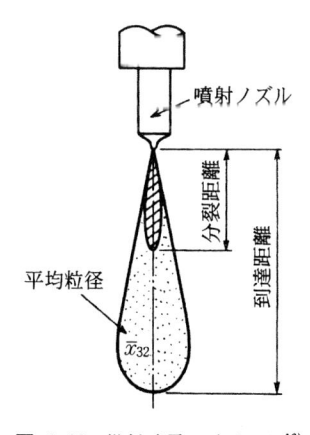

図 4.46 燃料噴霧のイメージ[16]

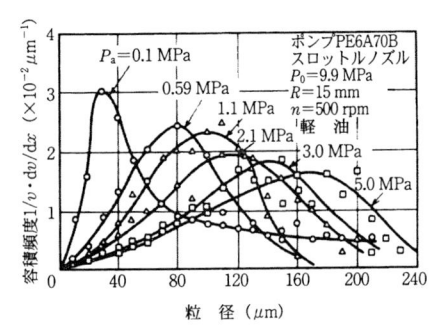

図 4.47 雰囲気圧力と粒径分布[17]

粒化する．噴霧分布は中央が高く，その両側が低くなるガウス分布を示す．

平均粒径の表し方としてザウタ平均粒径（SMD, Sauter's mean diameter）が用いられている．これは燃焼では燃料油滴の表面積と容積が大きく関係してくるので，表面積-容積平均粒径を持ってザウタ平均粒径は下記式で表される．

$$SMD = \frac{\sum x_i^3 \Delta n_i}{\sum x_i^2 \Delta n_i} = \frac{\int_0^\infty x^3 dn}{\int_0^\infty x^2 dn} \qquad (4.13)$$

（4） 超高圧燃料噴射による混合気形成と燃焼

図 4.48 は噴射圧力 100 MPa，噴射孔 0.2 mm，孔数 6 で雰囲気圧力 20 MPa の噴霧写真を示す．概ね，噴霧単一では図 4.46 に示すイメージ図と一致する．

図 4.49 は筒内に 180 MPa の超高圧で噴霧した場合の高速度写真を示す．

ノズルから噴射された噴流は外方に向かって進行し，噴霧先端で周囲空気の抵抗を受けて押し潰されてちぎれながら周囲空気を取り込んで拡散する．

超高圧のため貫通力が強く，ピストンキャビティ壁面に衝突し，壁面に沿って拡散する．超高圧になると，このように貫通力が強くなるとともに，空気の抵抗を受けて微粒化する．

図 4.50 は燃料噴射から混合気形成～燃焼～燃焼終了間の経過をピストン下部から撮影したものである．超高圧噴射のため燃料噴霧と空気の混合が促進されてすすの生成の無い燃焼が実現される．

さらに，燃費改善や排ガス対策のための燃焼制御を行う図 4.51 に示す噴射量制御精度の向上が図られた多段噴射システムが実用化されている．

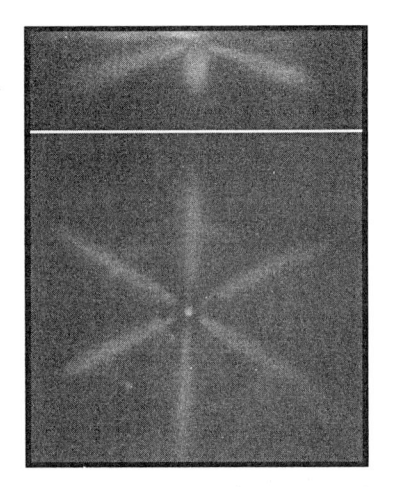

図 4.48 超高圧燃料噴射と混合気形成

図 4.49 超高圧燃料噴射による混合気形成[18]

演習問題

1. 排気量 2000 cc，回転数 6000 rpm，体積効率が 0.80 の 4 ストロークガソリンエンジンにおいて，$C_a=0.85$，$C_f=0.72$，$\rho_a=1.2$ (kg/m^3)，$\rho_f=740$ (kg/m^3)，および $\Delta p_a=6$ kPa，$\Delta h=15$ mm のとき，空燃比 = 13.5 とする場合のベンチュリー径およびメータリングオリフィス径を求めよ．
2. 電子燃料噴射装置と気化器の優劣を述べよ．
3. スワールとタンブルについて述べよ．

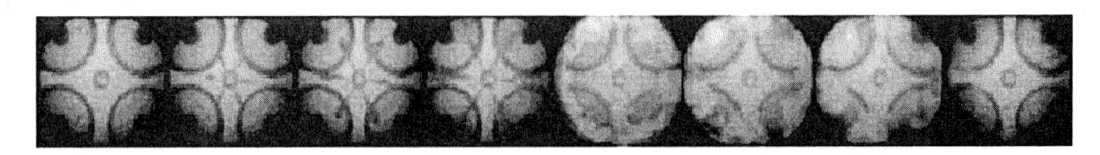

図 4.50 超高圧燃料噴射による混合気形成と燃焼[18]

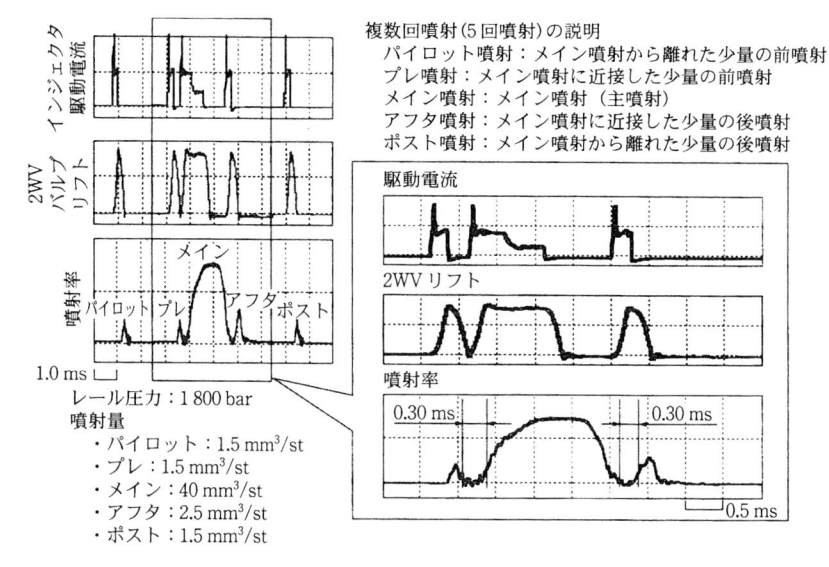

図 4.51 コモンレールによる多段噴射[19]

複数回噴射(5回噴射)の説明
パイロット噴射：メイン噴射から離れた少量の前噴射
プレ噴射：メイン噴射に近接した少量の前噴射
メイン噴射：メイン噴射（主噴射）
アフタ噴射：メイン噴射に近接した少量の後噴射
ポスト噴射：メイン噴射から離れた少量の後噴射

レール圧力：1 800 bar
噴射量
・パイロット：1.5 mm³/st
・プレ：1.5 mm³/st
・メイン：40 mm³/st
・アフタ：2.5 mm³/st
・ポスト：1.5 mm³/st

4. 予混合火花点火エンジンにおいて，希薄になると燃焼速度が遅くなる原因と，安定した燃焼を行わせる方法を述べよ
5. 直噴エンジンの利点を述べよ．
6. ボッシュ列型燃料ポンプの噴射量調整方法について述べよ．
7. 噴射ノズルの燃料噴射圧力の調整方法について述べよ
8. VE型燃料ポンプの噴射量制御方法について述べよ．
9. 超高圧インジェクタの噴射量制御について述べよ．
10. 超高圧噴射にする理由を述べよ．

[解答]
1. 式 (4.5) において，
$$G_a = \eta_v \frac{\rho_a V_s n}{120} = 0.80 \times \frac{1.2 \times 2000 \times 10^{-6} \times 6000}{120}$$
$$= 0.096 \text{ (kg/s)}$$

式 (4.4) を変形して，
$$A_a = \frac{G_a}{(C_a \sqrt{2\rho_a \Delta p_a})} = \frac{0.096}{(0.85\sqrt{2 \times 1.2 \times 6000})}$$
$$= 0.9411 \times 10^{-3} = 941.1 \times 10^{-6} [\text{m}^2] = 941.1 \text{ [mm}^2]$$
$$d_a = \sqrt{\frac{4A_a}{\pi}} = \sqrt{\frac{4 \times 941.1}{\pi}} = 34.62 \text{ [mm]}$$

同様に，$G_f = G_a/13.5 = 0.096/13.5 = 0.00711$ (kg/s)
$$A_f = \frac{G_f}{C_f \sqrt{2\rho_f(\Delta p_a - \Delta p_f)}}$$
$$= \frac{0.00711}{(0.72\sqrt{2 \times 740 \times (6000 - 740 \times 9.8 \times 0.015))}}$$
$$= 3.34 \times 10^{-6} [\text{m}^2] = 3.34 \text{ [mm}^2]$$
$$d_f = \sqrt{\frac{4A_f}{\pi}} = \sqrt{\frac{4 \times 3.34}{\pi}} = 2.06 \text{ [mm]}$$

文　献

1) 廣安博之, 吉崎拓男：わかる内燃機関, 日新出版, 2001.
2) 橋田卓也：エンジンメカニズム, 山海堂, 2001.
3) 高　行男, 井藤賀久岳：ガソリン直噴, 山海堂, 1999.
4) 自動車技術会編：自動車技術ハンドブック2, 設計編, 自動車技術会, 1992.
5) 金子靖男：ガソリン筒内直噴エンジン, 山海堂, 2000.
6) 中島泰夫, 村中重夫：ガソリンエンジン, 山海堂, 1999.
7) 坂本泰英他：ガソリンエンジン, 自動車技術, 自動車技術会, 1999.
8) 青山俊一：熱機関と自動車, 自動車技術, 自動車技術会, 2000.
9) 柏倉利美他：ファンスプレーを用いた新ガソリン直噴エンジン, 自動車技術, 自動車技術会, 2000.
10) 日本電装, 燃料ポンプ説明書-列型ポンプ編, 1987.
11) 長尾不二夫：内燃機関講義, 養賢堂, 1979.
12) デンソーポンプ技術マニュアル, 1979.
13) 藤沢英也, 川合静男：ディーゼル燃料噴射, 山海堂, 1988.
14) 日本電装, 燃料ポンプ説明書-VE型噴射ポンプ編, 1987.
15) トヨタ, ランドクルーザ解説書, 2002.
16) 自動車技術会編：自動車技術ハンドブック1, 基礎・理論編, 自動車技術会, 1992.
17) H. Hiroyasu, et al.: Fuel Droplet Size Distribution in Diesel Combustion Chamber, SAE Paper 740715.
18) ＡＣＥ噴霧・燃焼写真集, (株) 新燃焼システム研究所, 1992.
19) 田中泰他：ディーゼル1800エンジン用1800 bar コモンレールシステム, 自動車技術, 自動車技術会, 2004.

第5章　火花点火エンジンの燃焼

5.1 指圧線図の解析

エンジン燃焼を改善して性能向上を図るためには，シリンダ内の圧力経過を知る必要がある．そこで，圧力センサをシリンダヘッドに取りつけ，シリンダ内圧力の時間的変化を計測し，評価することが行われる．

火花点火エンジンの圧力測定は圧力センサを用いて行う．圧力の測定素子として「圧電素子」が用いられる．センサに加えられた圧力によって，圧電素子の両端に発生する電圧あるいは電荷量を検出し，圧力に変換する（10.1節参照）．

こうして得られた圧力－時間線図のことを指圧線図（indicator diagram）といい，圧力 P とクランク角度 θ の関係で表す．

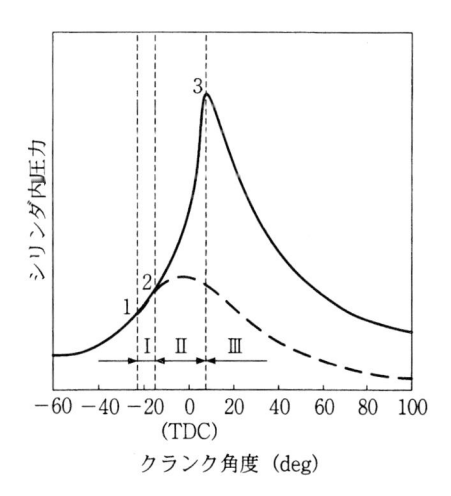

5.1.1 火花点火エンジンの燃焼期間

火花点火エンジンの燃焼期間は図5.1の指圧線図に示すように，次の3つの期間に分類することができる．

　Ⅰ．遅れ期間（preliminary period）
　Ⅱ．主燃焼期間（period of proper burning）
　Ⅲ．後燃え期間（period of after burning）

（1）遅れ期間

図5.1の点1で点火し，1～2間で空気・燃料混合気の5～10％程度が燃焼する．その間の圧力には燃焼を行わないモータリング時の圧力（破線）との差が見られない．

点火プラグの電気火花で混合気に点火することによって燃焼が始まる．点火は通常，上死点（TDC）前10°～30°のクランク角度で行われるが，エンジン燃焼室の形状と運転条件により，最適な時期に設定する．点火プラグでの熱損失が大きいため，燃焼は極めてゆっくりと開始する．

（2）主燃焼期間

図5.1の点2～3間で混合気の80～90％が燃焼し，点3でシリンダ内圧力が最大となる．主燃焼期間では，火炎は急速に伝ぱしていく．後に述べるように，火炎速度は乱れ，スワール，スキッシュなどの効果により，層流燃焼速度の10倍程度になる．

混合気が燃焼することにより，温度と圧力が高い値になる．

図5.1　火花点火エンジンの燃焼期間

圧力は燃焼室内で一様であるが，温度は燃焼ガスの方が未燃焼混合気より高くなる．燃焼ガスが膨張するために，未燃焼混合気は圧縮され，温度が高くなる．さらに，火炎温度が3000K程度の高温になるので，火炎からの輻射によっても燃焼室内のガスの温度と圧力は上昇する．

火花点火エンジンの理想サイクルであるオットサイクルでは，燃焼期間は体積一定の過程であり，定容燃焼に近い方が熱効率は高くなる．しかし，実際のエンジンでピストンに力を伝えるためには，定容燃焼ではなく，スムースな燃焼の方が適切である．

主燃焼期間に相当するクランク角度は約25°である．点火時期が早すぎる場合には，シリンダ内圧力がTDC前に増加しすぎて，圧縮行程で仕事の損失（負の仕事の増大）となる．点火時期が遅い場合には，最大圧力が十分な値にならず，そのために膨張行程で仕事の損失（正の仕事の減少）が起こる．実際のエンジンの点火時期は，TDC前10°～30°のクランク角度であるが，燃料の濃度，燃焼室形状，エンジン回転数などに影響される．エンジン回転数が大きくなれば，当然，燃焼期間は短くなる．

（3） 後燃え期間

図5.1の点3以後に混合気の残りの5～10%が燃焼するが，シリンダ内圧力は減少し，燃焼は終了する．5～10%の混合気は点3以降に燃焼ガスの膨張によって圧縮され，燃焼室体積の数%程度の体積となる．燃焼室体積はすきま体積よりも大きいが，TDCから15°～20°程度なので，燃焼室のコーナー近傍の非常に狭い空間で燃焼することになる．

壁面近傍ではガスの流れや乱れは小さくなり，さらに壁面やピストン面の影響を受けて，火炎速度は遅くなり，ゆっくりと燃焼反応が進み，燃焼は終了する．

ただし，条件によっては端ガス (end gas) と呼ばれる圧縮された壁面近くの混合気が自発点火 (self-ignition) することがある．これが後で述べるノックであり，異常燃焼の原因の1つである．

[例題 5.1] 1800rpmで運転しているエンジンがある．点火時期はTDC前18°である．遅れ期間を8°とし，主燃焼期間が終わるのはTDC後12°とする．ボア（図5.3のB）を84mm，点火プラグの位置はシリンダの中心線上にある．火炎面は球面状に伝ぱすると考えると，火炎速度はいくらになるか．

[解答] 主燃焼期間はTDC前10°からTDC後12°までの22°であるから，火炎伝ぱ時間は，

$$t = \frac{22°}{360°(1/\text{rev}) \times 1800(\text{rpm})/60(\text{s/min})} = 0.00204 \text{ (s)}$$

火炎の移動最大距離は，

$$l_{\max} = \frac{\text{Bore}}{2} = \frac{0.084(\text{m})}{2} = 0.042 \text{ (m)}$$

したがって，火炎速度は，

$$V_f = \frac{l_{\max}}{t} = \frac{0.042\,(\mathrm{m})}{0.00204\,(\mathrm{s})} = 20.6\,(\mathrm{m/s})$$

5.1.2 指圧線図の予測

圧力測定を行わなくても，指圧線図を予測し，エンジンの図示性能や排気組成などを求めることができる．

（1） 熱発生率

燃焼による圧力上昇はエンジンの回転角（クランク角度）に対する熱の発生割合によって定まるから，指圧線図をもとに熱発生率を算出し，これを検討・評価することによってエンジン燃焼過程に対する理解を，より深めることができる．

いま，シリンダ内ガスに対して熱力学第一法則を適用すると，

$$\frac{dQ}{d\theta} = \frac{dU}{d\theta} + P\frac{dV}{d\theta} = mc_v\frac{dT}{d\theta} + P\frac{dV}{d\theta} \quad (5.1)$$

ここで，Q：発生熱量，U：内部エネルギー，P：ガス圧力，V：ガス体積，m：ガス質量，c_v：定容比熱，T：ガス温度，θ：クランク角度である．理想気体のガス定数 R を一定と仮定すると，状態方程式を微分して，

$$PdV + VdP = mRdT$$

$$\frac{dP}{P} + \frac{dV}{V} = \frac{dT}{T} \quad (5.2)$$

式 (5.2) を式 (5.1) に適用すると，

$$\frac{dQ}{d\theta} = \frac{c_v}{R} V \frac{dP}{d\theta} + \left(1 + \frac{c_v}{R}\right) P \frac{dV}{d\theta}$$

$$\frac{dQ}{d\theta} = \frac{1}{\kappa-1} V \frac{dP}{d\theta} + \frac{\kappa}{\kappa-1} P \frac{dV}{d\theta} \quad (5.3)$$

ここで，κ はガスの比熱比である．

$dQ/d\theta$ は熱発生率（rate of heat release）であり，クランク角度 θ に対する熱の発生割合を表す．したがって，クランク角度 θ とガス圧力 P を測定することによって式 (5.3) から熱発生率 $dQ/d\theta$ が算出でき，シリンダ内の燃焼状態を推測することができる．

（2） 燃焼質量割合

実質的な着火の時期から燃焼終了までの熱発生率を適当な関数で近似して，エンジンの図示性能や排気組成などの予測がなされる．例えば，Wiebe は，燃焼質量割合 x の時間的変化を，次のような関数で表している．

$$x = 1 - e^{-ay^{m+1}} \quad (5.4)$$

ここで，$y = \theta/\theta_b$，θ_b は燃焼期間（クランク角度），a, m は定数である．

また，Blumberg ら[1]は，燃焼質量割合 x を次式で近似している．

$$x = \frac{1}{2}\left\{1 - \cos\left(\frac{\theta - \theta_o}{\theta_b}\pi\right)\right\} \quad (5.5)$$

θ_o は点火時期である．Blumberg の燃焼質量割合を図 5.2 に

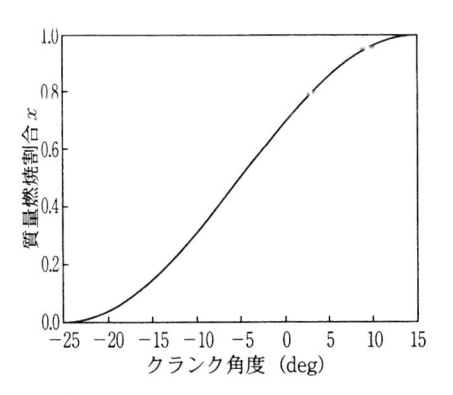

図 5.2 質量燃焼割合[1]

示す．このとき，$\theta_o = -25°$，$\theta_b = 40°$ である．

正常な燃焼が行われる条件では，エンジン回転数 n が変化しても，θ に対する $dx/d\theta$ の変化の形は，あまり大きく変わらない．これは n の増加に従って燃焼室内混合気の乱れが増加し，その結果，全体としての燃焼質量速度が n に比例して増加するためである．

（3） シリンダ内体積変化

任意のクランク角度におけるシリンダ内体積 V は次式で表される．

$$V = V_c + \frac{\pi B^2}{4}(l+r-s)$$
$$= V_c + \frac{V_s}{S}(l+r-s) \tag{5.6}$$

ここで，V_c：すき間体積，V_s：行程体積，B：ボア，l：大端部長さ，r：クランク半径，s：ピストン位置，S：行程を表す．図 5.3 に示す幾何学的形状から，s はクランク角度 θ の関数となる．

$$s = r\cos\theta + \sqrt{l^2 - r^2\sin^2\theta} \tag{5.7}$$

一方，圧縮比 $\varepsilon = (V_s + V_c)/V_c$ を用いると，行程体積は次式のようになる．

$$V_s = (\varepsilon - 1)V_c \tag{5.8}$$

また，行程 S はクランク半径の 2 倍である．

$$S = 2r \tag{5.9}$$

式 (5.7)～式 (5.9) を式 (5.6) に代入して，整理すると，次式が得られる．

$$\frac{V}{V_c} = 1 + \frac{\varepsilon - 1}{2}\left(\frac{l}{r} + 1 - \cos\theta - \sqrt{\frac{l^2}{r^2} - \sin^2\theta}\right) \tag{5.10}$$

式 (5.10) を θ で微分すると，次式が得られる．

$$\frac{dV}{d\theta} = \frac{\varepsilon - 1}{2}\sin\theta\left(1 + \cos\theta \Big/ \sqrt{\frac{l^2}{r^2} - \sin^2\theta}\right)V_c \tag{5.11}$$

（4） 指圧線図の解析

熱発生率を求めるために，式 (5.5) の Blumberg らの燃焼質量割合を微分して，次式を得る．

$$\frac{dx}{d\theta} = \frac{\pi}{2\theta_b}\sin\left(\frac{\theta - \theta_o}{\theta_b}\pi\right) \tag{5.12}$$

$$\frac{dQ}{d\theta} = mH_u\frac{dx}{d\theta} \tag{5.13}$$

ただし，H_u は燃料の低発熱量である．

式 (5.3) に式 (5.13) を代入して，$dP/d\theta$ について解けば，次式が得られる．

$$\frac{dP}{d\theta} = \frac{(\kappa-1)mH_u\dfrac{dx}{d\theta} - \kappa P\dfrac{dV}{d\theta}}{V} \tag{5.14}$$

ここで，式 (5.14) に，式 (5.10)，(5.11)，(5.13) を代入し，

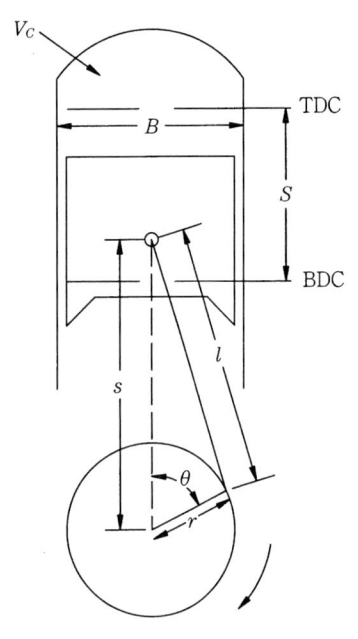

図 5.3 ピストン・クランク機構

圧力について解けば，指圧線図が得られることになる．その一例を図5.4に示す．解析条件は表5.1に示すとおりである．

しかし，実際には，燃焼の前後でモル数，比熱比が異なり，さらに冷却による熱損失も考慮しなければならない．これらを考慮した式は以下の通りである．

$$\frac{dP}{d\theta} = \frac{(\kappa_b-1)\frac{dQ_w}{d\theta} - P\kappa_b\frac{dV}{d\theta} - m\frac{dx}{d\theta}\{(\kappa_u-\kappa_b)c_v T_u + (\kappa_b-1)(a_b-a_u)\}}{V+(1-x)V_o\frac{\kappa_b-\kappa_u}{\kappa_u}\left(\frac{P}{P_o}\right)^{\frac{1}{\kappa_u}}}$$

(5.15)

ここで，κは比熱比，θはクランク角度，T, V, Pは温度，体積，圧力，c_vは定容比熱，Q_wは冷却損失，xは質量燃焼割合を表し，添字のu, b, oは未燃焼混合気，燃焼ガス，吸気弁閉止時の状態を表す．

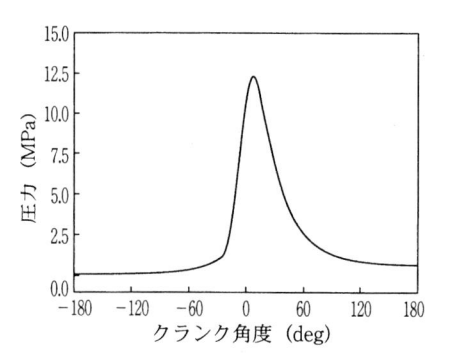

5.2 火花点火エンジンの燃焼

5.2.1 点火装置と点火過程

（1） 点火装置

点火装置は，燃焼室内の圧縮された混合気に点火させる装置で，エンジン性能に大きく影響する．点火方式は高電圧点火火花が一般的である．高電圧を発生させ，点火プラグの電極間で火花放電を行い，混合気を点火させる．点火装置には，一次側の電源の種類によって，バッテリー方式（battery ignition system）と磁石式交流発電機を電源とするマグネット方式（magneto ignition system）があるが，ほとんどがバッテリー方式である．

バッテリー方式では，電気回路の過渡現象を応用している．

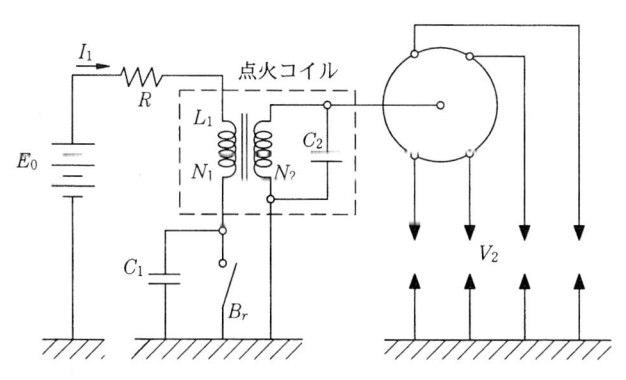

図5.4 指圧線図の解析結果

表5.1 指圧線図の解析条件

比熱比 κ	1.4
行程体積 V_s (m³)	3.38×10^{-4}
すき間体積 V_c (m³)	0.407×10^{-4}
l/r	3.34
圧縮比 ε	8.3
点火時期 (deg)	-25
燃焼期間 (deg)	40
空燃比 A/F	14.7
空気質量 (kg)	3.95×10^{-4}
燃料質量 (kg)	0.269×10^{-4}
燃料の低発熱量 H_u (MJ/kg)	44.0

E_0：バッテリー電圧　　B_r：断続器
I_1：一次コイル電流　　V_2：二次発生電圧
R：一次抵抗　　　　　C_2：二次浮遊容量
L_1：一次インダクタンス　N_1：一次巻き数
C_1：一次コンデンサ容量　N_2：二次巻き数

図5.5 点火装置（バッテリー方式）

図5.5の点火コイルの一次側にバッテリーから数A程度の電流を流し，一次電流を断続器で急激に遮断すると，コイルの電磁誘導作用によって二次側に10～35kVの高電圧が発生し，点火プラグの電極間に火花を発生させることができる．

さらに最近では断続器を用いないで，光電素子（非接触位置センサ）とパワートランジスタで一次電流を遮断して二次側に高電圧を発生させるトランジスタ点火装置（transistor ignition system）も使われるようになってきた．

（2） 点火プラグ

点火プラグ（spark plug）は図5.6に示すように，中心電極と接地電極から構成されており，二つの電極はセラミックスの絶縁体によって電気的に完全に絶縁されている．

火花電極の温度は燃焼特性に大きな影響を及ぼす．そこで，図5.7に示すように，絶縁体の長さによって冷却特性を変化させて対応している．焼け型は受熱面積が大きく，絶縁体の表面積が小さいので，点火プラグ温度が上がりやすく，過早着火（pre-ignition）の危険性が高い．これに対して，冷え型は点火プラグ温度が低温になり，表面にカーボンなどが付着しやすく，自己清浄（self cleaning）性が弱い．高速運転ではプラグ温度が上がりやすいので冷え型を使う．また，図5.8に示すように，電極形状によって，希薄混合気に対する燃焼限界である希薄限界（lean limit）が変化する．電極間隔が広い点火プラグを用いると，希薄燃焼限界の空燃比を大きくとれるので，NO_x等の有害成分の排出抑制には有利である．

（3） 点火時期の制御

吸入空気量，エンジン回転数，冷却水温度などの運転条件に応じて，点火時期と通電時間を最適に制御する必要がある．

点火時期と圧力経過の関係を図5.9に示す．点火時期が早すぎると，圧力が早く上昇し始めるため，ピストン上昇時にピストンを押し下げる働きをしてしまう．逆に，点火時期が遅すぎ

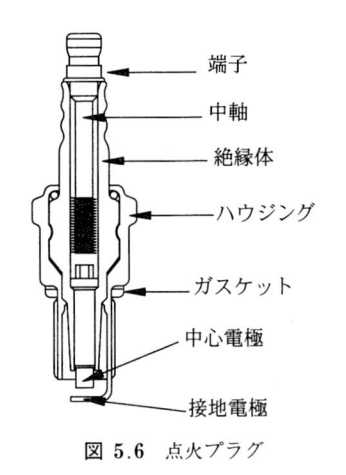

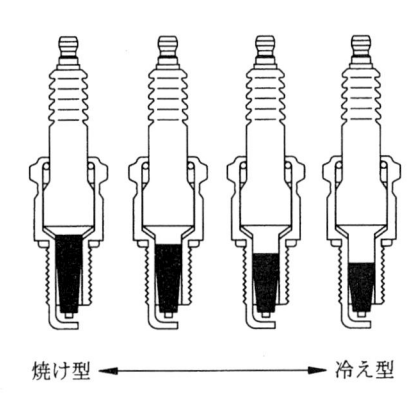

図5.6 点火プラグ

図5.7 点火プラグの種類

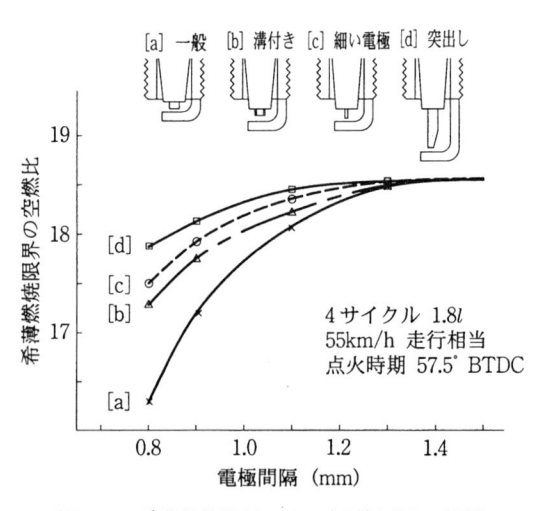

図5.8 希薄燃焼限界に及ぼす電極形状の影響

6

20° BTDC
15° (MBT)
10°
5°

$n = 2000$ rpm

シリンダ内圧力 (MPa)

クランク角度 (deg)

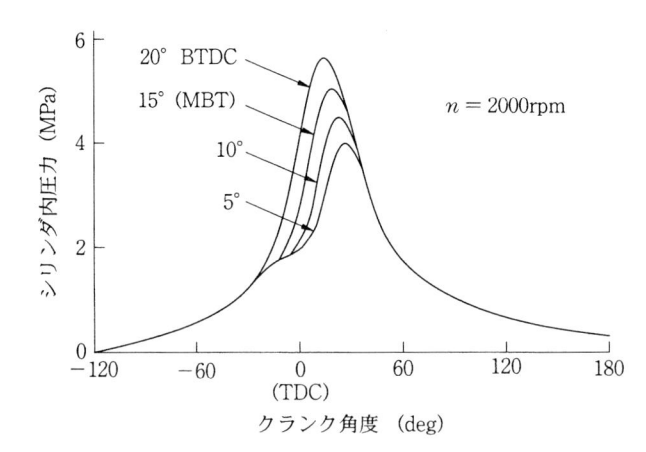

図 5.9 圧力経過に及ぼす点火時期の影響

ると，燃焼が遅れ，ピストン下降時に燃焼圧力がピストンに作用し，有効な仕事を取り出せない．点火時期とエンジン軸トルクとの関係において，最大トルクを発生させる最適な点火時期を MBT (minimum spark advance for best torque) と呼んでいる．

シリンダ内圧力が TDC 後 15°〜20° 程度のクランク角度で最大になる点火時期である．吸入空気量が増加すると火炎速度は早くなるので，MBT は遅角（点火時期が後に遅れる）する．エンジン回転数が高くなると，クランク角度に対する時間が短くなるので，MBT は進角（点火時期が前に進む）する．

[例題 5.2] 例題 5.1 のエンジンを 3000 rpm で運転する場合を考える．回転数が増加するので，乱れの強さやスワールの効果によって，火炎速度は増大するはずである．例題 5.1 と同様に，遅れ期間を 8°，主燃焼期間の終わりを TDC 後 12° とするとき，点火時期をいくらに設定すればよいか．ただし，火炎速度は $0.85n$ に比例するものとする．

[解答] 火炎速度 V_f は $0.85n$ に比例するので，

$$V_f = \frac{0.85 \times 3000 \,(\text{rpm})}{1800 \,(\text{rpm})} \times 20.6 \,(\text{m/s}) = 29.2 \;(\text{m/s})$$

火炎の最大移動距離は同じであるので，火炎伝ば時間は，

$$t = \frac{l_{\max}}{V_f} = \frac{0.042 \,(\text{m})}{29.2 \,(\text{m/s})} = 0.00144 \;(\text{s})$$

したがって，主燃焼期間のクランク角度は，

$$\theta_b = \frac{3000 \,(\text{rpm})}{60 \,(\text{rev/s})} \times 360° \,(1/\text{rev}) \times 0.00144 \,(\text{s}) = 25.9°$$

主燃焼期間の終わりが TDC 後 12° であるので，主燃焼期間の始めは TDC 前 13.9° ということになる．さらに，遅れ期間 8° を考えて，点火時期は TDC 前 21.9° である．これは，1800 rpm の時の点火時期 TDC 前 18° に比べて 3.9° の点火進角となる．

5.2.2 主燃焼期間における火炎伝ぱ過程

燃焼室の外から見た火炎面の移動速度を火炎速度（flame speed）または火炎伝ぱ速度（flame propagation speed）という．これに対して，燃焼速度（burning velocity）は，火炎が未燃焼混合気に直角に進入する速度のことで，火炎速度とは区別する．火炎前面の未燃焼混合気が混合気の流動と燃焼ガスの膨張によって前方に動いているため，火炎速度は燃焼速度と未燃混合気の移動速度の和になる．また，火炎速度は，混合気の物性と乱れ（turbulence）に影響される．

ガソリン・空気混合気に対する層流燃焼速度の実験式を次式に示す．

$$S_L = 25.25 P^{0.13}\left(\frac{T_u}{298}\right)^{2.19} \quad (5.16)$$

ただし，S_L は層流燃焼速度(cm/s)，P は圧力(bar)，T_u は混合気の温度（K）である．

実際の火炎は層流に伝ぱすることはないので，乱流燃焼速度を用いる必要がある．乱流燃焼速度は層流燃焼速度より大きく，図5.10に示すように乱れの強さが大きいと，顕著に増大する．乱流燃焼速度は次式で表される．

$$S_T = S_L \sqrt{1+\left(\frac{2u'}{S_L}\right)^2} \quad (5.17)$$

ここで，S_T は乱流燃焼速度，S_L は層流燃焼速度 u' は乱れ強さを表す．混合気の流速は $u = \bar{u} + u'$ で表され，乱れ強さは平均流速 $\bar{u}$ からの偏差を表している（$\bar{u}$，u' の厳密な定義は文献2を参照）．

図5.11は火炎伝ぱの時間に対する軌跡であるが，始めと終わりの火炎面の位置は明確でないので，それぞれ10%および95%進行時間を用いる．この10%および95%進行時間を空燃比に対して整理すると図5.12のようになる．この図から，火炎速度が最大（最大出力付近）となるのは理論混合比ではなく，燃料がやや多めのときであることがわかる．

図5.13に火炎速度をエンジン回転数に対して示しているが，

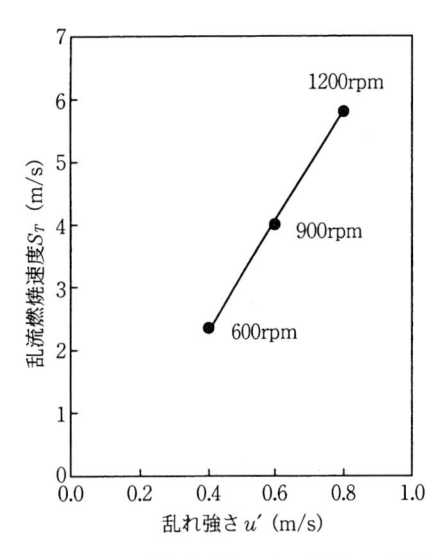

図 5.10　乱流燃焼速度に及ぼす乱れの影響

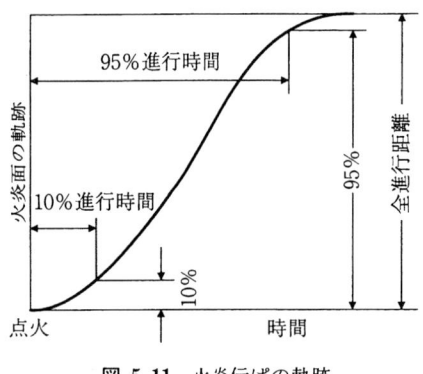

図 5.11　火炎伝ぱの軌跡

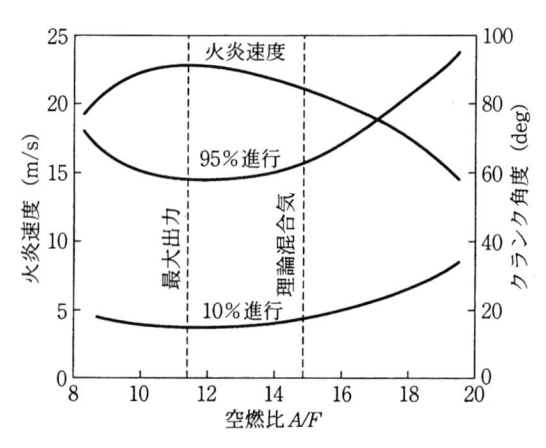

図 5.12　火炎速度と火炎進行クランク角度

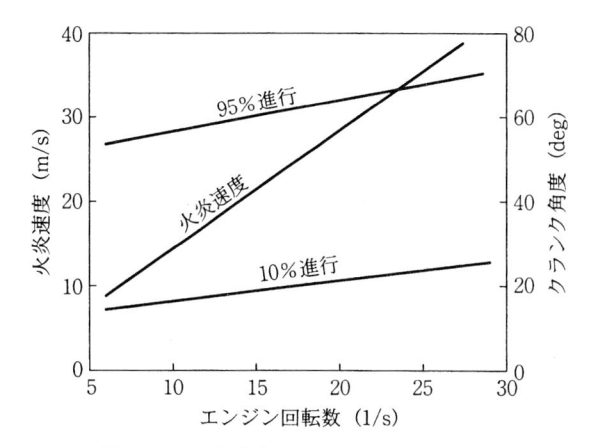

図 5.13 火炎速度とエンジン回転数の関係

回転数が上がると火炎速度が増加していることがわかる．これは，回転数が大きくなることにより，吸入速度が大きくなり，乱れ強さが大きくなる．その結果，乱流燃焼速度が増加するので，火炎速度が大きくなるのである．

[例題 5.3] シリンダ内の圧力が 25 bar，ガソリン・空気混合気の温度 T_u が 1800 K のとき，層流燃焼速度 S_L はいくらか．
[解答] 式（5.16）に，圧力，温度の値を代入する．
$$S_L = 25.25 \times 25^{0.13} \left(\frac{1800}{298}\right)^{2.19} = 1970 \text{ (cm/s)} = 19.7 \text{ (m/s)}$$

5.2.3 火炎速度の増大

エンジン性能を向上させるためには，火炎速度を増大させると効果がある．すなわち，火炎速度が増加すると，定容燃焼に近くなり，理論サイクルに近づけることができるので，熱効率の向上が期待できる．また，希薄燃焼限界が拡大し，熱効率の向上と窒素酸化物（NO_x）の低減が期待できる．さらに，後で述べるノック，すなわち異常燃焼が防止できる．

火炎速度を大きくするためには，流動（乱れ）の制御を行う必要がある．そのために，次に示すように，吸気の流動を制御する方法とシリンダ内の流動を制御する方法がある．

（1）流動制御装置による流動の制御

吸気ポート形状を工夫することにより，シリンダ内に混合気の強い流動を作ることができる．前節で考察したように，混合気の流動や乱れは燃焼速度を増加させる．

流動には主にスワールとタンブルがある．図 5.14 に示すように，スワール（swirl）は，シリンダ軸と垂直な面の旋回流であり，タンブル（tumble）は，シリンダ軸方向の旋回流である．ポート形状によっては，斜めスワール（inclined swirl）もある．タンブルは燃焼の始まる上死点付近において強い乱れを作ることができるので，希薄限界を広くすることができる．

強いスワールを形成するためには，図 5.15 に示すように，高

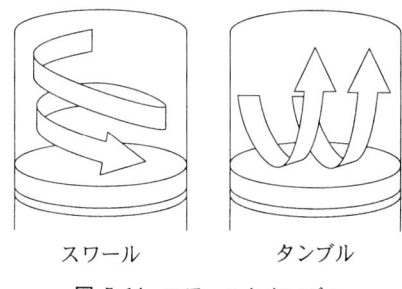

図 5.14 スワールとタンブル

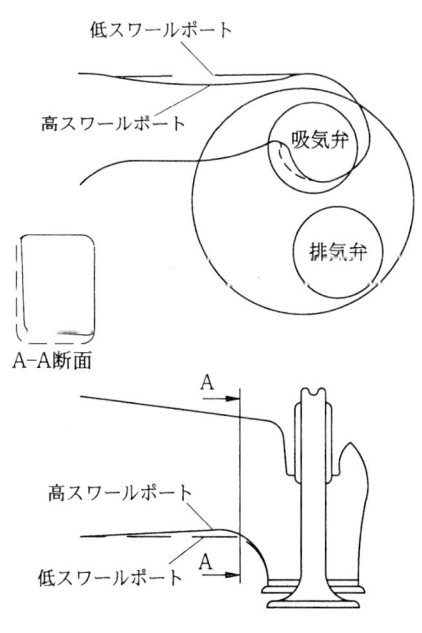

図 5.15 高スワールポート

スワールポート (high swirl port) を用いる．高スワールは通常のポート断面積を絞ることによって得られる．スワールの強さを表す指標として，スワール比 (swirl ratio) を用いる．スワール比はスワール旋回速度とエンジン回転数の比で，次式で表される．

$$SR = \frac{\omega}{n} \qquad (5.18)$$

ここで，SR：スワール比，ω：スワール旋回速度(rev/s)，n：エンジン回転数（rev/s）である．

（2）ピストンの動きで誘導される流れ

図 5.16 に示すように，圧縮行程の終わり頃，シリンダヘッドとピストンに囲まれる部分の混合気をピストンの動きによって中心方向に押し出して，生成される流動をスキッシュ (squish) という．スキッシュには，端ガスを冷却することによって，自己着火を押さえる効果もある．

（3）直接噴射式火花点火エンジンの流動と燃焼

予混合式とは異なって，直接噴射式火花点火エンジンの場合には，燃料噴霧と点火プラグを離して配置し，ピストンの上昇運動による流動を利用して燃焼に適した混合気を作ることが行われる．

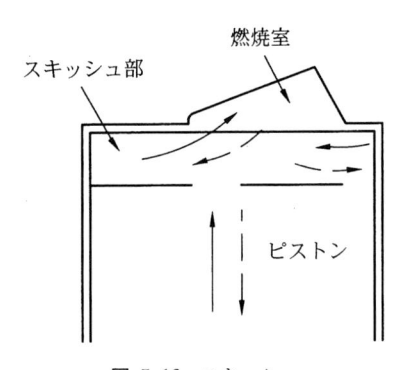

図 5.16 スキッシュ

[例題 5.4] 4 気筒，3.2 l のエンジンが 4500 rpm で運転されている．スワール比 SR を 6 とすると，スワール旋回速度はいくらか．また，S/B（行程/ボア比）を 1.06 とすると，シリンダ内壁面における周速度はいくらになるか．

[解答] 式 (5.18) より，

$$\omega = SR \times n = 6 \times \frac{4500\,\mathrm{rpm}}{60\,\mathrm{s/min}} = 450\ (\mathrm{rev/s})$$

次に，行程体積から，ボアを求める．

$$V_S = \frac{3.2 \times 10^{-3}\,\mathrm{m}^3}{4} = 8.0 \times 10^{-4}\ (\mathrm{m}^3)$$

$$B = \left(\frac{V_S}{\pi/4 \cdot S/B}\right)^{1/3} = 0.0987\,\mathrm{m} = 2r$$

ただし，r はシリンダ半径である．スワールの周速度を u_S とすると，

$$u_S = 2\pi\omega r = 139.5\,(\mathrm{m/s})$$

このことから，シリンダ壁面近くでは，吸入混合気は大きな運動エネルギーを持っていることがわかる．

5.2.4 シリンダ内の流動数値解析 (numerical analysis)

シリンダ内の流動数値解析は，保存式（質量，運動量，エネルギー，乱流のエネルギー，乱れエネルギー散逸率，濃度）を解くことによって，行われる．次式の保存式群を用いて，燃料濃度の分布や空燃比分布などは計算できるが，燃焼過程はまだ計算できていないのが現状である．

$$\frac{\partial(\rho\phi)}{\partial t} + \mathrm{div}(\rho\vec{v}\phi - \Gamma_\phi \mathrm{grad}\,\phi) = S_\phi \qquad (5.19)$$

ただし，t：時間，$\bar{v}$：速度ベクトル，ρ：密度，ϕ：従属変数，Γ_ϕ：有効拡散係数，S_ϕ：ソース項を表す．

5.3 異常燃焼

正常燃焼 (normal combustion) の場合は，火花点火で発生した火炎が燃焼室全体に一様に伝ぱするのに対して，異常燃焼 (abnormal combustion) の場合は，火花点火の前あるいは後に，火炎伝ぱによらず混合気の一部が燃焼する．異常燃焼は熱損失の増大や騒音の原因にもなるので，防止する必要がある(図5.17)．

5.3.1 ノック

エンジンの熱効率を向上させるためには，圧縮比を上げて燃焼温度および圧力を上昇させる必要がある．圧縮比を高めると，図5.18に示すように，数kHz程度の高周波成分の圧力変動が観察され，騒音が発生する．これが，エンジン・ノック(engine knock) または単にノック (knock) と呼ばれているもので，ノックが起こると，エンジンの出力低下や損傷を招くことになる．すなわち，圧力波の作用で壁面の温度境界層 (thermal boundary layer) が薄くなり，ピストンの溶損，焼付き，シリンダヘッド・ガスケットの吹き抜けなどの致命的な障害を起こす．したがって，圧縮比には限界があり，ノックが起きると，最適点火時期での運転ができなくなる．

5.3.2 表面点火

燃焼室の堆積物，点火プラグ，排気弁などの高温部が点火源になり，そこから燃焼が開始することを表面点火 (surface igni-

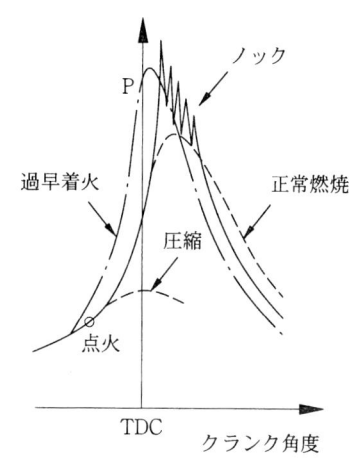

図5.17 異常燃焼における指圧線図

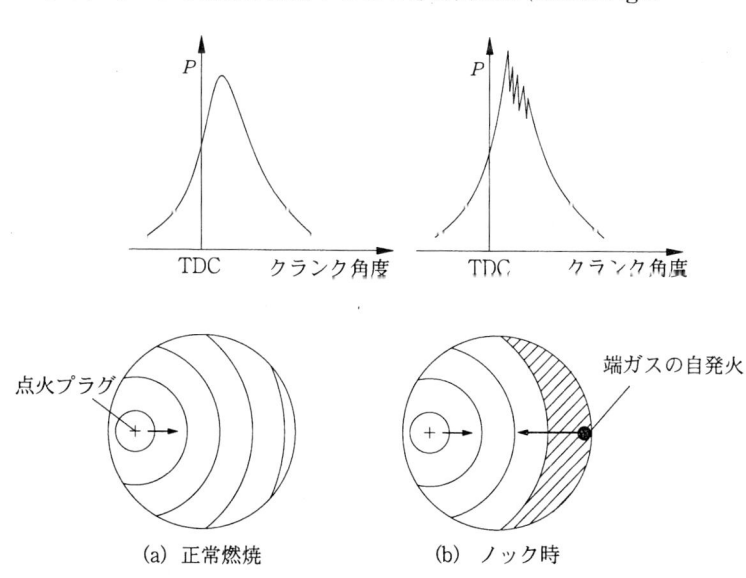

図5.18 正常燃焼とノックにおける指圧線図

tion）という．表面点火には，点火時期よりも前に起こる過早着火（pre-ignition）と後で起こる遅延着火（post-ignition）がある．

過早着火が起こると，上死点前の圧力が大きくなり出力が低下する．点火時期を制御できないので，ノックを誘発しやすい．メタノールはオクタン価が高く，ノックが起きにくい燃料であるが，過早着火を起こしやすい．

また，表面点火によって，高速・高負荷時に火花点火を止めてもエンジンが回り続けることがある．この現象をランオン（run-on）という．

5.4 ノックの抑制

ノックを抑制するためには，ノックが発生しにくい高オクタン価燃料の使用，燃焼期間の短縮，端ガスの温度を下げ，自己着火を抑制するなどの方法がある．さらに，ノックセンサでノックを検出し点火時期を遅らせるエンジンシステムを構築することも行われている．

5.4.1 高オクタン価燃料の使用

ノックの起こりやすさは燃料の種類によって異なり，ノックに対する抵抗を耐ノック性という．耐ノック性を表す指標として，オクタン価（octane number）が用いられる．オクタン価は運転条件，使用エンジンなどにより異なるので，特定の試験用エンジンを用いて運転し，標準燃料で運転したときと比較する方法が採用されている．試験用エンジンとしてCFR（cooperative fuel research）エンジンが用いられている．このエンジンは単シリンダの火花点火エンジンで，運転中に圧縮比を変えることができる．

まず，ガソリンで運転し，ノックが発生する圧縮比を求める．次に，標準燃料で運転し，同じ条件でノックが発生したら，その時の標準燃料のオクタン価が，ガソリンのオクタン価となる．

標準燃料は，イソオクタン（C_8H_{18}）と正ヘプタン（C_7H_{16}）の体積比を変えて作成する．イソオクタンはアンチノック性が高く，正ヘプタンはノックを起こしやすい燃料である．次式に示す体積比がオクタン価である．図5.19に示すように，オクタン価が高い方が圧縮比を高くできるので，熱効率の向上が図れる．

$$\text{オクタン価} = \frac{C_8H_{18} \text{の体積}}{C_8H_{18}\text{の体積}+C_7H_{16}\text{の体積}} \times 100 \quad (5.20)$$

オクタン価が100を超える燃料に対しては，オクタン価向上剤である四エチル鉛$(C_2H_5)_4Pb$を添加したものを標準燃料とする．四エチル鉛を添加することにより，図5.20に示すように，オクタン価を高めることができる．

しかし，排気に鉛が混入すると人体に有害であり，四エチル

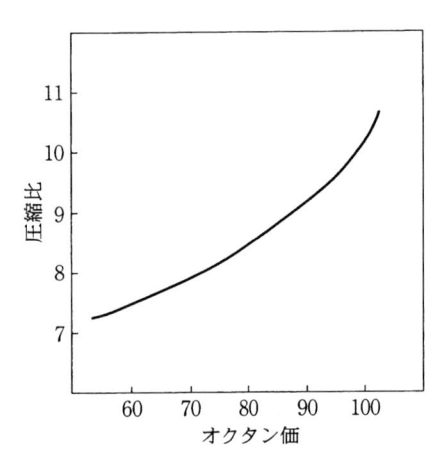

図 5.19 オクタン価とノック限界の圧縮比の関係

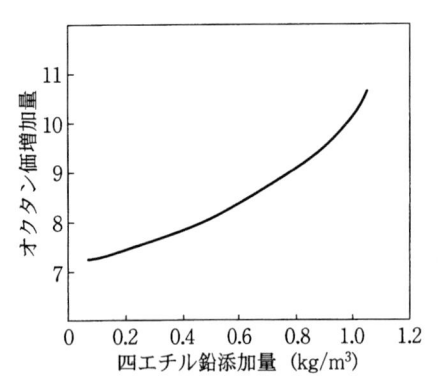

図 5.20 四エチル鉛添加によるオクタン価の向上

鉛自身も有害物質である．そこで，燃料の無鉛化が必要となる．無鉛ハイオクの主流はMTBE (methyl tertiary-butyl ether) をガソリンに混入した燃料である．MTBEはメチルターシャリ・ブチルエーテル ($CH_3OC(CH_3)_3$) のことで，オクタン価は分解ガソリンが94であるのに対して，118である．国内でも1991年11月にガソリンへMTBEを7vol%以下の混入を通産省が認可した．

MTBEを混入すると，低沸点留分のオクタン価が上がるので，暖機前の加速性が向上し，芳香族分の減少でプラグ汚損がしにくくなるという効果が得られる．また，MTBEは光化学反応性が低いので，光化学スモッグの原因となりにくい．しかし，カリフォルニアで水源にMTBEが検出されるなど，MTBEによる環境汚染の問題が起きてきたので，いずれ禁止される予定である．

オクタン価の向上のために，他の含酸素基材 (oxygenate) の使用も検討されている．メタノール (CH_3OH)，エタノール (C_2H_5OH)，ブチルアルコール (TBA：C_4H_9OH) などである．

5.4.2 燃焼期間の短縮

端ガスが自着火する前に火炎伝ぱが完了すれば，ノックは起こらない．そのためには，火炎伝ぱ距離を短縮するか，燃焼速度を増大させればよい．火炎伝ぱ距離の短縮には，燃焼室形状や点火位置を改良する．また，燃焼速度を増大するためには，スワール，スキッシュ等を利用する．

圧縮比や運転条件が同一の場合，ノックを起こさないための燃料のオクタン価（要求オクタン価）は燃焼室形状，点火位置，スキッシュの強さなどによって決まるが，要求オクタン価が低くなるように設計する必要がある．

5.4.3 自己着火の抑制

端ガスの温度を下げることによって，自己着火を抑制し，ノックを防ぐことも行われている．そのためには，燃焼室壁温を低減する，燃焼室内の残留ガス量を低減する，端ガス部を冷却するなどの方法が考えられる．燃焼室壁温を低減するためには，シリンダヘッドとシリングを薄肉化し，冷却水の流れを改善することによって，冷却水温を下げるとともに，オイルジェットの冷却を行う．残留ガスを低減するためには，弁の開閉時期と吸排気系の改良を行う．また，端ガス部を冷却するためには，ガス流動を改善する必要がある．

5.5 排ガスとその発生機構

5.5.1 有害物質の種類

火花点火エンジンから排出される主な有害物質は，一酸化炭素 (CO)，未燃焼炭化水素 (HC)，窒素酸化物 (NO，NO_2 を

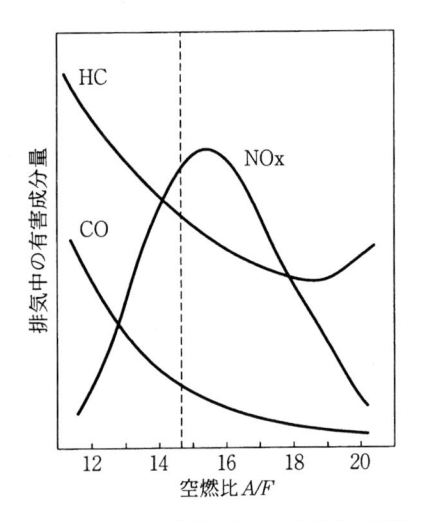

図 5.21 有害排出物に及ぼす空燃比の影響

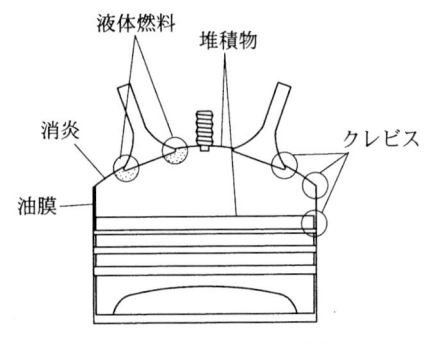

図 5.22 HC 排出の機構

総称して，NO$_x$ という.）の3種類である．CO は人体に有害であり，HC と NO$_x$ は光化学スモッグの原因となる．特に，NO$_x$ は人体に有害であり，酸性雨の原因ともなる．

NO$_x$ は，主として空気中の N$_2$ が，高温の雰囲気の中で O$_2$ と結びついて生成されるもので，燃焼温度が高いほど，生成量が増える．すなわち，理論空燃比付近での燃焼では多く排出される．

CO と HC は，O$_2$ が不足する時に多く排出される．ただし，希薄混合気では，CO がわずかしか発生しないのに対して，HC はある程度以上希薄になると再び増加に転じる．図 5.21 に示すように，NO$_x$ は CO, HC と空燃比に関して反対の特性を持っており，相反関係（トレードオフ：trade-off）にある．

5.5.2 クレビスからの HC 排出

クレビス（crevice）は燃焼室内に存在する小さい空間のことで，表面積/体積比が大きいため，火炎伝ぱに影響を及ぼす．図 5.22 に示すように，クレビスは主にピストン頂面と燃焼室壁面との間，シリンダヘッドのガスケットの付近，吸・排気弁の弁座の付近，点火プラグのネジ溝などにある．

圧縮行程と燃焼過程でクレビス内に圧縮された未燃焼混合気が，膨張行程で圧力の低下に伴い，クレビスから排出され，周囲の高温のガスによって部分的に酸化される．それぞれのクレビスの影響は，クレビス体積，点火プラグからの距離，排気弁までの距離，燃焼温度や酸素濃度などの運転条件によって異なる．

クレビス内に火炎が進入すれば，HC は低減するが，その条件は消炎距離に関係すると考えられている[3]．消炎距離とは2枚の金属板の間の距離を狭めていくとき，ある距離以下になると火炎が通過できなくなる限界値である．

クレビスに充てんされる混合気の最大の質量比 ε_c は状態方程式より，以下のように表せる．

$$\varepsilon_c = \frac{m_c}{m_o} = \frac{V_c}{V_o}\frac{T_o}{T_c}\frac{P_{max}}{P_o} \quad (5.21)$$

ここで，m, V, T, P は質量，体積，温度，圧力を示し，添字の c はクレビスを，o は吸気弁が閉じたときの状態を示す．P_{max} は燃焼室内の最大圧力である．

[例題 5.5] クレビス体積の総和を $1\,\mathrm{cm}^3$，行程体積とすきま体積の和を $500\,\mathrm{cm}^3$，吸気温度を $300\,\mathrm{K}$，クレビス温度を冷却液温度と同じ $350\,\mathrm{K}$，最大圧力と吸気時の圧力の比を 40 とするとき，クレビスに充てんされる質量は吸入混合気の質量の何%か．

[解答] 式 (5.21) にそれぞれの値を代入して，

$$\varepsilon_c = \frac{1\,(\mathrm{cm}^3)}{500\,(\mathrm{cm}^3)} \times \frac{300\,(\mathrm{K})}{350\,(\mathrm{K})} \times 40 = 0.0686 = 6.86\%$$

ただし，点火プラグの位置によっては，クレビス内のガスが

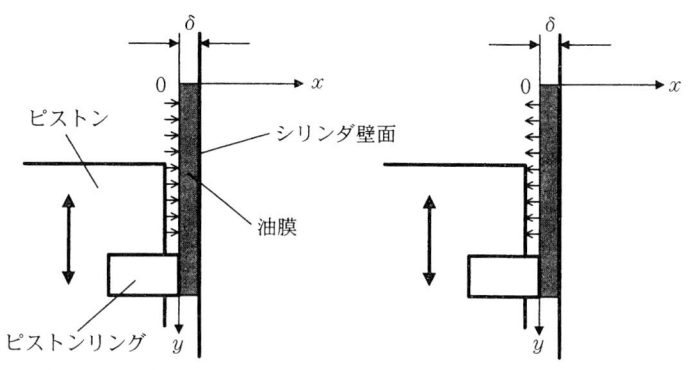

(a) 潤滑油中への燃料の溶解　(b) 潤滑油中から燃焼ガスへ燃料の放出

図 5.23　潤滑油に対する燃料の溶解と放出

すべて新気であるとは限らない．クレビス内の 10～15% 程度が燃焼ガスである可能性がある．

5.5.3　潤滑油中の溶解燃料が原因の HC 排出量

HC 排出の原因になる潤滑油中への燃料の溶解現象について考えてみる．まず，シリンダ壁面上に暴露された油膜は吸入・圧縮行程中に混合気に接触する．ここで，混合気中の燃料分子が油膜表面から拡散していき，油膜の中に燃料が蓄えられる（図 5.23(a)）．膨張・排気行程中にこの油膜は，燃焼ガスに暴露される．この時，油膜中の燃料濃度と燃焼ガス中の燃料濃度（ほとんどゼロ）の差によって，油膜中の燃料は燃焼ガスに移動し（図 5.23(b)），HC となって排出される．

（1）油膜中に蓄えられる燃料の平衡濃度

長い時間油膜が混合気に接触すると，油膜中の燃料濃度は平衡値 C_{eq}^* に達する．混合気中の燃料は気体の状態であり，潤滑油への溶解度はそれほど高くないので，「一定温度で，一定量の溶媒（潤滑油）に溶ける気体の質量は，その気体（燃料成分）の圧力に比例する」と表現されるヘンリーの法則（Henry's law）に従う．すなわち，

$$C_{eq}^* = \left(\frac{M_f}{M_o}\right)\left(\frac{P}{H}\right) Y_f \quad (5.22)$$

が成り立つ．ただし，M_f は燃料の分子量，M_o は潤滑油の分子量，P は混合気の圧力，H はヘンリー係数，Y_f は混合気中の燃料のモル分率である．H は，燃料と潤滑油の種類と温度によって定まる．その測定例を図 5.24 に示す．

[例題 5.6]　イソオクタンを燃料として運転されている火花点火エンジンにおいて排出される未燃焼炭化水素に与える油膜中の溶解燃料の影響を見積もれ．ただし，必要な計算条件や必要なデータは適時与えて計算を進めよ．

[解答]　燃料がイソオクタンであるので，図 5.24 からヘンリー係数 $H = 170\,\text{kPa}$（油温 120℃）であり，$M_f = 114$，$Y_f = 1.65 \times 10^{-2}$（理論混合気）である．圧縮行程中のシリンダ内混合気の圧

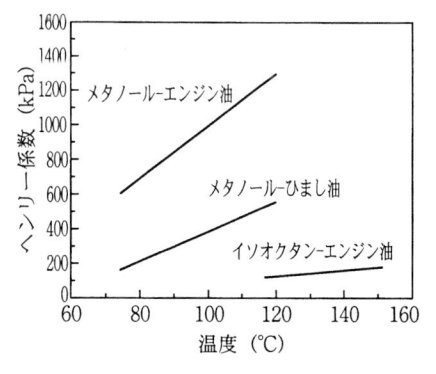

図 5.24　ヘンリー係数[4]

力は変化するが,平均的な値として $P=400\,\mathrm{kPa}$ を取る.潤滑油の分子量 $M_o=420$ とすれば,式 (5.22) から $C_{eq}^*=1.05\times10^{-2}$ (kg/kg) となる.この値は,質量分率であるので,油膜に溶解する燃料の質量 $m_f(=C_{eq}^*m_o)$ を求めるには,シリンダ壁面上にある油膜の質量 $m_o=\pi D_c S\rho_o\delta$ が必要である.ボア $D_c=0.10$ m,ストローク $S=0.088$ m,密度 $\rho_o=0.84\times10^3\,\mathrm{kg/m^3}$,平均油膜厚み $\delta=1.5\times10^{-6}$ m とすると,$m_f=3.65\times10^{-4}\,\mathrm{g}=1.14\times10^{-5}\,\mathrm{mol}$ となる.このように溶解している燃料のすべてが1サイクルのあいだに排ガス中に放出されたとし,1サイクルの排ガスの量を $m_{ex}=1.80\times10^{-2}\,\mathrm{mol}$ とすれば,最終的に求めるHC濃度は633 ppm(オクタン)となる.

(2) 動的な効果

以上の議論は,図5.23の状態が十分な時間保たれた場合に成り立つ.実際のエンジンでは,シリンダ壁面上の油膜が,混合気や燃焼ガスに暴露される時間は限られている.これを実験的に検討することは困難であるので,計算モデルが考えられている[5].計算モデルの内容は,油膜表面の気体側の燃料濃度と油膜中の燃料濃度の差による拡散現象である.壁面上の油膜に対して,図5.23に示すように,上死点トップリング位置の油膜表面を原点とし,油膜厚み側に x,ピストンの移動方向に y の座標を取る.y の位置を決めると x すなわち油膜に垂直方向への燃料成分の一次元的な非定常拡散現象として扱える.

拡散方程式は,

$$\frac{\partial C^*}{\partial t}=D\frac{\partial^2 C^*}{\partial x^2} \qquad (5.23)$$

となる.ここに,C^* は油膜内における燃料の質量分率,D は拡散係数である.この方程式を,次の境界条件

$x=\delta$ において $\dfrac{\partial C}{\partial x}=0$

$x=0$ において 混合気に接触している場合, $C=C_{eq}^*$
　　　　　　　燃焼ガスに接触している場合, $C=0$
　　　　　　　ピストンに覆われている場合, $\dfrac{\partial C}{\partial x}=0$

のもとで解けばよい.この結果は文献5に譲るが,燃料の溶解・放出がエンジンの動きに追従し,HCに少なからず影響していることは確かである.

5.5.4 NOx の生成と排出

NOx の生成は,空気中の N_2 を起源とし,1800 K 以上の高温で生成されるサーマル NO と燃料中の窒素が酸化して生成するフューエル NO があるが,火花点火エンジンでは主として前者による.

以下に,NO の生成モデルを考える.サーマル NO は空気過剰の燃焼で起こり,NO の素反応には次の反応モデルがある.

$$N_2 + O \longleftrightarrow NO + N \qquad (a)$$

$$N + O_2 \longleftrightarrow NO + O \qquad (b)$$
$$N + OH \longleftrightarrow NO + H \qquad (c)$$

(a), (b) を合わせて Zeldovich 機構, (c) を加えて拡大 Zeldovich 機構と呼ばれる. この反応では N_2 分子の解離の結果, NO が生成するが, これは強い吸熱反応であるため, 燃焼によって温度が上昇すると指数関数的に NO 生成の方向に反応が進む. 一方, 各式の逆反応は非常に遅いため, いったん生成された NO は, エンジンの膨張行程による温度低下があっても, ほとんどそのまま排出される. 反応 (c) 中の OH は燃焼が行われれば必ず存在する. したがって燃焼が生ずれば, (c) によって必ず NO が生成されることになる.

一方, 燃料過剰の混合気中では, 燃料の熱分解などによって生ずる CH と N_2 分子間に次の反応がある.
$$N_2 + CH \longleftrightarrow HCN + N \qquad (d)$$
この解離から生ずる N は反応 (b), (c) の経路で NO を生成する. これをプロンプト NO と呼ぶ.

ここでは, サーマル NO の生成を考える. 式 (a)〜(c) の順方向(左辺から右辺)の反応速度定数を k_a, k_b, k_c とし, 逆方向(右辺から左辺)の反応速度定数を k_{-a}, k_{-b}, k_{-c} とする. 反応速度定数は次式で表され, 温度の関数である.

$$k = fT^n \exp\left(-\frac{E}{RT}\right) \qquad (5.24)$$

ここで, f は頻度因子, E は活性化エネルギー, R は気体定数, T は温度, n は定数である.

NO の単位体積当たりの反応速度 $d[NO]/dt$ は式 (a)〜(c) を考慮して次式で表せる.

$$\frac{d[NO]}{dt} = k_a[O][N_2] - k_{-a}[NO][N] + k_b[N][O_2]$$
$$- k_{-b}[NO][O] + k_c[N][OH] - k_{-c}[NO][H]$$
$$(5.25)$$

同様に $d[N]/dt$ についても, 以下のように表せる.

$$\frac{d[N]}{dt} = k_a[O][N_2] - k_{-a}[NO][N] - k_b[N][O_2]$$
$$+ k_{-b}[NO][O] - k_c[N][OH] + k_{-c}[NO][H]$$
$$(5.26)$$

定常状態について考えれば, N の生成量は他の化学種に比べて非常に小さく, その生成速度 $d[N]/dt$ を 0 としてよい. このとき, 定常状態の [N] を $[N]_{ss}$ とおいて, $[N]_{ss}$ について解く.

$$[N]_{ss} = \frac{k_a[O][N_2] + k_{-b}[NO][O] + k_{-c}[NO][H]}{k_{-a}[NO] + k_b[O_2] + k_c[OH]}$$
$$(5.27)$$

NO 以外のモル濃度に平衡濃度を用いて, [NO] について整理すると次式になる.

$$\frac{d[NO]}{dt} = \frac{2\{1-([NO]/[NO]_e)^2\}}{1+K[NO]/[NO]_e} k_a[N_2]_e[O]_e \qquad (5.28)$$

表 5.2 NO 生成速度の計算条件

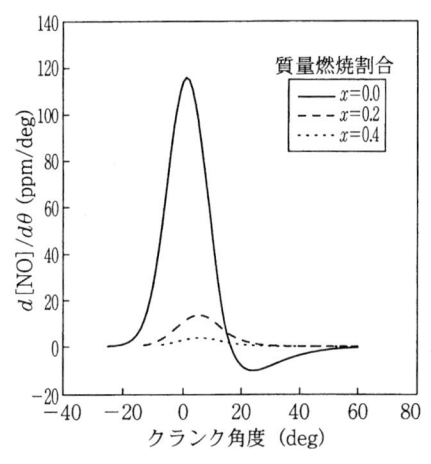

点火時期 (deg)	−25
燃焼期間 (deg)	40
排気弁開 (deg)	120
エンジン回転数 (rpm)	1250
行程体積 (m³)	3.38×10^{-4}
ボア (m)	0.084
圧縮比	8.3
クランク半径 (m)	0.03
連接棒大小端ピッチ (m)	0.1
燃料	メタン (CH_4)
空燃比 A/F	14.7
体積効率	0.36
空気温度 (K)	298
燃料温度 (K)	298
残留ガス温度 (K)	673.15
シリンダヘッド温度 (K)	418.15
シリンダ壁面温度 (K)	523.15
ピストン頂面温度 (K)	373.15

図 5.25 NO の生成速度

$$K=\frac{k_a[N_2]_e[O]_e}{(k_b[O_2]_e+k_c[OH]_e)[N]_{ss}} \qquad (5.29)$$

ただし，添字 e は平衡濃度を表す．

式 (5.28) は単位体積当たりの反応速度であるので，状態方程式を適用し，モル当たりの反応速度とする．さらに，時間 t をクランク角度 θ で表すと次式になる．

$$\frac{d[NO]}{d\theta}=\frac{1}{60n}\frac{R_oT}{P}\frac{2\{1-([NO]/[NO]_e)^2\}}{1+K[NO]/[NO]_e}k_a[N_2]_e[O]_e \qquad (5.30)$$

ただし，n はエンジン回転数 [rpm]，R_o は一般ガス定数である．

以上の方法により，NO の生成速度を求めることができる．実際の計算は簡単ではないが，表 5.2 に示す計算条件の下で得られた結果を図 5.25 に示す．質量燃焼割合が小さい方が NO の生成速度が大きく，燃焼の初期段階で NO 生成が活発に行われることが予測できる．

5.6 エンジン燃焼改善と排ガス浄化技術

5.6.1 燃焼室が備えるべき条件

燃焼室の形状は，エンジンの性能を大きく左右する極めて重要な要因であり，エンジンの出力，熱効率，排ガスの組成などの基本的な性能に影響を及ぼす．燃焼室形状に対する要求は，出力や熱効率などのどれを最優先に考えるかによって違ってくるが，基本的には以下の項目にまとめることができる．

(1) アンチノック性が高く，かつ過早着火が起きない．
　(a) コンパクト化などで高い圧縮比を確保する．
　(b) 点火プラグ位置の改善により，火炎伝ぱ距離を短くするなどして，燃焼時間の短縮を図る．
　(c) 吸気系とのマッチングでスワール，タンブルを発生させ，火炎伝ぱ速度を大きくする．
　(d) 端ガス領域に適当な冷却面積を設ける．
　(e) 室内に突起物があると過熱しやすいので，極力少なくする．
　(f) 熱伝導率の値が大きい材料を用いる．
(2) 熱効率を高める．
　(a) 圧縮比を高くとる．
　(b) 燃焼室の表面積/体積比（S/V 比）を小さくして熱損失を少なくする．
　(c) 希薄混合気で運転できるようにする．
(3) 吸入空気量を多く（体積効率を高く），比出力を高くする．
　(a) 吸・排気弁の面積を大きくする．
　(b) スムースなポート形状にして流量係数を大きくする．
　(c) 弁機構の選定で駆動系の質量を軽くし，確実な弁の開閉を行う．
　(d) 吸・排気系とのマッチングを改善する．

(4) 有害排出物の生成を少なくする．
　(a) 排気清浄化を考慮した適正な燃焼速度にする．
　(b) 消炎領域を低減する．

5.6.2 火花点火エンジンの燃焼室の種類と特徴
図5.26に火花点火エンジンの燃焼室の種類を示す．
（1） L形（L head）燃焼室
初期のエンジンでは，バルブをシリンダの側面に配置した側弁式（side valve）が，構造のシンプルさなどから広く普及していたが，以下のような欠点があるため，現在では一部の小型汎用エンジンくらいにしか使われていない．

吸・排気弁の径が小さく，吸気ポートが曲がっているので，体積効率は小さくなる．偏平な燃焼室のため，火炎が消滅しやすく，燃焼効率が低い．ノックを起こしやすいので，圧縮比を高くできない．しかし，コンパクト，部品点数が少ないので，低コストとなる．

（2） バスタブ（bath-tub）形燃焼室
燃焼室がバスタブ（浴槽）のような形状をしており，吸・排気のバルブが直立している形式（頭上弁式：overhead valve）である．多気筒になっても，すべてのバルブが同一直線上にあるため，生産性が高い．

吸・排気弁が垂直であるので，吸気ポートの曲がりが大きくなり，流れの損失が大きい．点火プラグを中央に設置することができない．しかし，スキッシュエリアの存在によりノックを抑制できる．

（3） ウェッジ（wedge）形燃焼室
頭上カム軸式（overhead camshaft）で，吸・排気弁が斜めに配置されており，吸気ポートの曲がりが小さい．燃焼室体積がプラグ付近に集中しているので，大きなスキッシュエリアを設けて強い乱れを生成し，ノックを抑制するよう配慮されている．

（4） 半球（hemisphere）形燃焼室
燃焼室が球の一部を切り取ったような形で，吸・排気ポートが燃焼室両側に振り分けられるので，吸・排気は横断流（クロスフロー）となり，特に二輪車用として適している．また，弁径を大きくとれるので，体積効率の向上が望める．プラグは燃焼室中央付近に設置できるので，火炎伝ば距離も小さい．また半球形は本質的に S/V 比が小さいので冷却損失が少なく，燃料消費率の低減にも有利である．

（5） ペントルーフ（pent-roof）形燃焼室
燃焼室が家屋の屋根のような形状をしており，弁の開口面積を大きくとれるので，高出力，高速化に適している．カムシャフトを吸・排気それぞれに1本ずつ配置した方式であるDOHC（double overhead camshaft）が採用されることが多い．また，点火プラグを燃焼室の中心に配置できるので，火炎伝ば

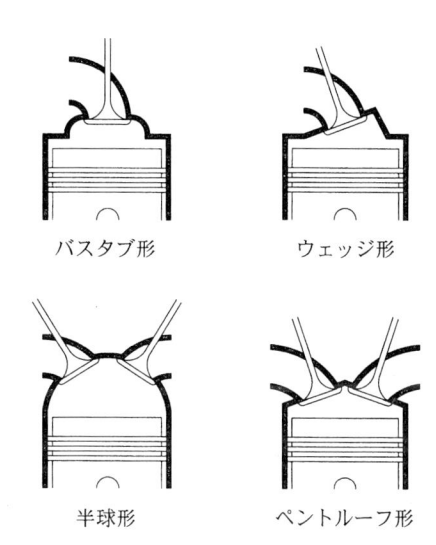

バスタブ形　　ウェッジ形

半球形　　ペントルーフ形

図5.26 火花点火エンジンの燃焼室の種類

距離も短くできる．このために，コンパクトな燃焼室となり，ノックを発生しにくく，高い圧縮比が得られる．

5.6.3　排ガス浄化技術——シリンダ内での浄化方式
主なシリンダ内での浄化方式としては，次の3つがある．

（1）　点火時期の遅延
COとHCの低減は，酸化触媒によって比較的容易に低減が可能であるが，NO_xの低減は難しい．このNO_xの低減策として，点火時期を遅らせる方法がある．点火時期の遅角によって，燃焼開始が遅れ，膨張行程中に燃焼が進行し，燃焼ガスの温度が低下する．そのため，サーマルNOの生成が抑制されるが，熱効率は低下する．

（2）　EGR（exhaust gas recirculation）
EGRは排気再循環方式と呼ばれる方法で，排気の一部を吸気系統に戻し，混合気に混入させることによって，混合気中の不活性ガスの割合を増加させ，燃焼速度を緩やかにし，燃焼温度を下げる．燃焼温度を下げることによって，サーマルNOの生成が抑制される．ただし，循環排気量を増やし過ぎると，燃焼が悪化して熱効率が低下する．燃焼の悪化に対しては，燃焼室内のガス流動を強めたり，点火エネルギーを高めるなどして，燃焼の促進が図られている．

（3）　希薄燃焼方式（lean combustion）
CO，HC，NO_xの3成分がいずれも減少する，空燃比が大きい領域を使って運転を行う．混合気が薄いと点火・燃焼が不確実になり，HCの排出量が増えてしまう．また，この方式だけでは排気規制に対応できないので，触媒を併用することになる．

5.6.4　排ガス浄化技術——後処理方式
主な後処理方式には，触媒，サーマルリアクターなどがある．現在最も普及しているのは触媒を用いる方法で，排気系統の途中に触媒を配置し，排気が通過する際に有害成分を無害に変えてしまうというものである．

触媒には，酸化触媒と三元触媒の2種類がある．どちらも，耐熱性が高く，熱膨張率の小さいセラミックス製，もしくは耐熱ステンレス合金製の，モノリス形と呼ばれる一体成形構造で，内部に細い通路が多数貫通しており，その通路の表面に触媒作用のある白金系の貴金属を薄く付着させてある．付着させる貴金属の種類によって酸化触媒と三元触媒の違いが生じ，前者は主として白金（プラチナ）やパラジウム，後者はこれにロジウムが加えられている．

（1）　酸化触媒（oxidization catalyst）
COやHCを酸化させて，CO_2やH_2Oにする．ただし，排気中に酸素を供給するために，空気ポンプなどで排気系統内に酸化用の二次空気を送り込む必要がある．また，この方法ではNO_xは低減できない．

（2） 三元触媒 (three way catalyst)

三元触媒とは1個の触媒で，COとHCの酸化，NO_xの還元を一度に行うものである．この触媒が浄化能力を発揮するには，空燃比が理論空燃比のごく近傍にあることが条件である．

理論空燃比に保つためには，電子制御による燃料噴射システムが必須となる．吸入空気量，回転数に加えて，O_2センサで検出した排ガス中の酸素濃度などをコントロールユニットにフィードバックし，燃料の噴射量を制御することで，理論空燃比付近で運転することができる．

自動車用のガソリンエンジンのほとんどに装備されている他，定置型のガスエンジンにも採用されるなど，後処理方式の主流として広く用いられている．

（3） サーマルリアクター (thermal reactor)

COやHCについては，触媒がなくても，高温の状況下で酸素が存在すれば酸化反応が進行する．サーマルリアクターは排気系統の途中に配置された燃焼器で，これによりCOとHCの酸化を行う．十分な酸化を行わせるためには，リアクター内部の温度が高く，その高温を保つための断熱構造などが必要である．さらに，排気温度の上昇にともなう熱効率の低下，二次空気の必要性，リアクター自体の耐久性などの問題点が多い．NO_xは他の方法で低減する必要がある．

演習問題

1. ボアが102 mmのエンジンを1200 rpmで運転している．点火プラグはシリンダ中心線から6 mmのところに設置されている．点火時期をTDC前20°，遅れ期間を6.5°，火炎速度を15.8 m/sとし，以下の値を求めよ．
   (1) 火炎が点火プラグから遠い方の壁面へ到達するまでの時間（主燃焼期間に相当する時間）(s)
   (2) 主燃焼期間が終了するクランク角度 (deg)
   (3) 遅れ期間に相当する時間 (s)

2. 問題1のエンジンを2000 rpmまで増速した．主燃焼期間が終了するクランク角度は変わらないものとする．ただし，遅れ期間に相当する時間はエンジン回転数によらず，燃焼速度は$0.92n$に比例するものとする．以下の値を求めよ．
   (1) 火炎速度 (m/s)
   (2) 遅れ期間 (deg)
   (3) 火炎伝ぱ時間 (s)
   (4) 主燃焼期間 (deg)
   (5) 点火時期 (deg)

3. シリンダ内の圧力が2.1 MPa (21 bar)，ガソリン・空気混合気の温度T_uが1450℃のとき，層流燃焼速度S_Lと乱流燃焼速度S_Tを求めよ．ただし，乱れ強さを3.5 m/sとする．

4. 火花点火エンジンが2100 rpmで回転している．圧縮行程におけるスワール比を4.8とすると，スワール旋回速度はいくらか．また，ピストン上部には中心軸をシリンダと同じくする直径60 mmの皿形のくぼみが取り付けられている．このくぼみの円周部における周速度を求めよ．

5. 圧縮比10.9の火花点火エンジンがある．そのクレビス体積はすきま体積の2.5%である．クレビス内の圧力は燃焼室圧力に等しく，温度はシリンダ壁面温度190℃に保たれているものとする．圧縮始めの温度，圧力は65℃，98 kPaであった．圧縮後にクレビス内に充てんされる質量は吸入混合気質量の何%になるか．オットサイクルを適用して，比熱比を1.4として計算せよ．

[解答]

1. (1) 0.0036 s (2) TDC後 12.5° (3) 0.00903 s
2. (1) 24.23 m/s (2) 10.8° (3) 0.00235 s (4) 28.2° (5) TDC前 26.5°
3. $S_L = 17.5$ m/s, $S_T = 18.8$ m/s
4. 168 rev/s, 31.7 m/s
5. 4.75%

文　献

1) Blumberg, P., Kummer, J. T.: Combustion Science and Technology, 1 (1970) 73.
2) 日本機械学会編：燃焼のレーザ計測とモデリング，日本機械学会，1987.
3) 雑賀高，是松孝治，我部正志，高橋三餘：日本機械学会論文集（B編）53巻，492号，1987.
4) 是松孝治，湯尾慶一：日本機械学会論文集（B編）55巻，519号，1989.
5) 是松孝治：日本機械学会論文集（B編）55巻，517号，1989.

第6章　ディーゼルエンジンの燃焼

6.1　指圧線図の解析

エンジン燃焼を改善して性能向上を図るためには，シリンダ内の圧力経過を知る必要がある．そこで，ガス圧力を測定するためのセンサ（これをインジケータ：indicator という）をシリンダヘッドに取りつけ，シリンダ内圧力の時間的変化を計測し，評価することが行われる．こうして得られた圧力－時間線図のことを指圧線図，またはインジケータ線図といい，通常，圧力 P とクランク角 θ の関係で表す．

燃焼による圧力上昇はエンジンの回転角（クランク角）に対する熱の発生割合によって定まるから，指圧線図をもとに熱発生率を算出し，これを検討・評価することによってエンジン燃焼過程に対する理解を，より深めることができる．

いま，シリンダ内ガスに対して熱力学第一法則を適用すると，

$$\frac{dQ}{d\theta} = \frac{dU}{d\theta} + P\frac{dV}{d\theta} = mc_v\frac{dT}{d\theta} + P\frac{dV}{d\theta} \quad (6.1)$$

ここで，

Q：発生熱量，U：内部エネルギー，P：ガス圧力，V：ガス体積，m：ガス質量，c_v：定容比熱，T：ガス温度，θ：クランク角度，である．理想気体の状態式において，ガス定数 R を一定と仮定すると，

$$PdV + VdP = mRdT$$

$$\frac{dP}{P} + \frac{dV}{V} = \frac{dT}{T} \quad (6.2)$$

式 (6.2) を式 (6.1) に適用すると，

$$\frac{dQ}{d\theta} = \frac{c_v}{R}V\frac{dP}{d\theta} + \left(1 + \frac{c_v}{R}\right)P\frac{dV}{d\theta}$$

$$\frac{dQ}{d\theta} = \frac{1}{\kappa-1}V\frac{dP}{d\theta} + \frac{\kappa}{\kappa-1}P\frac{dV}{d\theta} \quad (6.3)$$

ここで，κ：ガスの比熱比

$(dQ/d\theta)$ は熱発生率（rate of heat release）であり，クランク角 θ に対する熱の発生割合を表す．したがって，クランク角 θ とガス圧力 P を測定することによって式 (6.3) から熱発生率 $(dQ/d\theta)$ が算出でき，シリンダ内の燃焼状態を推測することができる．図 6.1 に，直接噴射式ディーゼルエンジンにおける指圧線図（P-θ 線図），およびこれより算出された熱発生率の

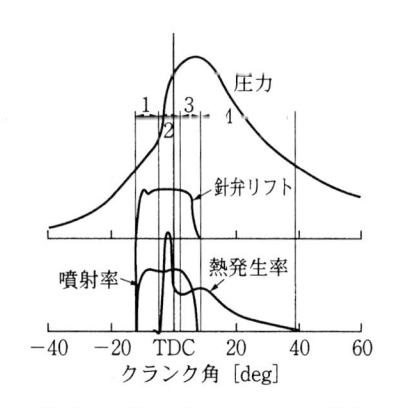

図 6.1　ディーゼルエンジンの指圧線図，噴射率，熱発生率[1]

代表的な例を示す．図6.1に示すように，直接噴射式ディーゼルエンジンの燃焼過程は，一般に，次の4つの段階から構成される．

1. 着火遅れ（発火遅れ）期間
2. 予混合燃焼（無制御燃焼）期間
3. 拡散燃焼（制御燃焼）期間
4. 後燃え期間

（1）着火遅れ期間

高温・高圧のシリンダ内に噴射された燃料は，蒸発して空気と混合し，可燃混合気を形成する．着火遅れ（ignition delay）は，燃料の噴射開始から可燃混合気が自発点火するまでの期間に相当するものであり，これをより詳細に見ていくと物理的遅れと化学的遅れとに分けて考えることができる．前者は，可燃混合気が準備されて，それが自発火温度に達するまでの遅れであり，後者は自発火温度に達してから前炎酸化反応などが進行して実際に火炎が発生するまでの遅れとして定義される．しかし，実際には互いに重複する期間もあり，明確に区別することは難しい．

（2）予混合燃焼期間

着火遅れ期間中に準備された可燃混合気が，ひとたびどこかで自発点火すると（自己着火は空間的にも時間的にも確率的な現象であって，多数点で同時に着火する場合が多いと考えられている），その火炎が直ちに予混合気内を急速に伝ぱする形態で燃焼が進行する．この期間は燃料噴射率による制御が困難であり，無制御燃焼期間とも呼ばれている．一般的には，着火遅れが長くなるほど予混合燃焼量が増大するために，熱発生率のピーク値（最大熱発生率）は増大する．機関性能や排出物特性との関連では，機械損失や冷却損失に影響を及ぼすとともに，窒素酸化物生成量（NO_x）にも関係する．

（3）拡散燃焼期間

予混合燃焼が終了すると，噴射された燃料要素は順次，蒸発・拡散・混合の各過程を経てから燃焼する，いわゆる拡散燃焼の形態をとりながら燃焼が進行する．この期間は噴射燃料量の時間的割合，すなわち，燃料噴射率によって熱発生率をコントロールすることが可能であり，制御燃焼期間とも呼ばれている．エンジンの熱効率を良くするためには，速やかな混合気形成を図り，拡散燃焼を活性化する必要がある．この期間はディーゼルエンジンにおける熱発生過程の主要部をなしており，微粒子生成特性にも影響を及ぼす．

（4）後燃え期間

燃料が密集した噴霧中心部などでは，燃料噴射終了後においても蒸発・拡散，および空気との混合が継続している．しかし，この段階では膨張行程が進む一方で，主要な熱発生は終了しており，したがって，シリンダ内の圧力，温度レベルは低下し，燃焼は緩慢となる．この期間が長くなると，排気温度は高くな

り，有効仕事量が減じて効率低下をもたらす要因となるから，極力，これを避けるような配慮が必要である．

以上，直接噴射式ディーゼルエンジンの燃焼を特徴づける4つの過程について述べた．しかしながら，これら4つの過程は程度の差があるとしても，副室式エンジンにおいても基本的にあてはまるものであり，ディーゼル燃焼の一般的な特性を表すものと言える．

6.2 ディーゼルエンジンの燃焼と燃焼室

ディーゼルエンジンは，燃焼室形式によって2つのタイプに分類される．すなわち，直接噴射式（direct injection type）；DIエンジンと副室式；IDI（indirect injection type）エンジンである．直接噴射式エンジンは，ピストン頂部に設けられた単一の燃焼室内に向けて，直接，燃料が噴射される形式のものであって，エンジンの大きさによって，併用される空気流動（シリンダ軸周りの旋回流；スワール）の強さが異なる．一般的には，高速・小形のエンジンになるほど速やかな混合気形成が要求されるために，空気流動を強化する必要がある．一方の，副室式エンジンは燃焼室が主燃焼室と副燃焼室の2つに分割されており，燃料は副室内に噴射される．両室は狭い連絡通路でつながっていて，副室内の燃焼で生じたガス圧力の上昇によって，火炎および燃料蒸気は高速で主燃焼室内に噴出する．このときの強いガス流動（燃焼渦流）により燃焼が促進し，空気利用率の向上が図られる．このように，両者の混合気形成過程は大き

表 6.1　ディーゼルエンジンの分類

	直接噴射式			副室式	
				渦流室式	予燃焼室式
空気流動の強さ	なし～弱い	中くらい	強い	非常に強い	非常に強い
混合気形成	噴射エネルギー	吸入スワール	吸入スワール	押込み渦流 燃焼渦流	押込み渦流 燃焼渦流
大きさ	大～中形	中～小形	小形	小形	小形
サイクル	2/4ストローク	4ストローク	4ストローク	4ストローク	4ストローク
最高回転速度 rpm	60～1000	1200～3000	2500～4400	3600～4800	4500
シリンダ径 mm	900～150	150～100	100～80	95～70	95～70
圧縮比	12～15	15～16	16～22	20～24	22～24
燃焼室	浅皿形	浅皿～深皿形	深皿形	渦流室	予燃焼室
ノズル噴孔数	多噴孔	多噴孔	多噴孔	単噴孔	単噴孔
燃料噴射圧力	高い	高い	高い	低い	低い
用途	船舶 発電用	トラック 機関車	乗用車 小形産業用	乗用車 小形産業用	小形産業用

く異なり，その特性をまとめると，表6.1のようである[2]．

なお，図6.2には，エンジン種別ごとの回転数，燃料消費率（熱効率），およびエンジン比重量の分布範囲を，エンジン出力に対

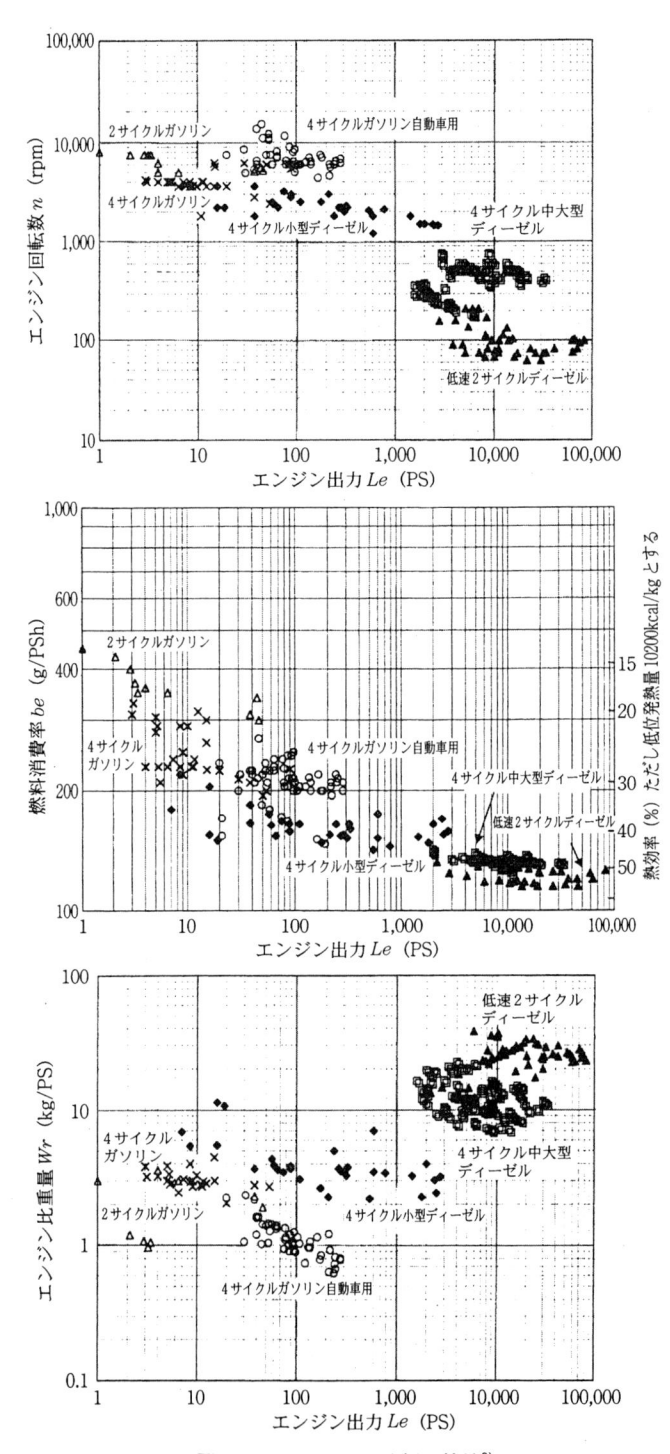

図 6.2 エンジンの分類と特性[3]

してそれぞれ示す．ガソリンエンジンを含む各カテゴリーのエンジンに対して，出力をカバーする範囲が定まっており，用途に応じた棲み分けがなされていることが理解できよう．これより，ディーゼルエンジンは数 kW の小出力から数万 kW の大出力に至るまでの広い範囲に対応しうること，また，出力が大きいエンジンほど低回転数で熱効率が高くなる一方，エンジン比重量は増大すること，などがわかる．

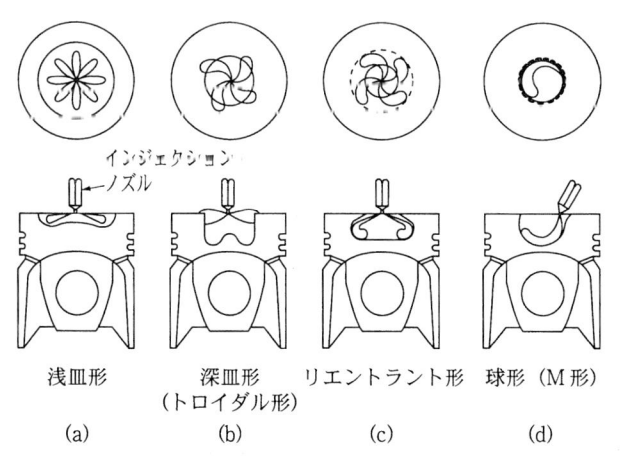

6.2.1 直接噴射式エンジン

直接噴射式エンジンは絞り損失がないことから，副室式エンジンに比べ熱効率が高く，始動性もよい．このため，従来から中・大形のエンジンを中心に広範な分野において使用されてきた．近年においては，乗用車や小形産業用の分野においてもその使用が拡大してきている．とりわけ西欧では，米国や日本とは事情が大きく異なり，乗用車に占めるディーゼルエンジンの割合が年々高まっていて（2003 年時点で，販売された新車の約 44% がディーゼル車），新開発エンジンのすべてに直接噴射式エンジンが採用されている．これは，地球温暖化抑制のための CO_2 排出量低減，ならびに省資源化に対する要求が強くなってきていることに加えて，自動車用直接噴射式ディーゼルエンジンの技術開発が近年，飛躍的に進歩したためである．

図 6.3 に，直接噴射式エンジンの代表的な燃焼室形状を示す．この方式は，シリンダヘッド（シリンダカバー）とピストン頂部との間の空間に単室の燃焼室が形成されるものであって，シリンダ径が大きくなるほどシリンダ径に対する燃焼室深さの比率は小さくなり，浅い燃焼室が使われる．(a) は，中形・中速エンジン（シリンダ径 200〜500 mm，回転数 700〜300 rpm）に用いられる浅皿形燃焼室の例である．中・大形の中低速エンジンでは，燃料噴射から混合気形成までの時間，ならびにそれに引き続く燃焼時間は十分に長いので，空気流動を積極的に与えなくても噴霧の持つ運動エネルギーによって混合気形成を図る

(a)	(b)	(c)	(d)
浅皿形	深皿形（トロイダル形）	リエントラント形	球形（M 形）

図 6.3 直接噴射式エンジンの燃焼室形状[4]

ことができる．このため，多噴孔ノズル（噴孔数；6〜10個）を中央部に配置し，噴射圧力を高く設定して噴霧の微粒化を促進しながら，放射状に燃料噴射を行って燃料をシリンダ全域に均等に分散させ，周囲空気との混合を図る．

一方，小形高速エンジンの場合では，燃料性状の影響を受けやすく，混合気形成にも敏感である．このため，燃焼室内に適当な強さのガス流動を与え，その助けを借りて混合気形成および燃焼促進を図る必要がある．(c)は，小形エンジンの燃焼改善を目的として，近年開発されたリエントラント形燃焼室の例である．この燃焼室では，入口部にスキッシュリップと呼ばれる棚部を設けることによって，スワールとスキッシュ（シリンダ軸方向の押込み流れ）による強い乱れを生成する．ピストンキャビティ内に噴射された燃料噴霧はスキッシュリップのせき止め効果によってキャビティ内に封じ込められ，その結果，燃焼室内で良好な燃焼が行われる．

(d)は，M. A. N.社によって1950年代に開発されたM-式燃焼室の例である．この方式は，多種燃料適性に優れ静粛低吐煙燃焼を実現したが，低温始動性などに問題が残り，現在は使用されていない．図に示すように，球形の燃焼室に強いスワールを与えておき，単孔または2噴孔のノズルから燃焼室壁面に沿う方向に燃料を噴射する．大部分の燃料は壁面に衝突して薄いフィルム（液膜）を形成するが，燃焼室空間に存在する微細な燃料粒子はすぐに気化し，可燃混合気を形成して自己着火にいたる．この場合には，着火遅れ期間中に蒸発する燃料量は通常燃焼法よりも少なく，その結果，予混合燃焼が抑制されてディーゼルノックのない静粛な燃焼が実現できる．また，燃焼室壁面からの熱伝導と火炎からの輻射熱を受けて加熱・気化した燃料蒸気は，順次強いスワールによって空気と混合するので，燃料の過剰な熱分解反応は起こらず，すすの生成が抑えられる．

図6.3(b)〜(d)は，いずれも小形高速エンジン用の高スワール形燃焼室である．スワールは，吸気ポートをシリンダに対して接線方向に配置する（接線ポート），あるいはバルブステム付近でポートにねじれ部を作る（ヘリカルポート）などによって形成される．一般に，ヘリカルポートの方が接線ポートよりも吸入抵抗が小さく（流量係数が大きい），強いスワールが確保できるので多用されている．なお，ガス流動の強さは，エンジン回転数nに対するスワール回転数n_sの比 (n_s/n) で評価され，これをスワール比という．(b)，(c)の例ではスワール比は2.0〜2.5程度に設定されるが，(d)の蒸発形燃焼方式では3.0以上の高い値が使用される．

6.2.2 副室式エンジン

図6.4は，副室式エンジンの代表的な燃焼室形式を示したもので，(a)は予燃焼室式，(b)は渦流室式である．いずれも，燃焼室はシリンダヘッドに設けられた副室とピストン上部に形

成される主室(主燃焼室)の2つに分けられている．両室は，断面積が小さな連絡孔でつながれており，燃料は副室内に噴射される．圧縮行程では，主室からのガス流入による強いガス流動(押込み渦流)が生成するため，直接噴射式のような吸入スワールを必要としない．また，副室内における着火，燃焼によって生じたガスの圧力上昇により，火炎および燃料蒸気は高速で主室内に噴出する．このときのガス噴流（燃焼渦流）は強い乱れを生成し，これによって燃焼が促進される．副室式エンジンは使用回転数範囲が広いことから，乗用車用エンジンなどに用いられてきており，燃焼騒音も低いという特長がある．しかしながら，連絡孔をガスが流動することによる絞り損失があること，燃焼室の表面積が大きく冷却損失も大きいことから直接噴射式に比べると熱効率は低い．また，冷始動性が悪く，予熱のためのグロープラグを必要とする．

（1） 予燃焼室式

連絡孔の面積はピストン面積の0.5%程度であり，副室（予燃焼室）の容積は全すきま容積の30〜40%程度を占める．予燃焼室式では圧縮比が高いにもかかわらず，ガスが連絡孔で冷却されることから，着火遅れは直接噴射式よりも長くなる．しかし，スロットルノズルを使用することにより着火遅れ期間中の燃料噴射量を制限できるので，予混合燃焼量が少なく，騒音を低く抑えることが可能である．予燃焼室内では空気不足のために燃焼は完結せず，中間生成物や燃料蒸気を含む不完全燃焼ガスが主室に噴出する．このとき生成する強い乱れによって主室の空気との混合が促進し，最終的に高い空気利用率が得られる．

（2） 渦流室式

予燃焼室式に比べると連絡孔面積は大きく，ピストン面積の1〜2%程度であり，副室（渦流室）容積も全すきま容積の60%程度と大きくなっている．圧縮行程において，ガスが球形または吊鐘形の副室に対して接線方向に流入するように連絡孔を設け，これにより副室内に強い渦流を起こさせる．ピントル系ノズルを用い，渦流の順方向に向けた燃料噴射が一般に行われる．渦流室内で着火し燃焼するが，予燃焼室式と同様，空気不足のために燃焼は完結せず，ピストンの下降に伴い不完全燃焼ガスが主室に向かって噴出する．この形式は高速回転が可能であり，乗用車用エンジンとして用いられている．

6.3 着火遅れとディーゼルノック

6.1節で述べたように，ディーゼルエンジンの燃焼過程は，4つの区別しうる期間を持って進行する．ここで，着火遅れ（発火遅れ）が過度に長くなると，ディーゼルノック(diesel knock)と呼ばれる現象が発生する．ディーゼルノックは着火遅れが大きいために，その間に噴射された燃料の混合気形成が進み，その結果，自発点火時の燃焼が衝撃的となり，圧力上昇率が過度

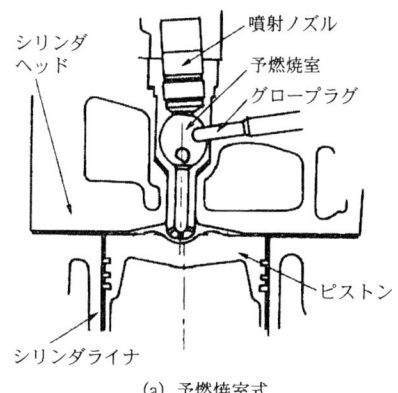

(a) 予燃焼室式

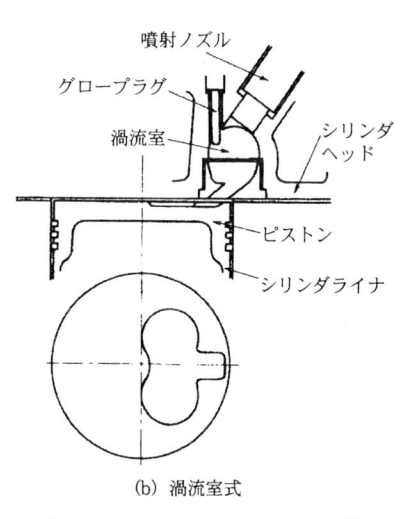

(b) 渦流室式

図 6.4 副室式エンジンの燃焼室[5]

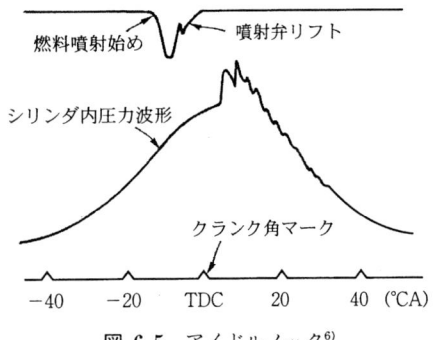

図 6.5 アイドルノック[6]
（ガソリン）

に高くなって発生するものである．したがって，着火遅れが長くなるような運転条件，すなわち，始動時やアイドリング状態では，吸気系や燃焼室壁，あるいは冷却水や潤滑油の温度が低く，ディーゼルノックを起こしやすい．特に，アイドリング時に発生するノックをアイドルノック（idle-knock）といい，カンカンというような周波数の高いノッキング音を発生する．図6.5は，着火遅れの大きいガソリンを用いてアイドリング運転を行ったときの，アイドルノックを起こしているインジケータ線図の例を示したものである．

ディーゼルエンジンの場合はガソリンエンジンとは異なり，正常燃焼とノッキング燃焼との間に判然とした区別をつけることができない．ディーゼルエンジンでは，むしろ適度の着火遅れがあり，圧力上昇率の高い燃焼を行わせることで，燃焼を促進させ燃焼期間を短縮して，出力や熱効率を高めることができる．しかし，着火遅れが長くなりすぎると明らかにノック発生の原因となるので，これを防止する必要がある．着火遅れを短縮し，衝撃的な圧力上昇を防ぐためには，次の方策が有効である．

1. 着火性の良い燃料を使用する
2. 着火性を高めるための着火促進剤を燃料に添加する
3. 燃料噴射時期が早すぎたり，遅すぎたりしないように，適当な時期に制御する
4. 主噴射に先立ち，少量の燃料を早い時期に噴射する（パイロット噴射）
5. 吸入や圧縮時のガスに流動を与えて，燃料と空気との混合および蒸発をよくする
6. 噴霧の微粒化を十分に行い，蒸発や空気との混合をよくする

ガソリンエンジンもディーゼルエンジンも，ある量の未燃混合気が自発点火し，衝撃的な燃焼をすることによってノックが発生することから，本質的な発生原因は同じであるといえる．しかし，ガソリンエンジンでは自己着火を防止し，ディーゼルエンジンでは自己着火を促進させることによってノックを防止することができるため，両者のノック対策はまったく反対になる．ただし，適当な乱れや渦流が有効である点は，共通している．表6.2にノック対策法をまとめて示す[6]．

表 6.2 ノック防止要件

	燃料の着火点	燃料の着火遅れ	圧縮比	吸気温度	シリンダ壁温度	吸気圧力	回転速度
ガソリンエンジン	↗	↗	↘	↘	↘	↘	↗
ディーゼルエンジン	↘	↘	↗	↗	↗	↗	↘

6.3.1 セタン価

前述のように、燃料の着火性を改善することがディーゼルノック防止に対して有効であり、この自己着火性を表す定量的な尺度としてセタン価（cetane number）がある。セタン価は、着火性のよい n-セタン（セタン価100）と着火性の悪いヘプタメチルノナン（セタン価15）の混合物を標準燃料とし*、可変圧縮比式のCFRエンジンを用いて定められる。すなわち、被測定燃料によりCFRエンジンを運転し、上死点前一定の時期に燃料を噴射して、上死点で自発火するときの圧縮比を求める。次に、標準燃料の混合割合を変えながら同一条件で運転を行い、被測定燃料の場合と同じ自発火が生ずるときの標準燃料の比率を求め、次式で算出する。

$$セタン価 = セタン(\%) + 0.15 ヘプタメチルノナン(\%) \tag{6.4}$$

一方、エンジン試験を行わずに、燃料の蒸留留出温度と密度とから、計算や図表によってセタン価を推定・評価しうる簡便な方法がある。この値はセタン指数（cetane index）と呼ばれ、セタン価の代用として広く利用されている。わが国の軽油規格（JIS K 2204）では、2号軽油に対してセタン指数を45以上とするように定めているが、実際の市販品では50～60程度となっている。燃料の着火性をよくしてセタン価を高めるものに着火促進剤がある。着火促進剤には、ヘキシルナイトレート、アミルナイトレートなどがあり、例えば軽油に対して1.5%のヘキシルナイトレートを添加すると、セタン価は8～15程度増加する[6]。

図6.6には、燃料中のセタン混合割合（セタン価）が着火遅れに及ぼす影響を示す。セタン価が50から30に低下すると着火遅れは著しく増加することがわかる。なお、セタン価とオクタン価とは正反対の関係にあり、両者の間にはほぼ次の関係が成立するとされている[7]。

$$オクタン価 = 120 - 2 \times セタン価 \tag{6.5}$$

6.3.2 着火遅れ

本項では、燃料以外の因子が着火性（着火遅れ）に及ぼす影響について述べる。着火は化学反応であるから、雰囲気のガス温度、圧力、そして酸素濃度が着火遅れに影響する。なかでも、温度の影響は大きく、図6.7にその一例を示す。すなわち、図6.7は、燃料噴射時期およびエンジンの冷却水温度が着火遅れに及ぼす影響を調べたものである。図から明らかなように、圧縮ガス温度が高くなる上死点付近で噴射した場合に着火遅れはもっとも短くなる。また、冷却水の温度はシリンダやシリンダヘッドの温度に関係し、したがって、圧縮空気温度に影響する

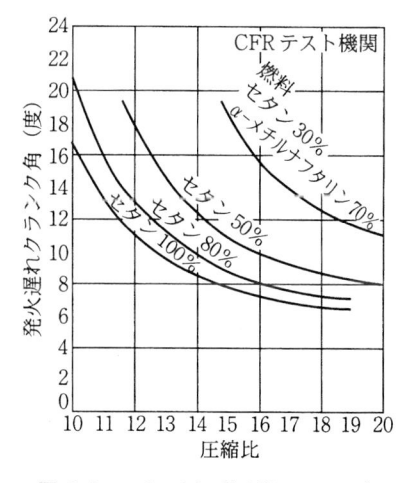

図6.6 セタン価が着火遅れに及ぼす影響[8]

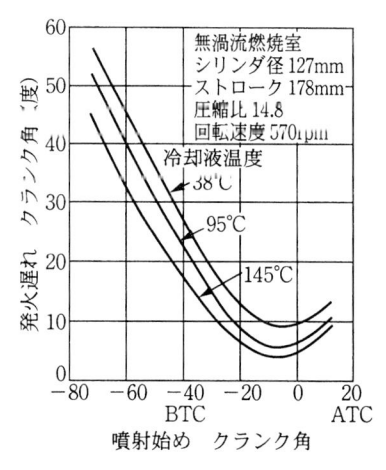

図6.7 噴射時期および冷却水温度が着火遅れに及ぼす影響[8]

---

* ヘプタメチルノナンの代わりに、α-メチルナフタリン（セタン価0）を用いる場合もある。

表 6.3 着火遅れの実験式の一例[11]

実験条件				実験で求めた定数			
燃料	初期温度 K	酸素濃度	初期圧力 MPa	A	m	c	B
軽油	673～973	0.5～1.0	0.10～3.04	1.59×10^{-3}	-1.23	-1.60	7280
重油 (JIS 1種)	710～806	0.71～1.0	0.98～3.92	1.17×10^{-2}	-1.06	-1.90	5130
			3.92～7.16	2.97×10^{-3}	$≒0$		

ことから，水温が低い時には着火遅れは長くなる．

ディーゼル噴霧の着火遅れについては，多くの研究が行われているが，実験手法で分類すると次の3つがある．
1. 実際のディーゼルエンジン
2. 雰囲気ガスの流動を伴う急速圧縮装置
3. 静止雰囲気状態の定容燃焼器

一方，着火遅れの測定法および定義に関しては，①火炎発生遅れ，②圧力上昇遅れ，の2つがよく用いられる．いずれも噴射開始時期を基準とするが，前者は高速度写真撮影法あるいはフォトセンサを使用して，火炎が発生するまでの遅れ時間を測定するものであり，後者は燃焼による圧力上昇開始までの時間遅れで定義する．着火遅れの実験式は，通常，アレニウス表示による次式で表される．

$$\tau = AP^m\phi^c\exp(B/T) \qquad (6.6)$$

ここで，τ：着火遅れ（ms）
P：雰囲気の初期圧力（MPa）
T：雰囲気の初期温度（K）
ϕ：雰囲気の酸素濃度 $[=P_{O_2}/(0.21P)]$

なお，A, m, c, B は実験方法や使用燃料の種類によって異なる定数であり，酸素濃度 ϕ は空気を充てんガスとする場合は1となる．表 6.3 に，軽油を燃料とした居倉ら[9]，および重油燃料を用いた藤本ら[10]の実験式を示す．これらは，いずれも定容燃焼器を用い，火炎発生遅れとして判定されたものである．

[例題 6.1] 圧縮比 15 のディーゼルエンジンの着火遅れを概算してみよう．圧縮開始時（BDC：下死点）のガス圧力，ガス温度は 0.101 MPa, 60℃ の状態であり，燃料噴射開始から着火するまでの圧力・温度を，簡単のために圧縮上死点（TDC）の状態値で代表するものとする．この場合の着火遅れを藤本らの式を用いて算出しなさい．また，エンジンが 1200 rpm で回転しているとき，算出された着火遅れをクランク角 θ で表すとどうなるか．ただし，充てんガスは標準酸素濃度の空気であり，圧縮行程は比熱比 $\kappa=1.35$ のポリトロープ変化にしたがうものとする．

[解答] ポリトロープ変化の式を用いて上死点の圧力 P，温度 T を求め，式 (6.6) より着火遅れ τ を算出する．圧縮開始時（BDC）のガス圧力，ガス温度を P_o, T_o とすると，

$$P = \varepsilon^\kappa P_o = 15^{1.35} \times 0.101 = 3.70 \text{ (MPa)}$$

$$T = \varepsilon^{\kappa-1} T_o = 15^{1.35-1} \times (273+60) = 813 \text{ (K)}$$
$$\tau = AP^m \phi^c \exp(B/T) = 1.17 \times 10^{-2} P^{-1.06} e^{\frac{5130}{T}}$$
$$= 1.17 \times 10^{-2} \times 3.70^{-1.06} e^{\frac{5130}{813}} = 1.61 \text{ (ms)}$$
$$\theta = \frac{1200}{60} \times 360 \times 10^{-3} \tau = 7.2 \times 1.61 = 11.6 \text{ (deg. C. A.)}$$

答 1.6 ms, 12°C. A.

6.4 排ガスとその発生機構

ディーゼルエンジンではシリンダ内に吸入した空気を圧縮して，高温・高圧状態になったところへ燃料を噴射する．噴霧油滴は微粒化し，蒸発，拡散，空気との混合過程をへて自己着火し，燃焼する．燃焼形態としては拡散燃焼が主体であり，シリンダ内ガスの空燃比は時間的，空間的にきわめて不均一である．その結果，有害排出物の生成特性もガソリンエンジンとは異なったものとなる．すなわち，シリンダ内全体としては常に希薄混合気の状態（空燃比で20～80程度）で運転されることから，COの排出はほとんど問題とならない．また，燃焼室壁面付近の消炎層内の多くは空気であり，HCの排出量も少ない．しかしながら，窒素酸化物NO_xに関しては，燃焼領域の局所空燃比が理論空燃比に近いことから，NO生成量はガソリンエンジンと同様に多い．さらに，煙（微粒子，パティキュレート，PM：particulate matter）を多量に排出するという問題がある．微粒子はジクロロメタンなどの有機溶剤に溶解する可溶有機成分（SOF：soluble organic fraction），および不可溶分に区別される．SOFは，燃料や潤滑油から生成した高沸点の炭化水素であり，多環芳香族の発ガン物質を含むことが問題となっている．不可溶分としては炭素を主体とするドライスート（すす，黒煙），および燃料中の硫黄が酸化して水と結合し，硫酸ミスト状になったサルフェートとがある．

このほか，燃料中の硫黄含有量が高い場合には硫黄酸化物SO_xの生成が問題となる．SO_xは燃料中の硫黄分に比例して生成するが，燃焼段階での低減が不可能であり，低硫黄燃料の使用，あるいは排気ガス浄化装置（脱硫装置など）に頼らざるをえない．

6.4.1 NO_xの生成機構

ディーゼルエンジンから発生するNO_xも，ガソリンエンジンと同様，燃焼温度に支配されるサーマルNOが主体である．なお，窒素を含む燃料を使用する場合にはフューエルNOの生成も考えられるが，通常は問題にならないレベルである．サーマルNOを抑制するためには，5.5節で述べたように，燃焼ガス温度低下，および燃焼域の酸素濃度低減が有効であり，これをもとにエンジン燃焼段階での低減対策が講じられる．

6.4.2 すすの生成機構

微粒子を構成するすす（黒煙）は，炭化水素燃料の不完全燃焼によって生成するものであり，組成的には炭素を主成分とする炭化水素化合物である．すすの生成機構は複雑で不明な点も多いが，次のような説明がなされている．すなわち，炭化水素燃料は，酸素の不足した状態で高温度にさらされると，容易に熱分解してメタンやエチレンなどの低分子炭化水素を生成する．これらの熱分解生成物が脱水素反応を起こしながら，すすの核（すす前駆物質）が生成され，これらが再び熱分解，重合などを繰り返しながら凝集，合体してすすとして排出される．なお，燃焼過程で生成したすすは，十分な温度条件のもとで酸素が供給されれば，容易に酸化（再燃焼）する．したがって，生成した量と再燃焼した量の差がエンジンの外へ排出されることとなる．

以上の排ガス生成機構から明らかなように，ディーゼルエンジンの有害排出物である NO_x と微粒子は，二律背反（トレードオフ）の生成要因を持つ．すなわち，すすの再燃焼を促進するような条件では NO が生成しやすく，反対に NO を抑制するために燃焼温度や酸素濃度を低下すると，すすの再燃焼が妨げられる．したがって，エンジンの燃焼過程で両者を大幅に低減することは非常に困難な課題である．

6.5 排ガス浄化技術

NO_x，および微粒子を低減するための技術開発として，次の3つの視点からのアプローチが進められてきている．
① エンジン燃焼の改善
② 燃料性状の改良
③ 排気後処理技術の開発

表6.4には，これら排気ガス対策の考え方と低減技術をまとめて示す．本節では，①および②を取り上げてその概要を説明することとし，③は次節において概説する．

6.5.1 エンジン燃焼の改善
（I）燃料噴射の制御

燃料の噴射時期を上死点（TDC）まで，あるいは上死点よりもさらに遅延させていくと，ピストンが下降して燃焼室内ガス体積の増大したところで主要な熱発生が行われるようになり，燃焼ガス温度が低下して NO_x は低減する．しかし，過度に遅延させると微粒子や燃費（熱効率）の悪化が著しくなるため，噴射時期は適正な範囲内に保つ必要がある．一方，初期噴射率を低下させると，着火遅れ期間中の可燃混合気形成量が低減するため予混合燃焼が抑制され，その結果，燃焼温度が低下して NO_x が低減する．通常噴射を行う前に，あらかじめ少量の燃料を噴射する，いわゆるパイロット噴射を行う場合も同様である．

第6章 ディーゼルエンジンの燃焼

表 6.4 NO_x および PM（微粒子）低減の考え方と低減技術

NO_x 低減	燃焼改善	燃焼温度低下	噴射時期遅延 熱発生率制御	・噴射時期遅延 ・初期噴射率低下 ・パイロット噴射
			吸気冷却	・インタークーラー
			不活性物質添加	・排気再循環（EGR） ・水噴射
	燃料性状	酵素濃度低下 燃焼温度低下	不活性物質添加 予混合燃焼抑制 不活性物質添加	・排気再循環（EGR） ・高セタン価燃料 ・水エマルジョン燃料
	排気後処理	化学的処理 電気化学的処理	触媒	・還元触媒 ・プラズマ処理
PM 低減	燃焼改善	生成抑制/酸化促進	充てん効率向上	・過給 ・吸気系改良 ・多弁化
			混合促進	・高圧噴射 ・スワール制御 ・高乱流燃焼室 ・小噴孔ノズル
	燃料性状	スート低減	燃料組成の変更 蒸発・微粒化促進 燃料種変更	・低芳香族化 ・軽質化（粘度，蒸留特性） ・含酸素燃料
		SOF 低減	未燃分低減 燃料組成の変更	・高セタン価燃料 ・軽質化 ・多環芳香族削減
	排気後処理	捕集，酸化/焼却	（酸化触媒）	・DPF（diesel particulate filter）

　燃料噴射時の圧力を高くすると燃料の微粒化が改善され，噴霧内への空気導入が促進して，微粒子排出量が低減する．1990年頃に実施された組織的な研究[12]によって，高圧噴射の燃焼改善効果が解明されて以来，着実に噴射圧の高圧化が進行している．最近では，電子制御が可能なコモンレール高圧噴射方式（噴射圧：140 MPa 以上）が実用化されたことを受けて，その高い自由度を駆使した噴射時期，噴射量，噴射圧などの制御が，エンジン性能や排出物特性の改善に対して大きな貢献をなしている．噴射圧のより一層の高圧化や緻密でフレキシブルな多段噴射の実現など，高性能化のためのさらなる技術開発も検討されている．なお，高圧噴射は微粒子を大幅に低減するが，一方では混合気形成が促進されるため燃焼が活発になり，そのままでは NO_x が増加する．

（2）過給および吸気冷却

　大気圧よりも高い圧力でシリンダ内に空気を強制的に送りこむこと，すなわち，過給を行うことによって NO_x と微粒子のトレードオフの関係を改善することができる．これは，NO_x 低減対策で悪化したエンジン燃焼が，過給による吸入空気量の増大によって改善されるためである．図 6.8 はこの効果を説明する一例であって，この技術は，現在，多くのディーゼルエンジン

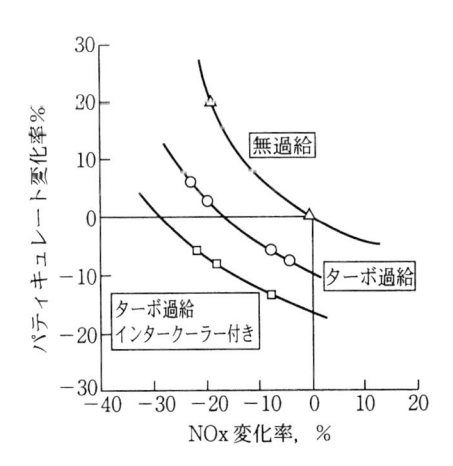

図 6.8 過給および給気冷却が NO_x と PM に及ぼす影響[13]

の排出ガス対策の基本として採用されている．さらに，インタークーラー付き過給機で給気を冷却することにより，空気密度が増加するとともに燃焼温度が低下して，NO_x と微粒子のトレードオフはさらに改善される．

（3） EGR の適用

EGR（排気再循環：exhaust gas recirculation）は，ガソリンエンジンの NO_x 低減対策として周知の技術であるが，近年，自動車用ディーゼルエンジンにも広く採用されてきている．EGR は，高圧噴射によって増大する NO_x を低減するための基本技術として用いられる．ガソリンエンジンにおける EGR は，シリンダ内ガスの熱容量が増加することにより燃焼温度が低下し，その結果 NOx が低減するものとして説明がなされている．これに対して，ディーゼルエンジンでは燃焼温度低下のほかに，酸素濃度が低減する効果も同程度に寄与している[14]ことが指摘されている．なお，EGR を行う際，排気をそのまま還流させるアンクールド EGR と排気を冷却してからシリンダ内に導入するクールド EGR とがある．後者では，新気の吸入量を確保しながら EGR 率を高めることができるため，採用例が増えてきている．

一方，EGR を行った場合には，軽油中に含まれる硫黄分がエンジンの耐久性や信頼性に悪影響を及ぼす．すなわち，① エンジンオイルの劣化促進，② シリンダライナ，ピストンリングの摩耗促進，③ カム，タペットなどの動弁系部品の摩耗増加，などである．このような EGR による摩耗増大に対しては，次の3段階から成る機構が考えられている．① 燃料中の硫黄が酸化し，排ガス中に SO_2 を生成する．② 生成した SO_2 が潤滑油膜に溶解する．③ 油膜に溶解した SO_2 がサルフェート（H_2SO_4，$BaSO_4$，$CaSO_4$ など）を生成し，これが腐食摩耗やアブレシブ摩耗を発生させる．

上記機構を検証するために，潤滑油膜への硫黄酸化物溶解量を算出する計算モデル[15]が研究され，提案されている．さらに，吸気に SO_2 を積極的に添加する実験[16]も行われており，上述の摩耗増大機構を理論的，実験的に裏づける結果が得られている．

（4） 燃焼室形状，空気流動，噴射システム等の最適化

燃焼室形状，空気流動やスワールの強さ，噴射ノズルの噴孔数×噴孔径，噴射圧力などの各因子は NO_x や微粒子生成特性に影響を及ぼすことから，これらパラメータの最適化を図ることが必要である．そのために，実験やシミュレーションによる検討がなされる．

（5） 新しい燃焼方式の研究開発

近年，HCCI（homogeneous charge compression ignition）と呼ばれる新しい考え方の燃焼方式が提案され，国内外で活発な研究開発が推進されている．これは，予混合圧縮着火燃焼方式のことで，圧縮途中の早い時期に燃料を噴射し，長い着火遅れの間に形成される希薄予混合気を自己着火させるものであ

る．この方式によればNOxおよび微粒子の大幅な低減が得られることが実証されている．しかし，着火は圧縮過程の温度(酸化反応)に強く依存することから着火制御がきわめて困難であること，高負荷条件では急激な燃焼反応が進行してノッキングが起こり燃焼制御ができず，運転領域が限られてくること，さらに希薄化に起因する未燃HCやCOが多く排出される，などの問題があり，これらの解決が必要となっている．

6.5.2 燃料性状の改善

排出されるNOxや微粒子に対して燃料性状がどのように影響を及ぼすかについても研究が進められてきており，燃料性状が持つべき適正な条件が検討されている．さらに，通常とは異なる燃料を適用することにより，エミッションの低減を図ろうとする考え方もある．

(1) 高セタン価燃料

一般に，セタン価の高い燃料は低い燃料に比べて着火遅れを短縮することから，NOx低減に有効である．また，燃料起因のSOF(可溶有機成分)を低減する効果も併せ持つ．

(2) 軽油性状の改善

近年，実施された系統的な研究[17]によれば，軽油性状がエミッションに及ぼす影響について，下記のような結論が導かれている．すなわち，芳香族成分を含む燃料では微粒子が増加し，この場合，芳香族の環数が1環，2環，3環と増えるにしたがい微粒子の増加割合は増すこと，90%蒸留温度の高い燃料(高沸点成分を含む燃料)では低い燃料に比べて微粒子が増加すること，芳香族成分を含む燃料ではNOxが増加すること，などである．

(3) 軽油の低硫黄化

前項で述べたように，軽油中に含まれる硫黄はNOx低減のためのEGRを適用した際にエンジンの耐久性や信頼性に悪影響を及ぼす．また，排気後処理装置としての酸化触媒，さらには，近年，実用化が始まったDPF(ディーゼルパティキュレートフィルタ)の性能も損なうこと，などから，軽油の低硫黄化が強力に推進されてきている．低硫黄化の経緯は，わが国では次のようである．

0.2%以下(1992年) → 0.05%以下(1997年) → 50 ppm以下
(2003年) … → 10 ppm以下 (2005年頃予定)

なお，硫黄分10 ppm以下の燃料は，「サルファーフリー燃料」として定義されている．

(4) 含酸素燃料

メタノールやエタノールをディーゼルエンジンの代替燃料として適用する研究が，1980年代に活発に試みられている．その結果，アルコールの導入によって排気吐煙とNOxは同時に低減するが，これらアルコール燃料はセタン価が極端に低いために，着火に対する特別な配慮を必要とすることが指摘されてい

近年,含酸素燃料としてのDME(ジメチルエーテル)がたいへん注目されている.化学式がCH_3OCH_3で示されるもっとも単純なエーテルであり,組成的にはエタノールに等しい.セタン価が軽油と同等以上と高く,炭素同士の結合を持たないので無煙燃焼が実現できる.常温では気体であるが,25℃における飽和蒸気圧が0.6MPaと低く,LPGに似た取扱いで対応が可能である.ただし,粘度は軽油に比べて約1/20と低く,潤滑性にも乏しい.したがって,通常のディーゼルエンジンと同様の燃料供給を行う上で,噴射システム,特に噴射ポンプに解決すべき課題が残されている.

(5) 水エマルジョン燃料

水と油のいずれか一方を微粒子状態にして他方に分散させた燃料のことを乳化燃料(エマルジョン燃料)といい,水が油中に分散したエマルジョン(油中水滴形),およびその逆のタイプ(水中油滴形)とがある.いずれの場合も,熱容量の非常に大きな物質である水が添加されるため,燃焼温度が低下してNO_xの低減が得られる.微粒子に対する影響には不明な点が多いが,スート低減効果は大きいと考えられている.直接噴射式ディーゼルエンジンに水乳化燃料を適用した場合のエンジン諸特性の一例を図6.9に示す.2段階の負荷および噴射時期に対して諸性能値を示しているが,NO_xおよび黒煙濃度(ボッシュ%)はこれら因子の影響をほとんど受けず,水添加率(軽油に対する水の重量比で定義)の増加とともに顕著に低減することがわかる.一方,正味熱消費率(BSEC: brake specific energy consumption)に関しては,負荷や水添加率によって乳化燃焼法適用の効果が大きく異なる結果となっている.

水乳化燃焼法の適用は,コ・ジェネレーション用エンジンへの実用化例[19]があるが,本格的な普及はなされていない.その理由は,エンジンシステムが複雑になること,噴射系を中心としたシステムの信頼性および耐久性を確保する必要があること,水添加率が高い場合には中〜低負荷運転における燃費悪化が避けられない,などの問題があるためである.

一方,燃料と水を同一の噴射ノズルから位相を変えて交互に噴射する「燃料/水層状噴射方式[20]」も提案されており,エマルジョン燃料と同等のNO_x低減効果が得られている.

6.6 後処理技術による排ガス浄化

ガソリンエンジンでは,理論混合比制御と三元触媒の組合せによってNO_x, HC, COの3成分を同時に,効果的に除去する技術がすでに確立している.一方,ディーゼル燃焼では排気中に余剰酸素があるために三元触媒(非選択的還元法)が機能せず,NOのみを選択的にN_2に還元できる方式(選択還元法SCR: selective catalytic reduction)が必要となっている.三

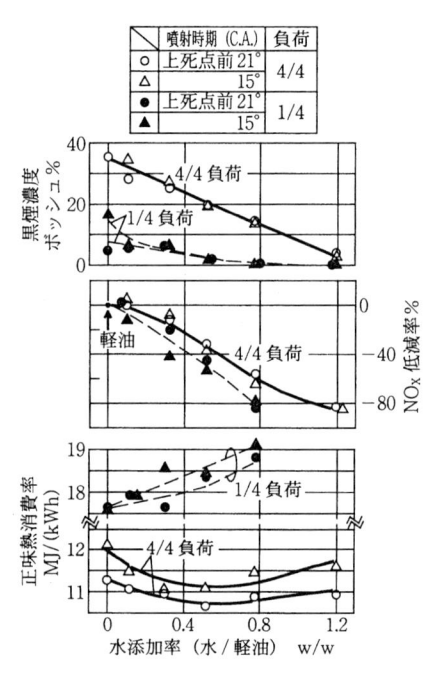

図 6.9 水乳化燃料を使用した場合のエンジン諸特性[18]

元触媒に匹敵しうる有効な方式はまだ見いだされていないが，近年いろいろな方式の後処理技術の開発が進められてきており，クリーンディーゼルへの歩みは着実に前進している．

6.6.1 NO_xの除去技術

(1) 尿素選択還元法（尿素SCR）

大形ボイラの排煙脱硝に実用化されているアンモニアの代わりに，容易に加水分解してアンモニアを発生する尿素（30%水溶液の形で供給）を還元剤として用いる方法である．尿素SCRは定置式エンジンで実用化されており，ディーゼル自動車へ応用するための研究開発が進められている．品質が安定した尿素水を供給するためのインフラ整備が実用化に向けての最大の課題となっている．

(2) 炭化水素選択還元法（HC-SCR）

炭化水素（HC）を用いて酸素共存下でNOを選択還元する方法であり，燃料あるいは排ガス中の未燃炭化水素を還元剤として利用しうる．システム的には尿素SCRより望ましいものといえる．HC-SCR触媒には，ゼオライト系，アルミナ系，貴金属系の3種があり，排気ガス中に含まれるHCを還元剤として直接利用する方式，および燃料などのHCを積極的に添加する方式がある．後者では燃費が悪化する欠点があるので，NO_x還元効率を向上させることが必要となっている．

(3) 吸蔵還元法（NSR：NO_x storage reduction）

NO_x吸蔵還元触媒は，三元触媒にNO_x吸蔵剤を複合したものである．通常の希薄運転条件のもとでNO_xを吸蔵しておき，エンジンをリッチ運転することによって，吸蔵したNO_xを離脱させ還元する．数％の燃費悪化を伴い，軽油中の硫黄分の影響でNO_x吸蔵剤の能力が失われるという欠点があり，ここでも硫黄含有量の低減（10 ppm以下）が求められている．

6.6.2 微粒子の除去技術

(1) DPF（ディーゼルパティキュレートフィルタ）

DPFは，エンジンから排出される微粒子（PM）を捕集するためのフィルタ本体に加えて，捕集したPMを焼却・除去するためのシステム全体を指し示す用語として用いられている．2003年10月より，首都圏の8都県市自治体による「指定PM減少装置」の装着を義務づける条例（使用過程車を含む）が施行されたのを契機に，DPFの本格的な運用が開始された．フィルタ機能を長期間維持するためには，捕集したPMを定期的に焼却して除去する（これを再生という）ことが不可欠であり，その具体的な方法によって次の3つの方式に分類される．

バッチ再生式は，エンジンが稼動していないときに外部電源などを利用して，600℃以上に加熱することによってPMを焼却するものである．定期的に再生操作を行う必要があり，使い勝手に問題はあるが，バスや配送車などには比較的適した方式

である.

強制再生式は,フィルタに配置されている電気ヒータなどを用いて適宜,加熱・再生を行うものである.2組のフィルタを用意し,交互に再生するなどの工夫をすることで自動車の使用を中断することなく再生処理が可能となる.しかし,コスト高でスペースを必要とする,信頼性や耐久性の確保が難しい,などの問題がある.

連続再生式は酸化触媒を併用する方式である.触媒をフィルタの前段に配置する,あるいはフィルタ内に担持させることにより,PM中のSOFの酸化除去を行う一方,"酸化触媒による酸化作用および排気ガスの熱により,フィルタに捕集したPMを燃焼する"ことで再生が行われる.この方式は,特別な機械的システムや定期的なメンテナンスを必要としない点で理想的であるが,排ガス程度の比較的低い温度でも機能する触媒の開発,などに課題が残されている.

以上,3つの方式はそれぞれに問題点を抱えているが,DPF技術は今後のクリーンディーゼルを実現する上でのキーテクノロジーのひとつとして位置づけられている.触媒を用いた連続再生式が苦手とする長時間の低速・低負荷走行であっても,捕集したPMを確実に焼却できるよう,強制再生の機能も付加した方式を中心に,エンジン制御と一体化したシステムとしての開発が推進されている.

(2) スクラバ

DPFは比較的大粒径の微粒子に対する除去能力が高く,質量ベースで90%以上のPMを捕捉することも可能である.しかし,フィルタメッシュを通り抜ける粒径の小さい微粒子に対しては除去できにくいという欠点がある.しかも,DPFで除去で

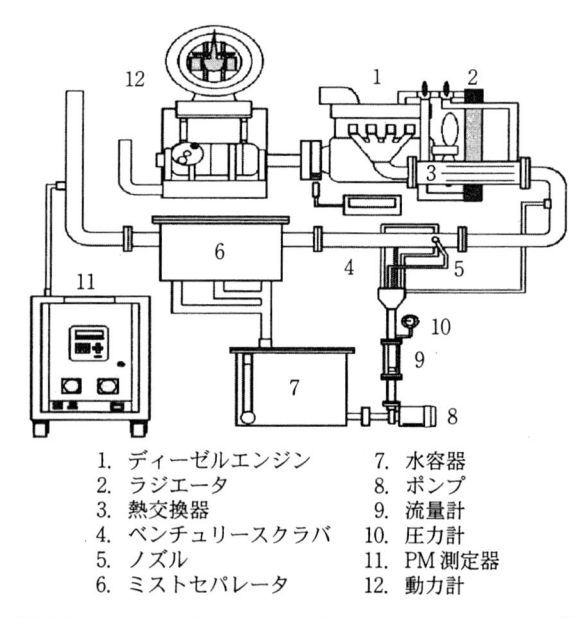

1. ディーゼルエンジン　　7. 水容器
2. ラジエータ　　　　　　8. ポンプ
3. 熱交換器　　　　　　　9. 流量計
4. ベンチュリースクラバ　10. 圧力計
5. ノズル　　　　　　　　11. PM測定器
6. ミストセパレータ　　　12. 動力計

図 6.10　ベンチュリースクラバを用いたPM除去システム[21]

きる微粒子に比べDPFを通過する程度の小さい微粒子のほうが，呼吸器官に深く進入し健康により強い影響を与えることが懸念されている．したがって，ディーゼル排ガス中のDPFを通過する微粒子を除去する技術の確立が必要である．

この問題に対処するひとつの方法として，スクラバを用いたPM除去システム[21]が検討されており，図6.10にその一例を示す．図6.10は，ベンチュリースクラバと呼ばれる方式であって，小形軽量化が可能である．タンク7の駆動水は，ポンプ8で昇圧され，ノズル5からベンチュリースクラバ4に噴射される．ディーゼルエンジン1からの排ガスは，熱交換器3で冷却し，排ガス中の水蒸気を回収すると共に凝縮に伴うPM径の肥大化を図る．排ガスから奪われた熱は，最終的にエンジンのラジエータ2で大気に放出する．排ガス中のPMはベンチュリースクラバ本体4で駆動水と衝突し除去される．その後，駆動水はミストセパレーター6で分離されタンク7に戻り，PMの除去された排ガスは大気に放出される．このベンチュリースクラバによれば，DPFを通過する粒径が小さいPMを，最大で50％強，除去することが可能となっている．

（3） 低温プラズマ処理——コロナ放電によるPM，NO_xの同時除去——

ディーゼル排ガスをコロナ放電管に流入させて電熱線製の中心電極上にPMを電気集塵する．数十分の集塵後にスパークが発生し始める．ただちにPMを数十秒の焼却処理により除去して電極を再生，再びコロナ放電することによりPMの捕集・除去を繰り返し行う方法である．一方NO_xについては，NOは放電下で酸化されてNO_2となり，排ガス中の水分と結合して硝酸HNO_3が生成され，後流に設置した中和装置により除去される．PM用，NO_x用の放電管を直列に配置する連続除去方式[22]と，1本の放電管で同時除去する方式（図6.11）がある．この方法は放電管1本あたりの処理ガス量を多くとれないことに難点があるが，数ワットの低電力下においてもPM捕集率は高いことや，粒子径$1\mu m$以下の微小粒子のPMを除去できることに特徴を持つ．縦型放電管の外側電極壁に沿って油を流し，PMを

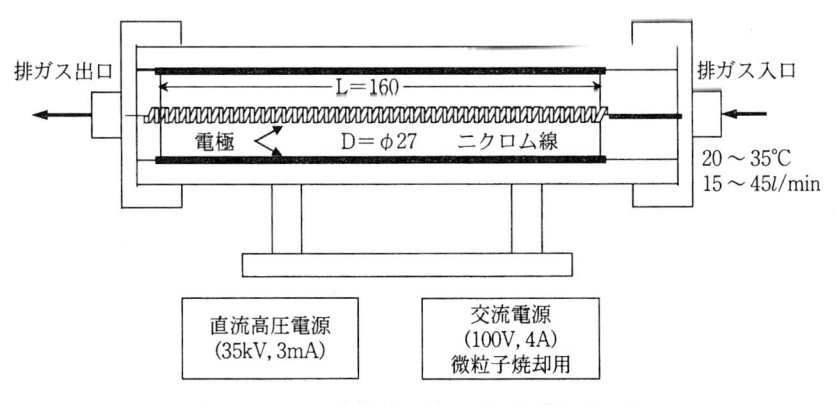

図 6.11 コロナ放電式 PM/NO_x 同時除去装置

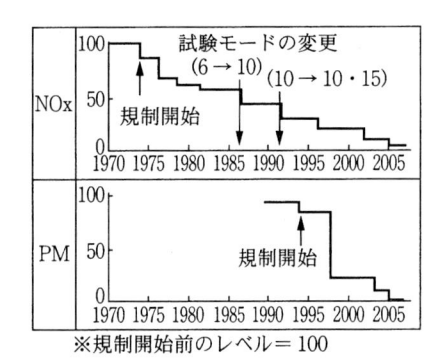

図 6.12 排気規制の推移
（日本；乗用車）[24]

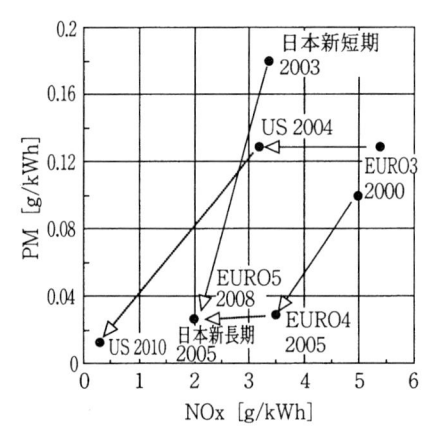

図 6.13 日米欧の規制動向
（重量車）[25]

油中に集塵して処理する方式[23]も提案されている．

以上，ディーゼルエンジンから排出されるNO_xと微粒子を低減する技術の概要について述べた．NO_xと微粒子の同時低減は，エンジンの用途を問わず解決すべき課題であるが，量的な問題を考慮するとき，自動車が環境に及ぼす影響には絶大なるものがある．したがって，日米欧における自動車用ディーゼルエンジンを対象とした排出ガス規制は，今後もますます強化される予定であり，図6.12および図6.13に，その動向を示す．

演習問題

1. ディーゼルエンジンの燃焼過程を説明しなさい．
2. ディーゼルエンジンが理論混合比で運転できない理由を説明しなさい．
3. 直接噴射式エンジンが副室式エンジンに比べてすぐれている点を説明しなさい．
4. 直接噴射式エンジンは副室式エンジンよりも噴射系に敏感である．それはなぜか．
5. ディーゼルエンジンの着火遅れとディーゼルノックについて説明しなさい．
6. ディーゼルエンジンから排出されるNO_xと微粒子は，トレードオフの関係にあることを説明しなさい．

[解答]

1. ①着火遅れ　②予混合燃焼　③拡散燃焼　④後燃え，の4つの区別しうる期間から成る．

2. ディーゼル燃焼は，燃料噴霧が空気と拡散混合しながら燃焼する，噴霧拡散燃焼が主体である．燃焼室内の空燃比分布を考えると，非常に過濃な部分もあれば非常に希薄な領域もあり，時間的・空間的にきわめて不均一なものとなっている．このような中で，吐煙の生成を抑えて"完全燃焼"を図るためには過剰空気を必要とする．

3. ①熱効率（燃料消費率）が良い　②始動性が良い　③出力のカバーしうる範囲が広い．

4. 副室式では圧縮行程時の強い押込み渦流や燃焼渦流により速やかな混合気形成を図ることができるため，噴射系の影響を受けにくい．単室式の場合は，混合気形成が噴霧特性や噴射特性，空気流動（スワール）などの各因子に強く影響されるため，燃焼室形状に応じた噴射システムの最適化が必要になる．

5. 燃料噴射の開始から可燃混合気が自発点火するまでの遅れのことを着火遅れという．着火遅れが長くなると可燃混合気が過度に形成されてしまい，着火後は，これが一挙に燃焼するため圧力上昇が衝撃的となり，ノッキングが発生する．

6. NOの生成反応は，主に燃焼温度および燃焼域の酸素濃

度によって律速される．NO生成を抑制するためにこれらを低下させると，燃焼過程で生成した微粒子の再燃焼が妨げられることとなり，その結果，微粒子排出量が増加する．

文　献

1) 廣安博之・寶諸幸男・大山宣茂：改訂 内燃機関，コロナ社，1999．
2) John. B. Heywood: Internal Combustion Engine Fundamentals, McGraw-Hill, 1988.
3) 塚原茂司, 高橋眞太郎：日本マリンエンジニアリング学会誌，37巻，5号，2002．
4) 運輸省自動車交通局：2級ジーゼル自動車，(社)日本自動車整備振興会連合会，1995．
5) 田坂英紀, 佐藤忠敬：内燃機関，森北出版，1995．
6) 塚原実：内燃機関，開隆堂，1993．
7) 村山正・常本秀幸：自動車エンジン工学，山海堂，1999．
8) 古濱庄一：内燃機関，産業図書，1970．
9) 居倉伸次, 角田敏一, 廣安博之：日本機械学会論文集，41-345，1975．
10) 藤本元, 佐藤豪：日本舶用機関学会誌，12-12，1977．
11) 河野通方・角田敏一・藤本元・氏家康成：最新内燃機関，朝倉書店，1995．
12) 例えば, 小森正憲, 辻村欽司：自動車技術会シンポジウム論文集，No.8，1990．
13) 宮下直也, 黒木秀雄：自動車用ディーゼルエンジン，山海堂，1994．
14) 塩崎忠一, 土橋敬一：自動車技術，51巻，9号，1997．
15) 長岐裕之, 是松孝治：日本機械学会論文集（B編）59巻，560号，1993．
16) 長岐裕之, 是松孝治：日本機械学会論文集（B編）60巻，572号，1994．
17) 島崎直基, 河野尚毅：エンジンテクノロジー，5巻，5号，2003．
18) 吉本康文, 倉本俊典, 黎子椰, 塚原実：日本舶用機関学会誌，32巻，6号，1997．
19) 渡辺欣一郎, 上野充, 岡崎達, 長坂正平：自動車技術会学術講演会前刷集，No.44-02, Paper No.20025059, 2002．
20) 土佐陽三, 立石又二, 永江禎範：日本機械学会論文集（B編）64巻，624号，1998．
21) 是松孝治, 田中淳弥, 阿部繁：日本機械学会論文集（B編）69巻，684号，2003．
22) 森棟隆昭, 木下幸一：日本機械学会論文集（B編）66巻，643号，2000．
23) 東學, 藤井寛一：電気学会論文集A，116巻，10号，1996．
24) 田中俊明：エンジンテクノロジー，6巻，4号，2004．
25) 浜田秀昭, 小渕存：エンジンテクノロジー，6巻，4号，2004．

第7章　吸・排気流れ

　内燃機関では燃料を十分に燃焼させるために必要な新気（空気または燃料と空気の混合気）を吸入する吸気系と，燃焼して仕事をし終った燃焼ガス（残留ガスとも呼ばれる）をシリンダから排出する排気系が重要である．この新気と残留ガスとを入れ替える作用をガス交換過程（gas exchange process）と呼び，4ストロークエンジンでも2ストロークエンジンでも行われる．

7.1　4ストロークエンジン

7.1.1　4ストロークエンジンの吸・排気機構

　4ストロークエンジンの吸・排気系は燃焼室形状とバルブ機構によって異なる．図7.1(a)はクサビ型燃焼室またはウエッジ型燃焼室と言われる燃焼室形状で，圧縮時のスキッシュ（圧縮渦）効果を期待する形状である．この形の吸・排気流れはシリンダ内で流れがUターンするのでターンフローまたはインラインフローと呼ばれる．一時期スキッシュ効果による燃焼促進を期待して広く使われていたが次に示すクロスフローに取って替られた．

　図7.1(b)は吸・排気バルブ各1個がV字型に配置され，新気ガスがピストン上面を横断するのでクロスフローと呼ばれる．このタイプは高熱にさらされた排気バルブが吸気バルブからの新気で冷却される効果が期待できる．しかし，ターンフローも2バルブクロスフローもバルブの慣性質量の点からその最高回転数は6000 rpmが限界と言われ，また，2バルブクロスフローの場合は点火プラグが偏心することから好ましいものではなかった．そこで考え出されたのが図7.1(c)に示す4バルブクロスフローでDOHC 4バルブ（ツインカム4バルブとも呼ばれる）と言われているタイプである．2バルブではバルブの大きさに限界があり，高速回転での吸気量不足をいなめないが，吸・排気それぞれ2個ずつのバルブにすることによってバルブ面積を約50％増加させることができる．また，個々のバルブが小さくなることから慣性質量が減少し，さらに高速回転，高出力が期待できるようになった．その上，点火プラグがシリンダヘッドの中央に配置することによって燃焼距離の短縮が計られ，ますます高出力を得ることができる．現在はこのDOHC 4バルブ

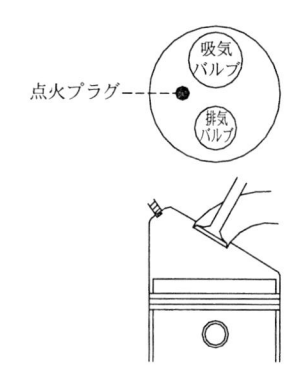

図7.1(a)　ターンフロー

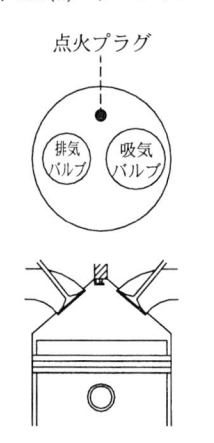

図7.1(b)　2バルブクロスフロー

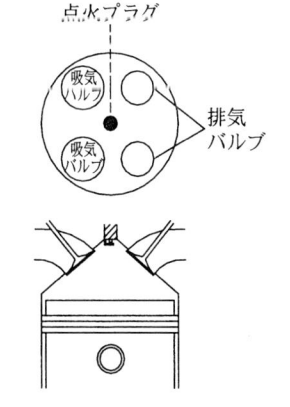

図7.1(c)　4バルブクロスフロー

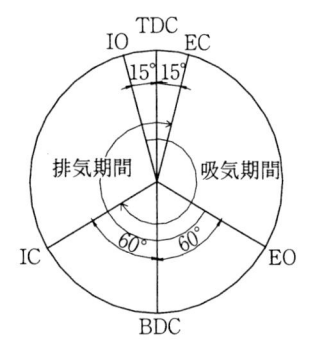

図 7.2(a) 低速回転のバルブタイミングの例

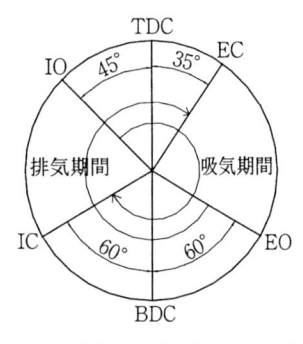

図 7.2(b) 高速回転のバルブタイミングの例

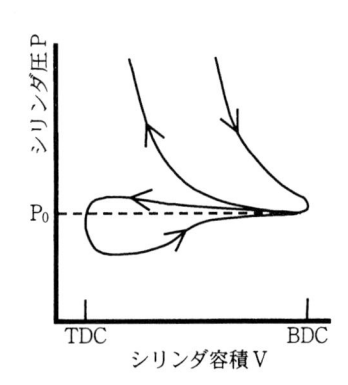

図 7.3(a) 低回転における吸気過程のシリンダ圧

がエンジン形式の主流に成りつつある．

7.1.2 4ストロークエンジンのバルブタイミング

図7.2(a)，図7.2(b) は一般的な4ストロークエンジンにおけるバルブタイミングの例を示したものである．図中の記号は

　　　TDC：上死点
　　　BDC：下死点
　　　IO：吸気バルブ開時
　　　IC：吸気バルブ閉時
　　　EO：排気バルブ開時
　　　EC：排気バルブ閉時

を示す．

図7.2(a) の一般的なエンジンの吸気バルブは上死点 (TDC) 前15°付近から開き始め，下死点 (BDC) 後60°付近で閉じている．図7.2(b) のモータサイクルなどの高回転用エンジンでは，上死点前25°～45°も早く開き始める．また，排気バルブは下死点前60°付近で開き始め，一般的なエンジンでは上死点後15°付近で閉じているが，高回転用エンジンでは上死点後25°～35°で閉じる．このバルブ開閉タイミングは，低回転用エンジンでは上死点，下死点近くに設定されるが，高回転用エンジンになる程上死点，下死点から離れた位置に設定される．これは吸排気管内の気流の慣性力を利用することによってシリンダ内の掃気（ガス交換）を促進し，新気の充てん量を増加させようとするものである．

すなわち，吸気バルブが上死点前に開き，排気バルブが上死点後に閉じることによって上死点を挟んで吸排気バルブ双方が同時に開いている期間がある．この期間をバルブオーバーラップ（valve overlap（弁重合））といい，排気管内流れによって生じる排気管内負圧を利用してシリンダ内残留ガスを排出し，新気の充てん量を増加させる作用がある．

これらの作用の他に高回転エンジンでは吸気バルブが開いても直ぐには吸気作用が行われず遅れが生じる．このような現象が生じるのは作動流体である空気の圧縮性と，吸気管内空気の質量に基づく慣性によるものである．すなわち，作動流体である空気はピストンの動きに対して完全には追従せず（特に高速回転では），ピストンの動きに対して空気の動きは遅れる．この遅れ時間を考慮して早めに吸気バルブを開くのである．また，吸気バルブ閉時が下死点後60°付近となっており，圧縮比の低下を招くことになるが，高速回転では下死点になってもシリンダ内圧力が負圧を示し，十分な吸気が行われない．そのため，吸気バルブを遅くまで開いておき，吸入を十分に行わせるようにする．

図7.3(a)，図7.3(b) はこの現象を模式的に示したもので図7.3(a) の低回転の場合は上死点から下死点へ向う吸気過程で徐々にシリンダ内圧力が上昇し，大気圧に達しているが，図

7.3(b) の高速回転の場合はピストンの下降に対して吸入が追いつかず，下死点で大気圧以下の負圧を示している．

一方，排気バルブが下死点前 60° 付近で開くと有効行程が減少し，効率の低下（出力の低下）を招くことになるが，下死点近くではシリンダ圧が低下し，シリンダの容積変化も少なくなるために損失仕事も比較的少ない．このことよりも早く排気バルブを開いて排気作用を完全に行い，吸入行程に残留ガスの影響を及ぼさないようにすることが重要である．

また，バルブの開閉時近くではバルブ稼動部の加速度を小さくするため図7.4に示すようにバルブリフトが小さく，有効開閉期間または有効面積が少なくなる．そのため，早めに開き，かつ遅くまで開くことによって吸排気を確実に行わせる目的もある．

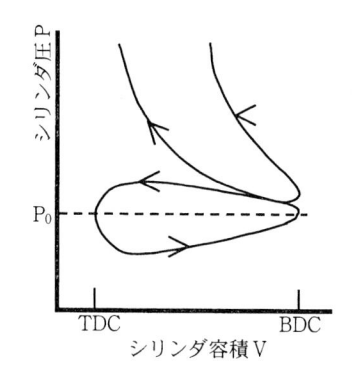

図 7.3(b) 高回転における吸気過程のシリンダ圧

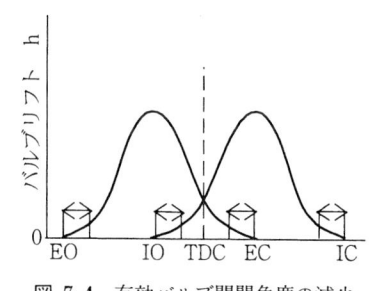

図 7.4 有効バルブ開閉角度の減少

7.1.3 吸入性能の評価方法

現実のエンジンを全負荷運転で使用することはそう多いことではないが，エンジンの出力性能を評価する上で重要である．全負荷における出力（トルク）はシリンダ内に吸入された新気質量（空気量）に比例すると考えて良い．この吸入空気量はエンジンの諸元によって変わるのはもちろんであるが，大気条件によっても変化するため吸入量の良否を判断する評価方法が必要となる．その評価方法には幾つかの定義がある．

（1） 体積効率

先にも述べたように，同一エンジンで，スロットル開度，回転数が同じでも，気圧や気温，湿度などの大気条件によって吸入空気量が変化する．このような場合に，そのエンジンのもっている固有の吸入能力を判断するための評価方法が必要である．これを体積効率（volumetric efficiency）といい，そのときの大気条件で行程容積を占める空気質量と実際に吸入した空気質量との割合で示す．体積効率は式(7.1)で定義される．

$$\eta_v = \frac{\rho_a V_a}{\rho_a V_s} = \frac{V_a}{V_s} \quad (7.1)$$

ただし，η_v：体積効率
ρ_a：大気密度 (kg/m³)
V_a：大気状態に換算した吸入空気体積 (m³)
V_s：行程容積 (m³)
$\rho_a V_a$：吸入空気質量
$\rho_a V_s$：大気状態で行程容積を占める大気質量

体積効率 η_v は大気状態の変化を表す密度の項が無いため，大気圧，外気温度が変化した場合でも体積効率の値に変化が無く，そのエンジンにおける吸入能力の評価が可能である．

（2） 充てん効率

エンジンの出力はシリンダ内に充てんされた空気の質量に比例する．しかし，同じ体積効率でも大気状態の変化によってシリンダ内に充てんされた空気の質量は異なる．したがって，大

気状態が変化した場合の実質的な吸入空気の質量を評価する方法が必要となる．これを表すのが充てん効率（charging efficiency）で，次式のように定義される．

$$\eta_c = \frac{\rho_{ao} V_a}{\rho_o V_s} \qquad (7.2)$$

ただし，η_c：充てん効率
　　　　ρ_{ao}：大気状態での乾燥空気の密度（kg/m^3）
　　　　ρ_o：標準状態（0.1013 MPa abs，25℃，相対湿度60%）の空気密度（kg/m^3），水分を含まない乾燥空気とすることもある

大気は水分を含んでいるが，燃焼に関与するのは水分を除いた乾燥空気であり，相対湿度70%，温度30℃で約1.6%の水蒸気を含む[1]．

式（7.2）では水蒸気の量を求める必要があり，面倒であることと，水蒸気を無視してもそれほど大きな誤差にならないことから次のように定義することもある．

$$\eta_c = \frac{\rho_a V_a}{\rho_o V_s} = \frac{m_a}{m_o} \qquad (7.3)$$

ただし，m_a：大気状態における吸入空気量（kg）
　　　　m_o：標準状態で行程容積V_sを占める新気質量（kg）

式（7.1）と式（7.3）から体積効率η_vと充てん効率η_cとの間には式（7.4）の関係がある．

$$\eta_c = \frac{\rho_a}{\rho_o} \eta_v = \frac{P_a}{P_o} \frac{T_o}{T_a} \eta_v \qquad (7.4)$$

ただし，$\rho_a = \frac{P_a}{RT_a}$，$\rho_o = \frac{P_o}{RT_o}$

地上運転で，$P_a \fallingdotseq P_o$，$T_a \fallingdotseq T_o$とすれば，$\eta_c \fallingdotseq \eta_v$となり，体積効率と充てん効率はほぼ等しくおけるが，上空における航空エンジンや寒冷時では，$\eta_c \neq \eta_v$となる．

すなわち，体積効率η_vはエンジンの構造，運転状態によるエンジン性能の変化を表し，充てん効率η_cは大気状態（外気状態）によるエンジン性能の変化を表す．

7.1.4　吸気バルブマッハ数

吸気特性に対しては，吸気バルブ部の絞りが最も大きな影響を持つと言われている．C. Fayette Taylor と Edward S. Taylor は吸気バルブ直前の圧力が一定の条件で，種々の大きさのエンジンとそのバルブ機構について，吸気バルブ部の空気流速と体積効率について実験を行い，体積効率η_vと無次元数Z[2]の関係を示した．このZを吸気バルブマッハ数（inlet valve Mach index）と呼び，式（7.5）を提示した．

$$Z = \left(\frac{D}{d}\right)^2 \frac{c_m}{\mu a} \qquad (7.5)$$

ただし，D：シリンダ直径（m）
　　　　d：吸気バルブ外径（m）

c_m：平均ピストン速度（m/s）
μ：吸気バルブ平均流量係数
a：吸気バルブ部における空気の音速（m/s）

図7.5はTaylor等の実験結果で，多数のエンジンの実験結果から得られた吸気バルブマッハ数Zと体積効率η_vの関係を示したものである．$Z \leqq 0.5$までは体積効率η_vの変化は少ないが，Zが大きくなっていくとη_vが著しく低下していくことが分かる．$D^2/\mu \cdot a$が一定であると考えると，c_m/d^2を小さくすることによってZを小さくし，$Z \leqq 0.5$を維持保障できれば良好な体積効率η_vを得られることが分かる．

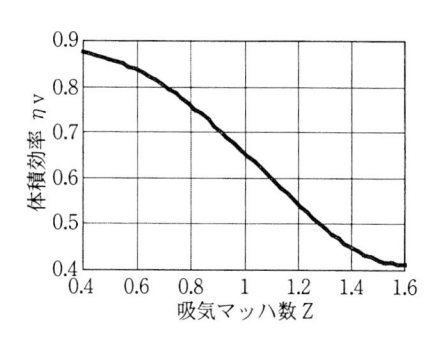

図7.5 体積効率η_vと吸気マッハ数Zの関係

7.1.5 吸入効率に及ぼす動的効果

吸気過程では，吸入によって生じた吸気管内の圧力波が体積効率に影響を及ぼす．1つは吸入によって生じた圧力波がその発生したサイクルの吸気過程に直接影響を及ぼす作用で，これを慣性効果[3]（inertia effect）と呼び，他の1つは吸気過程で生じた圧力残存波が次のサイクルの吸気過程に影響を及ぼす現象で，これを脈動効果[3]（pulsation effect）と呼んでいる．

（ I ） 慣性効果

吸入空気は圧縮性流体であるから，吸気バルブが開いて吸入が始まると吸気管のポート付近は吸込み作用によって負圧になる．この負圧のじょう乱は図7.6に示すように吸気管入口に向かって音速で伝ぱする．これを送波と呼ぶ．負圧波が吸気管端に達したとき，そこは圧力が低いためにその負圧波をキャンセルするように吸気管に囲りから空気が流入する．これによる圧力波はτ時間後に正圧波となって吸気ポート部へ向って音速で戻ってくる．これを反射波または返波と呼ぶ．この正圧波の到達と吸気バルブが閉じる時期とを都合よく合致させれば高い体積効率が得られることになる．

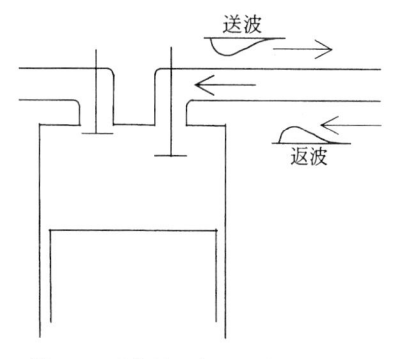

図7.6 吸気管に生じた圧力波の伝ぱ

図7.7(a)のように吸気管が長く，τが吸気時間τ_{in}よりも長ければ吸気過程中にこの圧力波は直接影響を及ぼさないが，図7.7(b)のように吸気管が短くて，$\tau < \tau_{in}$であれば吸入過程の負圧に反射波である正圧波が重なることになる．さらに，吸入バルブが閉じる直前に正圧反射波の最大値が一致するようにτを選択すれば体積効率を増すことができる．この現象を式で検討すると，

$$\tau_{in} = \frac{60}{n} \cdot \frac{\theta_{in}}{360} = \frac{\theta_{in}}{6n} \tag{7.6}$$

$$\tau = \frac{2L_x}{a} \tag{7.7}$$

ただし，τ_{in}：吸気バルブ開放時間（s）
τ：吸気管内圧力波の往復時間（s）
n：エンジン回転数（rpm）
θ_{in}：吸気弁開閉期間（degree）
L_x：吸気管等価管長（m）

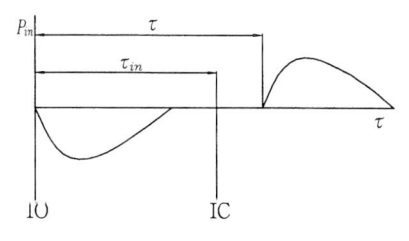

図7.7(a) 吸気管が長い場合の圧力波の伝ぱ

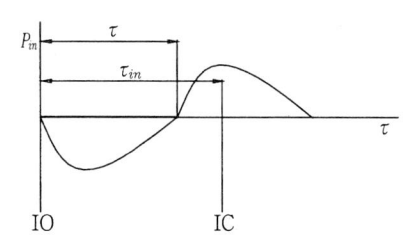

図7.7(b) 吸気管が短く吸気バルブが閉じるときに返波が同調する

吸気管等価管長 L_x は吸気管の実長ではなく，吸気過程中のシリンダ容積を含めた振動系の等価管長で，いわゆるヘルムホルツ共鳴器（Helmholtz resonator）として有名な共鳴周波数との関係から式 (7.8) で表される．

$$L_x ≒ \frac{\pi}{2}\sqrt{V_{sx}・L_{in}/f} \text{ (m)} \quad (7.8)$$

ただし，V_{sx}：吸気過程中のシリンダ内容積（シリンダ内平均容積の方が正しいと思われるが，吸気管管端補正を考慮しなければシリンダ最大容積か排気量を用いてもよい）(m^3)
L_{in}：吸気管実長 (m)
f：吸気管断面積 (m^2)

浅沼[3]はこの現象を，シリンダ内負圧と大気圧との差で吸気管内気柱が加速され，この気柱の慣性力がシリンダ内圧力の抵抗に打勝つと考えて運動方程式を立て，その数値積分によって無次元数である慣性特性数 Z_n を表す式 (7.9) を求めた．

$$Z_n = \frac{2\pi n}{60 a}\sqrt{\frac{V_s L_{in}}{f}} \quad (7.9)$$

ただし，Z_n：慣性特性数
V_s：排気量 (m^3)

慣性特性数 Z_n の物理的意味は，吸気バルブの開閉期間 θ_{in} と吸気管に生じた圧力振動の角度との比を表している．

吸気過程中のこの振動系では吸気バルブが開いているので吸気管の一端に容積（シリンダ）が付いた，いわゆるヘルムホルツ共鳴器であることは先に述べたが，吸気管のバルブ近くの圧力はシリンダ内圧力に近似していると考えてさしつかえないであろう．図 7.8 に示すように吸気管バルブ部の圧力は吸気作用によって負圧波が発生し，その後図のような減衰振動をするが，この圧力がシリンダ内圧力に同調しているとすると，第 1 次の正圧波が吸気バルブが閉じるときに同調すればシリンダ内の圧力が高くなっていることになり，シリンダ内空気密度が高く，体積効率が最も大きいことになる．

このときの Z_n の特異点を Z_M とすると，

$$Z_M = \frac{\theta_{in}}{270°} \quad (7.10)$$

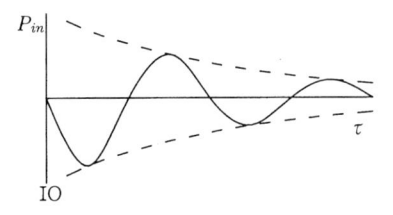

図 7.8 吸気管バルブに生じる減衰圧力振動

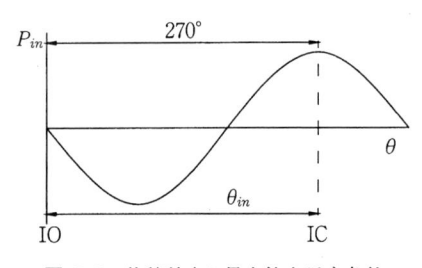

図 7.9 体積効率が最大値を示す条件

式 (7.10) は体積効率が最大値を示す条件で，図 7.9 にその関係を示す．縦軸は吸気管バルブ部の圧力 P_{in}，横軸はクランク角である．すなわち，図に示すように吸気バルブが開いている IO から IC までのクランク角 θ_{in} に，吸気管バルブ部に生じた圧力振動の第 1 正圧波，すなわち，270° が同調したときに体積効率が最大になる条件を示している．

慣性効果は，体積効率の最大値を求める条件を吟味するのに重要なものであり，この効果を自然過給とも言う．

（2） 脈動効果

吸気バルブが閉じた後，吸気過程で生じた吸気管内圧力振動

は減衰しながら残存し，この残存波は次のサイクルの吸気過程に影響を及ぼす．図7.10(a)に示すように次の吸気過程に正圧波が同調すると合成吸入圧力波が減少することによって体積効率が増加し，図7.10(b)に示すように負圧波が同調すると負圧が大きくなることによって減少することになる．この現象を脈動効果という．

吸気管バルブ部が閉じているとき，残存波が次のサイクルの吸気過程までに吸気管内で生じる振動数をqとするとqは次式で示される．

$$q = \frac{120}{n} \cdot \frac{a}{4L_{in}} \tag{7.11}$$

qは浅沼等によって脈動次数と名付けられ，図7.11(a)に示されるように，$q=1.5, 2.5, \cdots$のようにqが整数$+0.5$の場合は次のサイクルの吸気過程に正圧波が同調し，過給現象が生じることによって体積効率が増加する．しかし，図7.11(b)のごとく，$q=1, 2, \cdots$のようにqが整数の場合は負圧波が同調し，体積効率は減少する．吸気管が長いか回転数が高い場合は脈動波の振幅が大きく，かつ，qが小さく減衰の少ない圧力波が同調するために体積効率に影響をもたらすが，吸気管が短いか，回転数が低い場合は振幅が小さく，かつ，qの大きい高次の圧力波が同調するため吸気過程中に正圧波，負圧波が重なり合って脈動効果の影響は現れなくなる．

7.1.6 排気流れ

排気バルブは下死点前$40°\sim70°$位のところで開くが，シリンダ内のガスは$1000\,\mathrm{K}\sim1500\,\mathrm{K}$もの高温で，その圧力も数気圧である．その高温・高圧の燃焼ガスが排気バルブを通って音速で噴出し，その流速は$650\sim800\,\mathrm{m/s}$にも達する．このような高速で噴出するガスも排気弁を出た直後に膨張し，やがて$200\,\mathrm{m/s}$前後の速度になる．しかし，このとき音速流出による高い圧力波が生じ，この圧力波は排気管内のガスの音速aと排気管内流速uを加算した$(a+u)\,\mathrm{m/s}$の速度で開放端に進み，開放端では負圧波となって速度$(a-u)\,\mathrm{m/s}$で排気バルブ部に戻ってくる．図7.12に示すように負圧波が戻ってきたときに排気バルブが閉じる直前で，かつ，十分なバルブオーバーラップがあればシリンダ内燃焼室に残っている残留ガスを吸い出すことができ，その分体積効率を向上させることができることになる．

今，音速流出を考慮して排気管バルブ部を閉端と考えると，排気バルブが開いている時間と，その間に振動波が往復している時間は等しいとすると式(7.12)の関係が得られる．

$$\tau_{ex} = \frac{2L_{ex}q}{a_{ex}} = \frac{\theta_{ex}}{6n} \quad (s) \tag{7.12}$$

ゆえに，

$$q = \frac{a_{ex}\theta_{ex}}{12nL_{ex}} \tag{7.13}$$

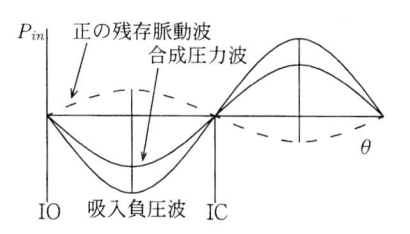

図7.10(a)　正圧脈動波の同調

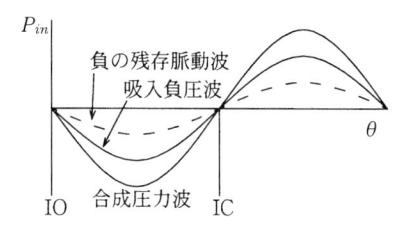

図7.10(b)　負圧脈動波の同調

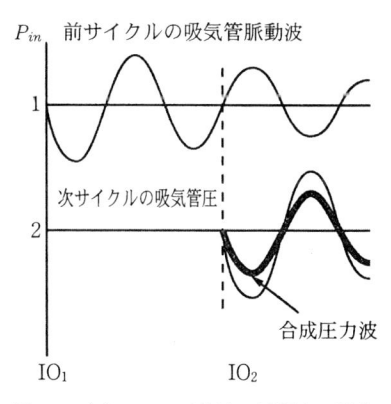

図7.11(a)　正の脈動波が同調する場合

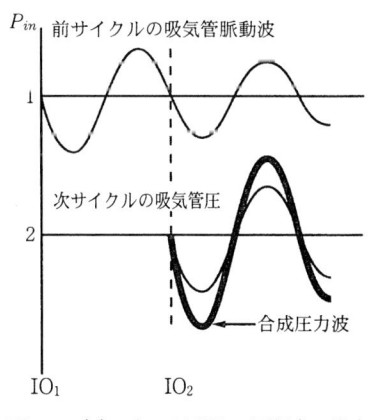

図7.11(b)　負の脈動波が同調する場合

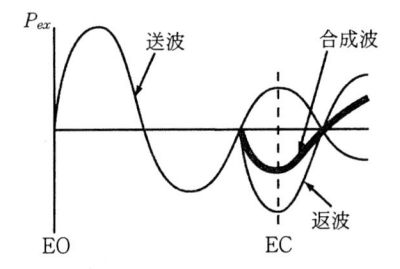

図 7.12 負圧波の同調

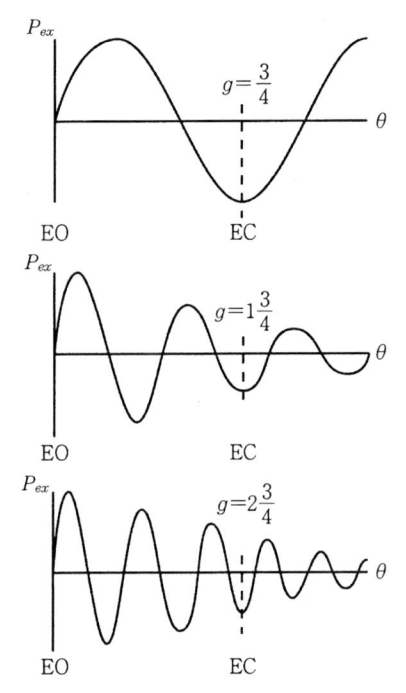

図 7.13 負圧波の同調

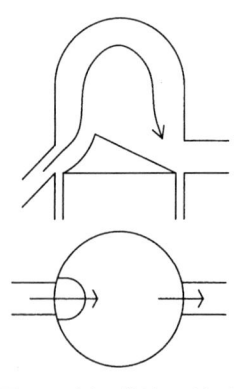

図 7.14(a) 横断型掃気法

ただし，θ_{ex}：排気バルブの開閉期間（degree）
　　　　τ_{ex}：排気バルブの開閉時間（sec）
　　　　L_{ex}：排気管長さ（m）
　　　　a_{ex}：排気管内の平均音速（m/s）
　　　　n：エンジン回転数（rpm）
　　　　q：排気バルブ開閉中に同調する脈動数

図 7.13 に示すように排気バルブが閉じる時に負圧波のピークが同調するには，

$$q = \frac{3}{4}, 1\frac{3}{4}, 2\frac{3}{4} \cdots \cdots$$

となる．式 (7.13) 中の排気管内平均音速 a_{ex} は管内ガス温度が高いので式 (7.14) で求める．

$$a_{ex} = \sqrt{\kappa R T_{ex}} \text{ (m/s)} \tag{7.14}$$

ここで，音速を求めるための排気管内平均ガス温度 T_{ex} の設定がやや不正確になること，排気管のバルブ部を閉端として取り扱ったが，亜音速流出になればシリンダ容積に排気管が付いた，いわゆるヘルムホルツ共鳴振動となるなど，q の値には正確さを欠く要因を含んでいることを記しておく．

7.2　2ストロークエンジン

2ストロークエンジンは1回転，すなわち2行程で1サイクルを行わせるため，シリンダでの新気の給気と排気を同時に行う．そのためガス交換は不完全になり，その取り扱いは複雑になる．また，圧縮新気をシリンダに送入するための掃気ポンプが必要となる．

7.2.1　掃気方式

2ストロークエンジンではシリンダに供給する新気でシリンダ内に残っている残留ガスを排出するが，この行程を掃気過程 (scavenging process) またはガス交換過程 (gas exchange process) と呼び，一部を除き，多くの2ストロークエンジンではシリンダ壁に掃気孔 (scavenging port) と排気孔 (exhaust port) が設けられている．この掃・排気孔の位置によって流入新気の流れ，すなわち，掃気流形態が異なる．

図 7.14(a)～(d) に主な掃気方式を示す．図 7.14(a) は最も簡単な構造で横断掃気 (cross scavenging) と呼ばれる．この掃気方式は掃気孔から排気孔へ向けて新気の短路 (short circuit) が起こり易いので図に示すようにピストンヘッドにデフレクターを設ける．これによって流入新気はシリンダ上方へ向うハイスカベンジング (high scavenging) となるが，ともすると掃気流れと排気流れが最短距離で流れようとするロースカベンジング (low scavenging) 現象が生じる．この掃気方式はモータボートなどの船外機に広く使われている．図 7.14(b) は小型2ストロークエンジンに最も広く使われている掃気方式で，

一般的にはシニューレ掃気（Schnürle scavenging）と呼ばれており，反転掃気（loop scavenging）の一種である．この掃気方式は比較的掃気特性が良好であり，同図では掃気孔が2箇所であるが，掃気量の増加と掃気特性の向上を目的に3個，5個，7個のものもあり，高速モータサイクルで多くなっている．図7.14(c)は単流掃気（uniflow scavenging）の代表例で，シリンダ下部に円周状に設けられた掃気孔からスワールを画きながら上方へ向い，シリンダ内の残留ガスをシリンダヘッドに設けた排気バルブから押し出す．同図では排気バルブが1個であるが，この掃気方式は船舶用大型2ストロークディーゼルエンジンに使われるので，バルブを複数個にし，バルブ慣性質量を減ずるとともに，排気孔面積の拡大を図っている．図7.14(d)は4ストロークエンジンと同様の構造を持つ掃・排気バルブ式掃気[4]で反転掃気の一種である．シリンダ内でU字形の掃気流が生じるように掃気バルブの排気バルブ側にシュラウドを設け，新気の直接短路を防止するようになっている．掃気特性はシニューレ掃気に勝るものがあり，エンジン形式が4ストロークと同様であるため，潤滑油消費が少なく，自動車用などとして検討されている．

7.2.2 クランクケース圧縮式2ストロークエンジンの吸気方式

現用の小型2ストロークエンジンのほとんど全てが，クランクケースを掃気ポンプとして使用し，新気はクランクケースに吸入し，ピストンの裏側で圧縮した後，掃気通路（scavenging passage）を通って掃気孔からシリンダに供給される．新気をクランクケースに吸入する際の制御方法としては図7.15(a)～(c)に示す種類がある．

図7.15(a)のピストン制御式は汎用エンジンに広く用いられている方式で，シリンダに吸気孔，掃気孔，排気孔の3種類の孔があることから三孔式とも呼ばれている．この形式では同図のポート開閉タイミングで明らかなように左右対称となることから，高速回転では吸入不足となり，低速回転では一度吸入した新気を吸入過程の終りで吸気管側へ押し戻す，いわゆる吹返し現象が生じ，同様に吸気不足となって低速回転でトルク不足になる．

図7.15(b)のリードバルブ式はリード前後の圧力差によって自動開閉するもので，特に低速回転における吹返しが防止できる長所がある．この方式が出現し始めたころはリードが大きく慣性質量が大きかったため，高速回転域でのレスポンスが悪く，良好な吸気を期待できなかったが，その後，小さな形状で薄い材質のリードを6～8個取り付ける方式が採用され，低回転域はもちろんのこと，リードの固有振動数が高くなったことから高速回転域でも良好な吸気特性が得られ，主としてモータサイクル用として広く使用されている．一部ではグラスファイバ

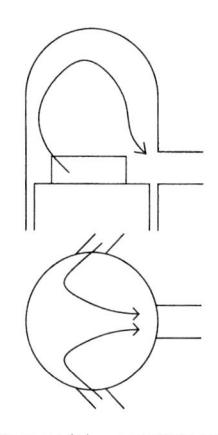

図7.14(b) 反転型掃気法

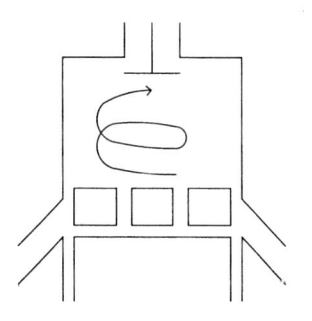

図7.14(c) 単流型掃気法

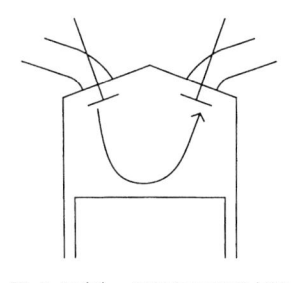

図7.14(d) 掃排気弁型掃気法

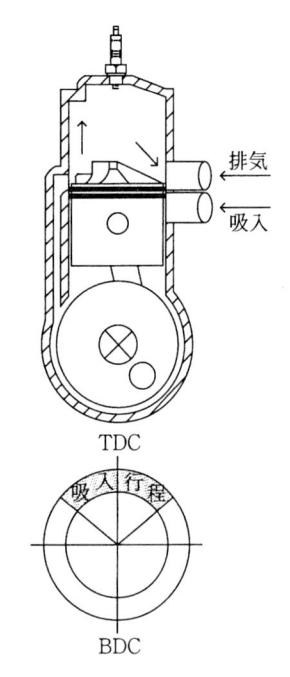

図 7.15(a) ピストン制御式

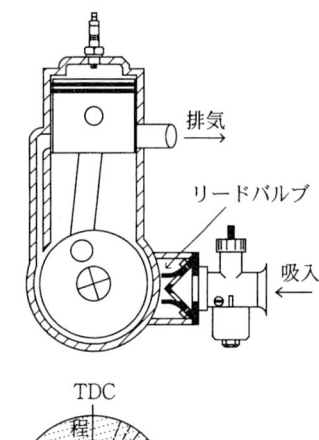

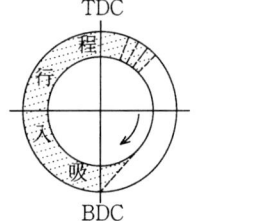

図 7.15(b) リードバルブ式

ーを挟んだ樹脂性リードバルブも開発されている．

図7.15(c)のロータリーディスク式はピストン制御式の欠点を補うものとして開発された．クランクシャフトに取り付けたロータリーディスクがクランクシャフトと同期して回転し，クランクケースのサイドに開孔する吸気孔とロータリーディスクの孔が一致した時に吸入を行う．同図のポート開閉タイミングで明らかなように，ピストン制御式に比べ，早く開き，早く閉じる．すなわち，早い時期から吸入を始めて高速回転に対応し，上死点後の早い時期に閉じることによって低速回転での吹返し損失を防止しようとする形式である．この形式はリードバルブ式が採用されるようになってからはほとんど採用されなくなった．

7.2.3 2ストロークエンジンの作動とガス流れ

図7.16(a)～図7.16(c)は広く使用されているピストン制御クランクケース圧縮式2ストロークガソリンエンジンの作動と吸・排気流れの関係を示したものである．図7.17にはそのポートタイミングを示す．

図7.16(a)ではピストンが上昇し，クランクケース容積が膨張した後にピストンスカート部が吸気孔を開け，気化器・吸気管を通して混合新気ガスがクランクケース内に吸入される．上部のシリンダでは混合気が圧縮され，点火プラグによって上死点前20°～30°で圧縮混合ガスに点火され，上死点を過ぎてから膨張過程に入る．その後の過程は図7.16(b)で示され，クランクケースでは新気を吸入した後，ピストンの下降に伴い吸気孔が閉じられ，吸入混合気はピストンによって圧縮される．シリンダではピストンが下降をつづけ，やがてピストンヘッド部分が排気孔を通過すると燃焼ガスが音速で排気管内に噴出し，シリンダ内圧はしだいに低くなっていく．さらにピストンが下降すると図7.16(c)のように掃気孔が開き，クランクケースで圧縮された新気がシリンダへ流入する．排気孔が開いてから掃気孔が開くまでの間を排気ブローダウン期間といい，この期間が短いと燃焼ガスである残留ガスは排気されきれず，掃気孔が開いたときに残留ガスが掃気孔側へ吹返す．この現象が長くつづくと真の掃気時間が短くなり，新気を十分にシリンダに供給することができなくなる．やがて，新気ガスがシリンダに流入し，残留ガスが排出される．しかし，シリンダ内で流入新気と残留ガスが層状になっていて，残留ガスのみが排出されるようなことはほとんど無く，新気のまま存在する部分，新気と残留ガスが混合している部分，残留ガスのまま存在する部分などがあり，流入新気の一部は残留ガスと混合しながら排出し，一部はそのまま排気へ素通りすることもある．この新気ガスと残留ガスが入替る過程を掃気過程（scavenging process）またはガス交換過程（gas exchange process）といい，シリンダへの新気の供給と残留ガスの排出を同時に行うものであるが，実際の2スト

ロークエンジンの掃気過程は，エンジン形式（排気量，ボア・ストローク比，掃・排気孔形状），回転数・負荷などの運転条件によって変る複雑なものである．

7.2.4 掃気過程の効率

2ストロークエンジンの掃気過程の良し悪しをガスの流動量で定量的に取り扱うために以下のような効率を用いている．

図7.18(a)に掃気過程中，図7.18(b)に掃気過程終了後のガスの状態を示す．大気状態の温度と圧力を T_o, P_o とし，ガス質量を G_0, G_0 の占める容積を大気状態に換算した値を V_0 で示すとすると，

- G_i, V_i：1サイクルあたりに吸入した新気量（＝シリンダに送入した新気量）
- G_n, V_n：掃気後シリンダに充てんされた新気量
- G_r, V_r：掃気後シリンダに残った残留ガス量
- G_z, V_z：シリンダ内全ガス量 $G_z = G_n + G_r$, $V_z = V_n + V_r$
- G_e, V_e：排気ガス（$G_e = (G_i - G_n) + (G_z - G_r)$,
  $V_e = (V_i - V_n) + (V_z - V_r)$）
- V_s：排気量
- V_c：すき間容積
- G_s：P_o, T_o で排気量 V_s を占める新気量

と表される．このとき，掃気特性を表す各効率は以上のように定義される．

給気比（delivery ratio）：L

$$L = \frac{G_i}{G_s} = \frac{V_i}{V_s} \qquad (7.15)$$

給気効率（trapping efficiency）：η_{tr}

$$\eta_{tr} = \frac{G_n}{G_i} = \frac{V_n}{V_i} \qquad (7.16)$$

掃気効率（scavenging efficiency）：η_s

$$\eta_s = \frac{G_n}{G_z} = \frac{V_n}{V_z} \qquad (7.17)$$

充てん効率（charging efficiency）：η_c

$$\eta_c = \frac{G_n}{G_s} = \frac{V_n}{V_s} \qquad (7.18)$$

充てん比（relative charge）：C_{rel}

$$C_{rel} = \frac{G_z}{G_s} = \frac{V_z}{V_s} \qquad (7.19)$$

修正給気比（corrected delivery ratio）：K

$$K = \frac{G_i}{G_z} = \frac{V_i}{V_z} \qquad (7.20)$$

したがって，これらの効率の間には次の関係がある．

$$\eta_c = L \cdot \eta_{tr} = C_{rel} \cdot \eta_s \qquad (7.21)$$

$$K = \frac{L}{C_{rel}} \qquad (7.22)$$

ここで，重要な効率について述べると，給気比 L は4ストロ—

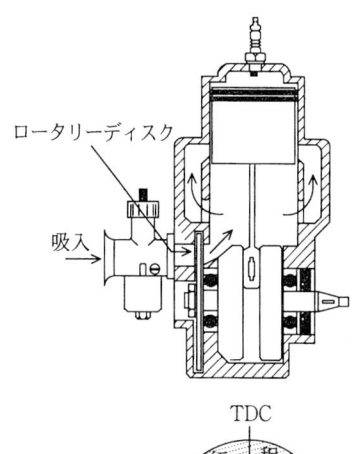

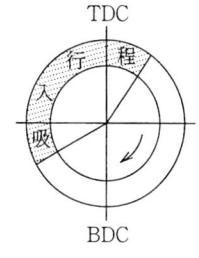

図7.15(c) ロータリーディスク式

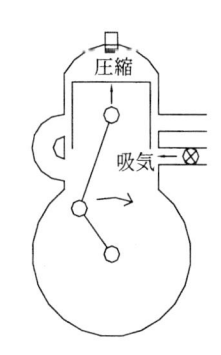

図7.16(a) 圧縮・吸気過程

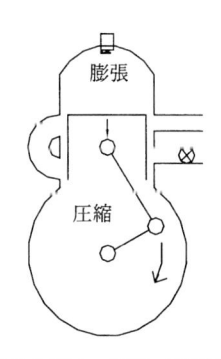

図7.16(b) 膨張・圧縮過程

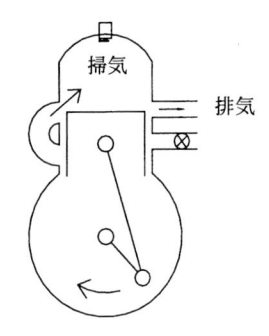

図 7.16(c) 排気・掃気過程

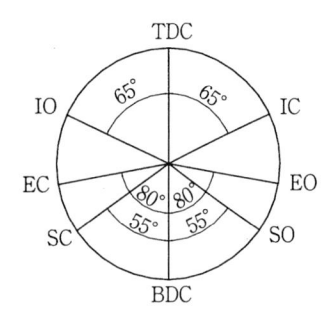

図 7.17 ピストン制御式のポートタイミングの例

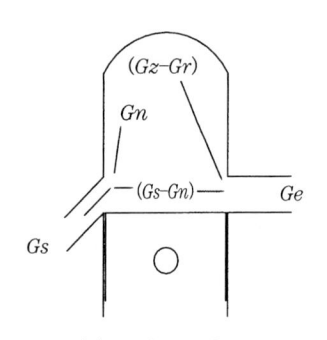

図 7.18(a) 掃気過程中のガス流れ

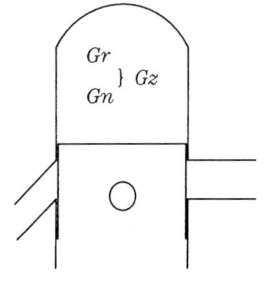

図 7.18(b) 掃気後のガス

クエンジンの体積効率に対応するものであり，シリンダへ供給する新気質量を大気状態で行程容積を占める新気質量との比で定義したものであり，これはクランクケース圧縮式ではクランクケース内への吸入吸気量に等しいから，新気の吸入能力を表している．

給気効率 η_{tr} はシリンダへ供給した新気質量に対してシリンダ内に残った新気質量との比で定義しているもので，掃気時の新気の分留り，あるいは新気が排気側へ素通りする程度 $(1-\eta_{tr})$ を判断するものであり，2ストロークエンジンの掃気特性を評価する重要な効率である．

掃気効率 η_s はシリンダ内ガスの新気濃度を表わすものとして定義され，残留ガスと新気がどの程度入替るかを判断する最重要な効率である．

充てん効率 η_c はシリンダ内新気の充てん質量を排気量のそれとの比で定義したもので，エンジン出力と直結に結びつく重要な効率である．

図7.19(a)，図7.19(b) は2ストロークエンジンの掃気モデルを示したもので，図7.19(a) の完全成層掃気 (completely stratified scavenging) はシリンダに流入した新気が残留ガスと層状になって充てんし，シリンダ内に残留ガスが存在する間は排気孔から排出するのは残留ガスのみで，残留ガスが無くなると新気が排出すると仮定した掃気モデルであり，理想の掃気である．図7.19(b) の完全拡散掃気 (completely diffused scavenging) は完全混合掃気 (completely mixed scavenging) とも呼ばれ，シリンダに流入した新気が瞬時にシリンダ内のガスと一様に拡散・混合し，徐々に新気濃度が高くなっていくと仮定した掃気モデルである．したがって，この場合の排気ガスはシリンダ内の一様に混合したガスであるから徐々に新気の排出が多くなる．

図7.20(a) は掃気効率 η_s の完全成層掃気と完全拡散掃気[5]の値を修正給気比 K に対して示したものである．完全成層掃気では，$K \leqq 1$ の範囲では $\eta_s = K$，$K > 1$ で $\eta_s = 1$ となる．また，完全拡散掃気では，$\eta_s = 1 - e^{-K}$ の関係がある．一般の2ストロークエンジンではこの完全拡散掃気に近い掃気特性を有している．ユニフロー掃気は完全成層掃気と完全拡散掃気の間に有り，最も掃気特性が良い．同様に図7.20(b) は充てん効率 η_c と給気比 L の関係を示したもので，完全成層掃気では，$L \leqq 1$ の範囲で $\eta_c = L$，$L > 1$ で $\eta_c = 1$ となる．また，完全拡散掃気では $\eta_c = 1 - e^{-L}$ の関係がある．$\eta_s - K$ と $\eta_c - L$ の線図はまったく同じ傾向の線図になるが，掃気効率は残留ガスと新気の入替りの程度を判断するのに有用であり，充てん効率は出力トルクの程度を判断するのに有用である．

7.2.5 2ストロークエンジンの排気系

2ストロークエンジンの排気系は残留ガスの排出が4ストロ

ークエンジンに比べると強制的に行われないため，排気抵抗が大きいと新気の供給が妨げられて充てん効率の低下から出力の減少につながる．

汎用2ストロークエンジンの消音器は小型・軽量にする必要がある．したがって，出力の向上よりもむしろ消音効果を期待する方が大きく，絞りと膨張室を数段組合せた膨張型マフラーが多い．

図7.21はその1例で，3室の膨張室と3箇所の絞りがあり，シリンダから排気管を通って排出された高温・高圧のパルス状排気ガスは順次膨張・絞りを繰り返しながらガス温度が低下し，圧力波が減衰しながら排気音が消音されて排出される．

図7.22はモータサイクル用マフラーの概念を示したもので，全体の外形寸法は汎用のものと比べると大きい．また，マフラーは大きく分けて膨張室と消音器に分けられる．モータサイクル用では排気系の脈動波を利用し，残留ガスの排出効率，新気の吹抜け防止と掃気効率・充てん効率の向上を図っている．

掃気孔が開いて新気が流入し始めるときはシリンダ内の残留ガスはできるだけ排出されていることが望ましい．これはシリンダ内圧力が低下し，新気が流入し易いことと，残留ガスが多いと流入新気が残留ガスと混合し掃気効率の低下が充てん効率の低下を招くからである．図7.22で排気孔が開きaからbの排気管を通ってきた正圧波の排気ガスはbからcのデイバージェント（divergent）で膨張するときbで負圧波が発生し反射波となって，aを通って排気孔に向う．この負圧波によってシリンダ内の残留ガスが吸い出される．一方，b～cで膨張したガスはc～dの膨張室でさらに膨張しながらd～eのコンバージェント（convergent）で反射され，正圧波としてc～bのデイバージェントに達し，そこで加圧されながらaを通って排気孔達する．掃気孔が閉じ排気孔が閉じるまでの間はピストンの上昇にともなうシリンダ内ガスの押し出し現象によって充てん効率が低下する．丁度そのときに正圧波の反射波が排気孔に達するとシリンダ内ガスの押し出しが防止でき，充てん効率を向上することができる．当然のことながらこのとき給気効率も改善される．

7.3 吸・排気制御と可変機構

ガソリンエンジンの軸回転力，すなわち，軸トルクはシリンダ内に充てんされた空気量に比例すると考えてよい．俗に高回転型エンジン，低回転型エンジンといわているが，それらは高速回転域，低速回転域でそれぞれの空気充てん量，すなわち，吸入空気量が多くなるように吸・排気系を設定してある．一般に高速回転型エンジンでは低速回転域で出力低下が生じ，低回転型では高速回転域で出力低下が生じる．これは，慣性効果，脈動効果が生じる回転域の両側では負の効果が生じるためであ

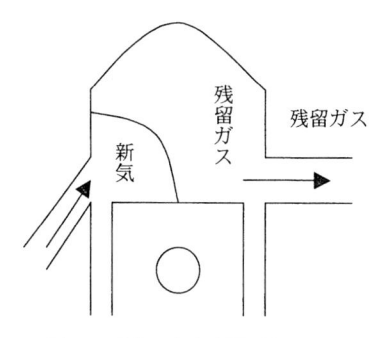

図7.19(a) 完全成層掃気モデル

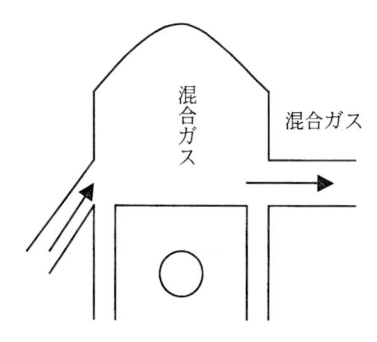

図7.19(b) 完全拡散掃気モデル

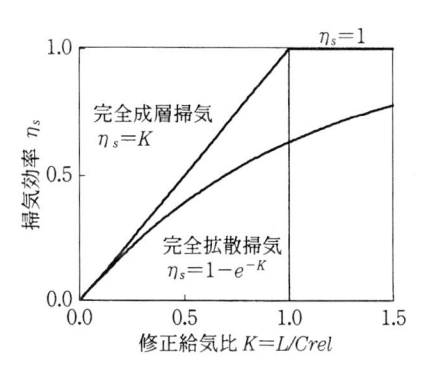

図7.20(a) $\eta_s - K$ 線図

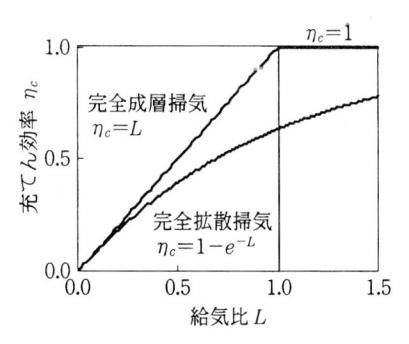

完全成層掃気 $\eta_s = K$
完全拡散掃気 $\eta_s = 1 - e^{-K}$
修正給気比 $K = L/C_{rel}$

図7.20(b) $\eta_c - L$ 線図

完全成層掃気 $\eta_c = L$
完全拡散掃気 $\eta_c = 1 - e^{-L}$
給気比 L

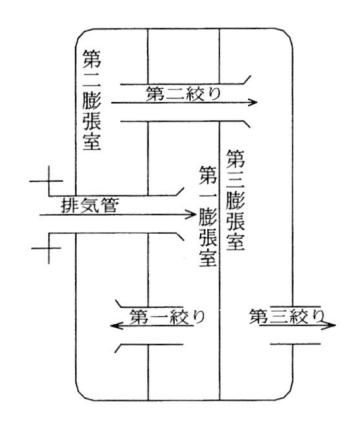

図 7.21 汎用小型2サイクルエンジン用膨張型マフラー

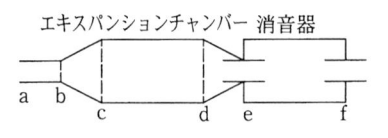

図 7.22 2サイクルモータサイクル用マフラー

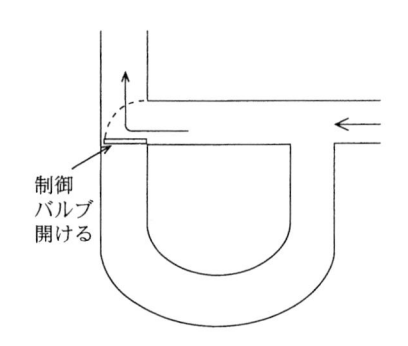

図 7.23(a) 可変吸気システム（高速回転時・吸気管長を短く）

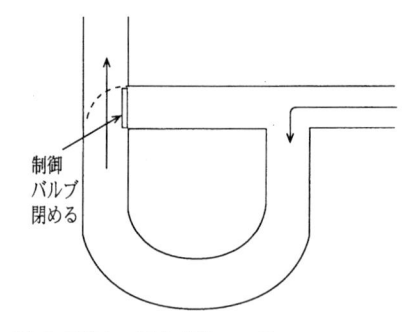

図 7.23(b) 可変吸気システム（低速回転時・吸気管長を長く）

る．しかし，エンジンは広い回転域で安定して高出力が得られるのが望ましい．そこで吸・排気系に可変機構を導入してその目的を達しようとする考えが生じ，それを実践する試みがなされた．

7.3.1 4ストロークエンジンにおける可変吸気機構

一般に排気は高圧排出，ピストンによる強制排出ができるため，吸気系よりも制御が容易である．吸気系はターボ過給の無い自然吸入では，大気圧に対してシリンダ内が最大に減圧したとしても真空であり（実際には有得ない），圧力差は1気圧である．したがって，吸気系では大気とシリンダ内の圧力差のみで自然に流入してくるのを待つのみであるから，吸気系のバルブタイミング制御は出力向上の点から重要である．

4ストロークエンジンでは大きく分けて2つの考え方がある．いずれの場合も吸気管に生じる圧力変化（脈動波）を利用し，吸気バルブ閉時に正の圧力波を同調させて吸気量を増加させようとするものである．その効果は慣性効果と呼ばれ，自然過給とも言われるものであり，1980年ころから普及し始めた．

1つは吸気量を制御するのに吸気管の長さを変えて高回転域，低回転域における吸気バルブ閉時に正圧波をマッチングさせようとするものである．この方法は吸気系のみが対象となるが，正圧波の前後には負の圧力波が同調するために回転数によっては出力低下の生じるデメリットがある．

他の1つは，吸・排気バルブのタイミング・バルブリフトを可変にする方法で，開閉のタイミングによって効率的に吸・排気を行うと同時にオーバーラップ期間の変化による吸・排気の効率も利用し，広い回転域で吸気量を増し，出力性能の向上を図ることが可能である．

(1) 吸気管長さの可変吸気システム (1)

吸気管に生じる圧力波を利用しようとする場合，高速回転では吸気バルブ開閉時間が短いので正圧波が早く返ってくる必要がある．そこで，図7.23(a)に示すように吸気制御バルブを開いて流れをバイパスし吸気管の長さを短くする．また，低速回転では吸気バルブが開いてから閉じるまでの時間が長いので図7.23(b)に示すように制御バルブを閉じて吸気管長さを長くし，正圧波が戻ってくる時間を長く保つようにする．

また，脈動波は高速回転では急激な吸引作用によってその振幅は大きくなる．低速回転では吸引作用が穏やかなので振幅は小さい．しかし，吸気管が長く細くなると振幅が大きくなるためその効果は大きく現れる．

(2) 吸気管長さの可変吸気システム (2)

図7.24(a)，図7.24(b)は上述と同様の考えのもとで吸気管有効長さを可変にする構造である．高速回転のときは図7.24(a)のように吸気制御バルブを開くことによって左右のチャンバー部分を接続し，大きな空間領域を形成することによっ

て，吸気管長さを各々独立した吸気管長となるようにしたものである．多気筒エンジンではチャンバーを通して脈動波が伝ぱするので排気干渉を生じ，これが良い効果をもたらすこともあるが悪い影響を及ぼす恐れがあるので注意を要する．すなわち，排気干渉は都合よく他のシリンダで生じた正圧波が吸気バルブ閉時に同調すればよいが，負圧波が同調すると逆効果になり吸気量が減少する．ただ，チャンバーの部分が圧力波に減衰作用をもたらすのでその効果はそれほど大きくないと考えてもよいであろう．低速回転時には図7.24(b)のように吸気バルブ制御バルブを閉じるとチャンバー部分の容積が小さくなり吸気管の実質長さが長くなったように作用する．したがって正の圧力波の返ってくる時間が長くなり，低速回転域で吸気量が増加する．

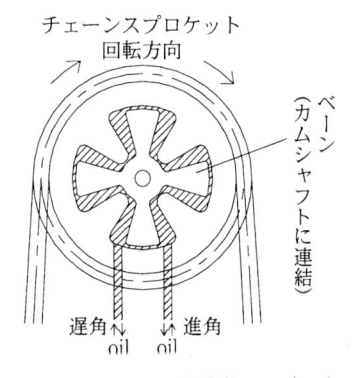

（3） 可変バルブタイミングシステム（1）

先にも述べたが，バルブタイミングの設定によって実用車では低中速回転域重視型，スポーツタイプの高速回転域重視型になる．すなわち，低速回転型に設定すると高速回転域で出力が伸びないというもの足りなさを感じ，高速回転型に設定すると低速トルクが低下し，極端な場合はアイドリングが不安定になる．

このようなことからバルブタイミングを可変にし，低速回転域から高速回転域までの広い回転域で出力性能の向上を図れる方法がいくつか考案されている．この方法は可変バルブタイミングシステムと言われるものであるが，その構造と制御はかなり複雑なものもあり，それぞれの特徴がある．ここではその詳細な構造と制御方法は専門誌に譲るものとし，その効用を検討する．

可変バルブタイミング機構が種々考案され，実用化されている中で，図7.25に示すものは排気バルブタイミングは固定し，吸気バルブの開閉時期をエンジンの負荷，回転数などの運転条件に応じて吸気用カムの位相をコンピュータ制御（ECU）の油圧装置（DCV）によってベーンを連続的に可変させ，最適なバルブタイミングに設定する「連続可変バルブ機構」として開発され実用化されている．そのバルブタイミングをバルブリフトとの関係で示すと図7.26のようになっている．排気バルブタイミングは固定されているが，吸気バルブは実線で示された軽負荷時（アイドリング時）のオーバーラップのほとんど無いタイミングから，高速時で最大60°進角するようになっている．

その後この機構は吸・排気双方のカム軸に取り付けられ，吸・排気両方の可変バルブタイミングシステムとなった．

（4） 可変バルブタイミングシステム（2）（電磁式）

2000年代に入ると，油圧制御に替って電磁力とスプラインによってカム位相を制御する方法が開発された．吸気バルブの位相角0～35°程度の範囲で制御できる．

（5） 可変バルブリフトシステム（3）

1995年ごろ吸気バルブリフトを連続的に可変できるシステ

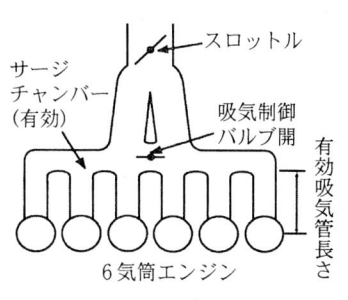

図 7.24(a) 可変吸気システム（2）（高速回転時）

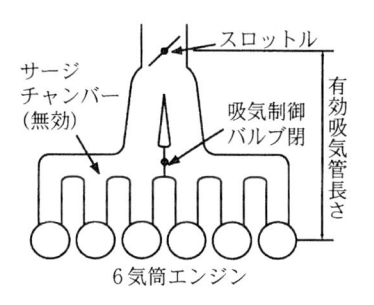

図 7.24(b) 可変吸気システム（2）（低速回転時）

図 7.25 ベーン型可変バルブタイミングシステム（1）

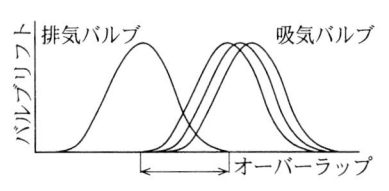

図 7.26 可変バルブタイミングシステムにおける吸気バルブの進角

ムが開発されたが，その後，図7.27に示すように吸・排気双方が高速回転時にはバルブリフトが高くなり，低速回転では低くなる構造のものが開発された．この動作を行わせるためにカムシャフトは吸・排気2本を有するが，ロッカーアームを介してバルブが作動するSOHCタイプである．カムシャフトには図7.28に示すように吸・排気とも低速回転用カムの間にミッドカムと呼ばれる高速回転用カムが装備されており，ロッカーアームは従来のロッカーアームの間にミッドロッカーアームと呼ばれるアームが設けられている．低速回転では低速回転用カムが従来のロッカーアームに接して作動するが，高速回転では3つのロッカーアームが油圧で作動するピストンピンによって一体化し，ミッドロッカーアームが高回転用カムで駆動されることによってそれぞれのバルブリフトが大きくなる．

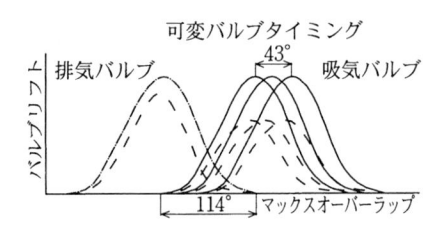

(6) 可変バルブリフト＆可変バルブタイミングシステム

その後，さらに複雑なシステムが開発された．それは高・低回転用カムとロッカーアームを組み合わせた可変バルブリフトシステムと，ベーンまたはスプラインを用いた可変バルブタイミングシステムとを組合せたシステムで，排気に可変バルブリフトシステムを採用し，吸気には可変バルブリフトシステムと可変タイミングシステムを採用した複雑なシステムである．吸気のバルブタイミングの位相を最大43°まで可能にすることによってオーバーラップは最大114°を可能にしている．図7.29はその様子をバルブリフトの関係で示したものである．

(7) ダイレクト可変バルブタイミングシステム

ドイツで開発された可変バルブタイミングシステムはバルブ部頭部に2重構造のバルブリフターが設けられており，高速回転用と低速回転用のカムを使い分けて直接バルブを駆動する構造で，バルブリフト，バルブタイミングを可変するシステムである．この場合のカムは高速回転用，低速回転用の2段階切替方式である．図7.30(a)の中央のカムは低速回転用で中心のバルブリフターを駆動し，図7.30(b)の高速回転では中心のバルブリフターと外側のバルブリフターがピンで連結され，高速回転用の両サイドのカムでバルブリフターを駆動する．

(8) 吸気量制御可変バルブリフトシステム

吸気量はスロットル開度で操作するのが通常であるが，吸気バルブリフトを可変にし，バルブリフト量とバルブタイミングを可変することで吸気量を制御する「吸気量制御可変バルブリフトシステム」がドイツのメーカーによって開発された．

1つはバルブを押すロッカーアームとカムの間にスイングアームと呼ばれるバルブリフト制御システムを設け，そのリフト量によって吸気量を制御する．他の1つもドイツのメーカーによって開発中のもので，ロッカーアームの角度を変えることによってバルブリフト量を変える構造である．構造が比較的シンプルなため早い完成が期待される．

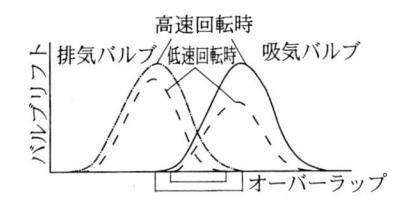

図7.27 可変バルブリフトシステムによるオーバーラップ進角

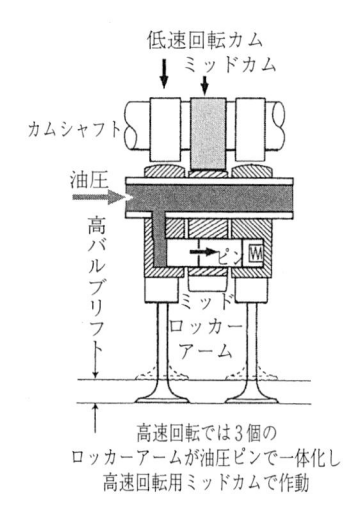

図7.28 可変バルブリフトシステム (3)

図7.29 可変バルブタイミング

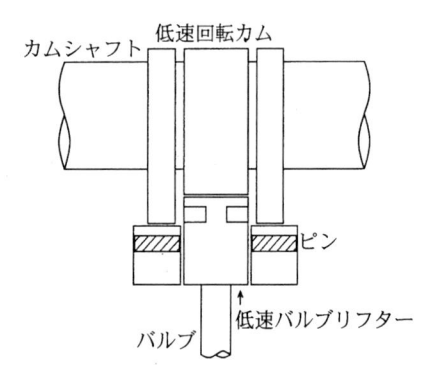

図7.30(a) ダイレクトバルブリフト機構（低速時）

（9） 移動ロッカーアーム・三次元カムによる連続可変バルブリフト・バルブタイミングシステム

小倉[7]は三次元カムと移動ロッカーアームをピロータペットで接続する方法で連続可変バルブリフト・バルブタイミングを可変にするシステムを開発している．図7.31(a)にシステムのレイアウトを，図7.31(b)に移動ロッカーアームの作動状況を示す．上の場合はバルブリフトが小さく，バルブ開閉期間が短い低速回転の場合であり，下はバルブリフトが大きく，かつバルブ開閉期間が長い高速回転の場合である．図7.31(c)は排気と吸気の可変バルブリフトの様子を示したもので，排気バルブは高速回転と低速回転の場合を，吸気バルブは広い範囲に可変し，吸気量をバルブリフトで制御している様子を示してある．

ロッカーアームと三次元カムの間にはピロータペットとそれを受けるスフィリカルベアリングがあり，三次元カムの可変量をスムーズに伝達するようになっている．

なお，ロッカーアームの移動にはギヤードタイプDCモータとスクリュー方式を組み合わせることによって可能にしている．

7.3.2 2ストロークエンジンにおける可変吸・排気機構

ほとんどの2ストロークエンジンにおける吸気方式はピストン制御式，ロータリーディスク式，リードバルブ式の3方式で占められるが，まれにきのこバルブ式もある．何れの場合においても複雑な機構ではコスト高になり，2ストロークエンジンのメリットが損なわれることとなる．吸気系が簡単な構造であるためには積極的に複雑構造の可変吸気システムにすることは難しいが，簡単な構造のシステムが若干ある．

（1） 吸気溜チャンバー方式

図7.32に示すように吸気リードバルブの前に一定の容積を持った空気溜チャンバーを設けた構造である．吸入過程が終了し，リードバルブが閉じると，慣性効果によって流入してきた吸気はチャンバー内に流入する．次の吸気が始まるとき，チャンバー内に溜まっていた空気が流入吸気に加算されてクランクケース内へ吸入される．これによって吸入空気量が増加し，給気比が高くなることで出力が向上する．この方法はリードバルブ式が適している．リードバルブ式が適しているのはリードバルブが自動開閉バルブであるがゆえんであるが，これが効率的に作用するには回転数とのマッチングの問題がある．すなわち，このチャンバー方式はチャンバーと，吸気管・チャンバーとをつなぐパイプで構成されているヘルムホルツ共鳴器を構成していると考えられる．この現象を図7.33に模式的に示す．リードバルブが閉じるときをICとする．チャンバーへの空気の充てんがICから始まるとすると，エンジンの1回転後に再びチャンバーへの充てんが始まるようになればよい．すなわち，エンジンの1回転の時間とチャンバーと連結管の固有振動の周期を

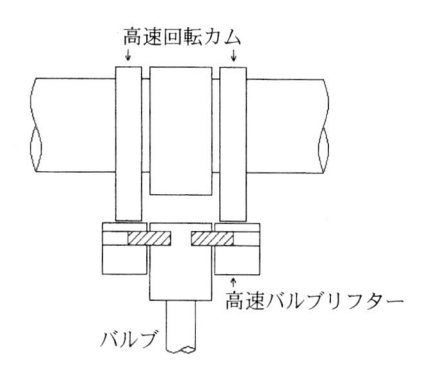

図7.30(b) ダイレクトバルブリフト機構（高速時）

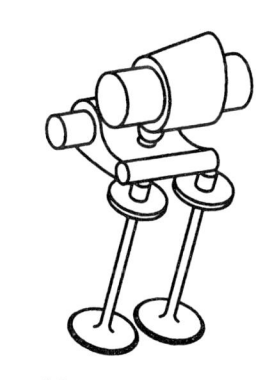

図7.31(a) 三次元カムによる連続可変バルブタイミング機構外観

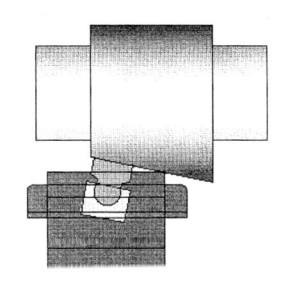

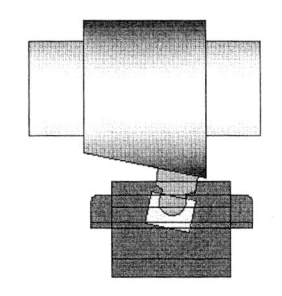

図7.31(b) ロッカーアームの移動によるバルブリフトタイミング機構

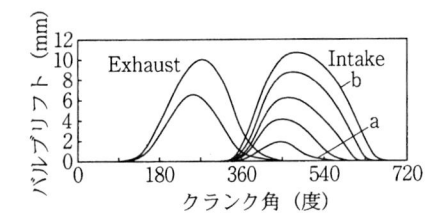

図 7.31(c)　バルブリフトとタイミング変化

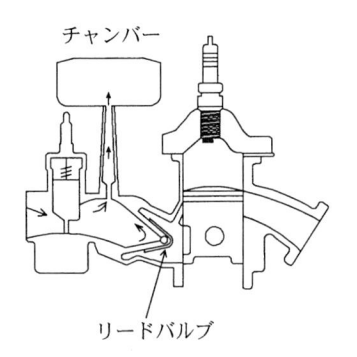

図 7.32　吸気流チャンバー方式

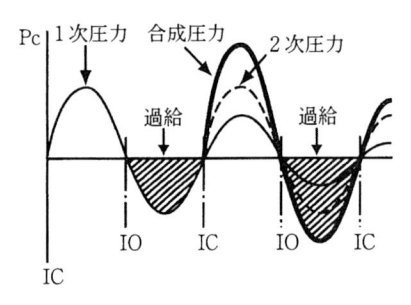

図 7.33　チャンバーによる過給のマッチング

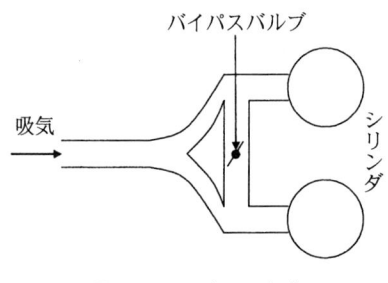

図 7.34　バイパス方式

等しくなるようにすればよいことになる．この関係を式で求めると，式 (7.26) のようになる．

$$\tau_e = \frac{60}{n} \text{ (s)} \quad (7.23)$$

$$\tau_c = \frac{1}{f_c} \text{ (s)} \quad (7.24)$$

$$\tau_e = \tau_c \text{ より} \quad (7.25)$$

$$n = 60 f_c \text{ (rpm)} \quad (7.26)$$

ただし，τ_e：エンジン 1 回転の時間 (s)
　　　　τ_c：チャンバーのヘルムホルツ共鳴器としての周期 (s)
　　　　f_c：チャンバーのヘルムホルツ振動数 (Hz)
　　　　n：エンジン回転数 (rpm)

そうすることによって，次サイクルの吸気過程に過給効果をもたらすことができる．

（2）バイパス方式

クランク角位相差が 180° 異なるシリンダの間で効果を及ぼす方法で，図 7.34 に示すように吸気管同士を連結する．他方の吸気過程が終了したときに生じる正圧波を連結管を通してもう一方の吸気過程に同調させ，給気比を向上させようとするものである．したがって，この場合は位相差が 180° 異なる偶数個の多気筒エンジンである必要がある．

（3）可変排気慣性バルブ（可変排気タイミングバルブシステム）

通常のポート式 2 ストロークエンジンの排気孔高さは，汎用エンジンなどの中低速回転用エンジンでは全ストロークの 30％ 前後であるが，モータサイクルのような高出力，高回転エンジンでは全ストロークの 50％ にも及ぶ．2 ストロークエンジンでは排気ポートが開いてから掃気ポートが開くまでのブローダウン（blow-down）期間にできるだけ多くの残留ガスを排出しなければならない．そして，掃気過程で新気ガスがスムーズにシリンダ内に流入できる状態になる必要がある．

図 7.35(a)，図 7.35(b) に 2 ストロークエンジンのポートタイミングの例を示す．図 7.35(a) は汎用エンジンの例で排気ブローダウン期間はクランク角で 20° 程度であるが，図 7.35(b) の高回転・高出力モータサイクルの例では排気ポートが 90° で開き，かつ，ブローダウン期間も 30° となっている．また，掃気ガスである新気ガスも高速回転エンジンでは短時間に供給する必要があるために多数のポートを設け面積を大きくしてある．

ところで，2 ストロークエンジンのポートタイミング（一般にはバルブタイミングとはいわない）は，ただ単にポートの開閉角度を表すのではなく，回転数との関係で開閉期間の時間を表す．その関係を式 (7.27) に示す．

$$\tau = \frac{\theta}{6n} \text{ (s)} \quad (7.27)$$

ただし，θ：ポートの開閉期間角度（degree）
n：回転数（rpm）
τ：ポート開閉時間（s）

また，この開閉期間 θ は2ストロークエンジンの掃・排気ポート高さとストロークの関係を示すもので，図7.36 はそれらの高さとクランク角の関係を示したものである．このときのポート高さは式 (7.28) で表されている．

$$h = \frac{S}{2}(1 - \lambda - \cos\theta_0 + \sqrt{\lambda^2 - \sin^2\theta_0}) \quad (\text{mm}) \quad (7.28)$$

ただし，h：ポート高さ（mm）
S：ストローク（mm）
θ_0：下死点からのクランク角度（degree）
$r = \dfrac{S}{2}$：クランク半径（mm）
$\lambda : \dfrac{2l}{S} = \dfrac{l}{r}$　ロッド比

ポート高さをストロークで除した値を無次元孔高さといい，掃排気孔それぞれ式 (7.29)，(7.30) で定義される．

$$\sigma_s = \frac{h_s}{S} : \text{無次元掃気孔高さ} \quad (7.29)$$

$$\sigma_e = \frac{h_e}{S} : \text{無次元排気孔高さ} \quad (7.30)$$

また，無次元排気ポート高さと掃気ポート高さの差，

$$\Delta\sigma = \sigma_e - \sigma_s \quad (7.31)$$

を排気リードといい，これら，$\sigma_e, \sigma_s, \Delta\sigma$ の値を見ればその2ストロークエンジンが中低速回転用か高速回転用かの判断ができる．すなわち，$\sigma_e, \sigma_s, \Delta\sigma$ がそれぞれ大きければ，高速回転用，小さければ低速回転用といえる．

ところで，高速回転用エンジンで低速回転運転をした場合，掃気が終わってから排気が閉じるまでの間にシリンダ内のガスがピストンによって押し出され，充てん比，充てん効率が低くなり出力が低下してしまう．これを改善するために図7.37 に示すように排気ポートの上側に半割りのつつみ状のバルブを設け，回転速度によって排気ポート高さを変化させる方法がある．このバルブを排気慣性弁と呼んでいるが，この可変範囲は排気孔開閉クランク角でみると下死点前後 $70°\sim90°$ の範囲に設定されており，低速回転域から高速回転域までの広い範囲に対応できるようになっている．これによって低回転域では有効行程が長くなることで圧縮比が高くなり，出力が向上すると同時に新気の押し出し防止によって燃料消費率も改善される．この様子を図7.38 に示す．ここでは幾何学的静的な現象で話しを進めたが，排気管に生じる脈動波のタイミングを有効に利用することでもあるので，排気慣性弁とも言われているのである．

7.4 過　給

エンジンの排気量を変えないで出力を増大させる，すなわち

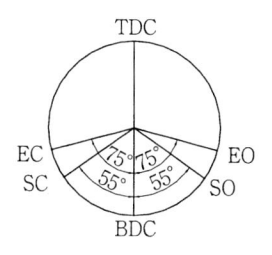

図7.35(a)　汎用2ストロークエンジンの掃気タイミングの例

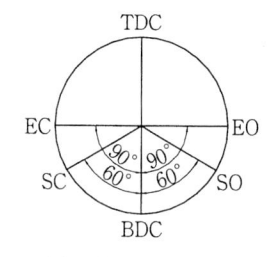

図7.35(b)　高出力モータサイクル用2ストロークエンジンの掃気タイミングの例

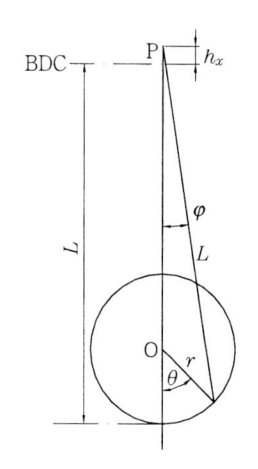

図7.36　クランク角 θ とポート高さの関係

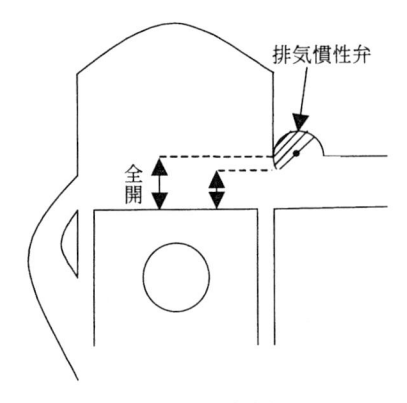

図 7.37 可変廃棄慣性弁

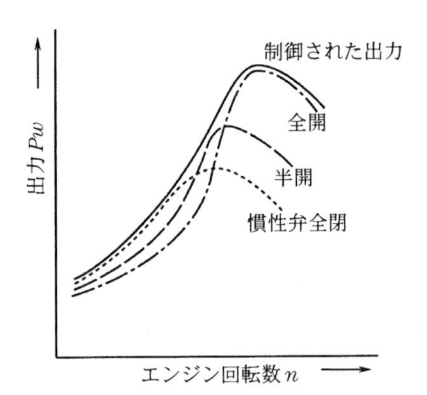

図 7.38 排気慣性弁による出力の改善

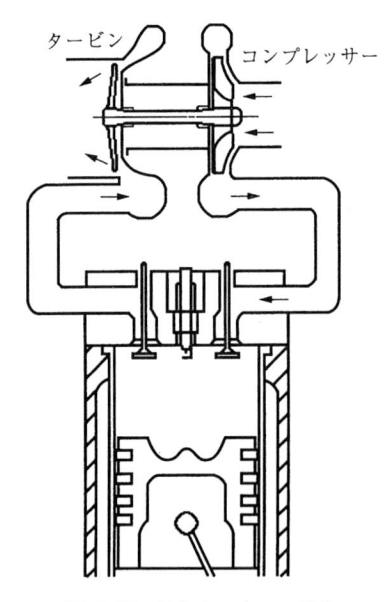

図 7.39 排気ガスターボ過給

容積と価格当たりの出力アップを図るには，平均有効圧を高めることが最も有用である．そのためにはシリンダ内への充てん空気量を多くすれば良いが，自然給気では限度があり，過給機によって加圧空気を供給することが考えられる．一般に過給とは，空気を外気圧（または760mmHg）以上に加圧してシリンダに送ることを指し，特に大気圧の低下する航空用ガソリンエンジンや，高地走行する自動車エンジンでは重要な作用となる．

過給には圧縮機の駆動方法により大きく分けて2つの方式がある．1つは図7.39に示したように，排ガスのエネルギーでタービンを回し，遠心圧縮機を駆動して過給圧を得る排気ターボ過給（exhaust gas turbo-charger），他の1つはクランク軸から直接機械的に回転力を得て圧縮機を駆動するスーパーチャージャー（super charger）と言われるもので，図7.40にその概要を示す．

過給の考え方もエンジンの歴史と同程度に古くから存在し，1906年スイスのAlfred J. Büchiがディーゼルエンジンに適用し，出力と熱効率を向上させたのが始まりと言われている．今日特にディーゼルエンジンは，排気過給機の助けを借りて飛躍的な発展を遂げ，今や過給機の存在無くしてディーゼルエンジンの性能向上や排ガス浄化は考えられない状況にあると言える．この節では自動車用で用いられている過給を中心にその概略を述べる．

7.4.1 排気ターボ過給機

(1) 排気エネルギーとタービン仕事

機械式過給に比較して排気ターボ過給の優位性は，軸出力の減少を伴わないで，シリンダに供給された全熱量の約30%にも達する排ガスの有するエネルギーの有効利用を図れることにある．図7.41はターボ過給ガソリンエンジンの理論PV線図を示す．サイクル1-2-3-4-1で仕事をしたシリンダ内ガスは状態点4で排気バルブが開いて点5まで等エントロピー的に膨張する．このときガス自身の流出速度に見合う運動エネルギーはその一部が渦などの発生に伴って熱になり，一方で排出ガスの増加があり，一定圧力のもとで点6まで膨張しタービン入り口に達する．点6から点7は等エントロピー的に排ガスタービンの中で行われる膨張仕事に相当し，その排ガスタービンの仕事は点5-6-7-8-9-5のPV線図で示される面積である．このとき吸入空気になされた仕事は1-a-b-c-1で囲まれた面積で，このサイクルは正であるから過給エンジンでは吸気過程で正の仕事をすることになり，ポンピングロスを改善できる．

(2) 動圧過給と静圧過給

ターボ機械とは，翼の作用と回転とを組み合わせて仕事をする機械の総称で，本来時間的に変動のない定常流れにより作動することを前提に設計される．しかし実際のターボ過給機の動作形態は，タービンを駆動する流れの状態が定常流か非定常流

かにより，静圧過給と動圧過給の二方式に大別されるが，何れの方式でも程度の差はあれ，エンジンからの排気脈動流れの影響を受けて作動している．

動圧過給はエンジンからの脈動流れで直接タービンを回すものであり，排気ポートから音速に近い流速で流出するブローダウン時の排気エネルギーを有効に利用できる．しかし，自動車用ガソリンエンジンなどでは，1つの過給機で2～4シリンダを受け持つ場合が多く，ブローダウン時に排気管内圧力上昇を招き，他のシリンダとの排気干渉を防ぐことが必要となる．このため渦巻室（scroll）を円周方向に二分割にしたり，タービン入口に仕切を設けたツインエントリー方式などの対策を講じている．ツインエントリー方式は，排気干渉のないポート同士をまとめて1本の流路とし，最終的に2本の流路でタービンホィールまで流れを導く．車両用エンジンでは，エンジンルームのスペースの関係からもっぱら動圧過給方式が用いられている．

他方静圧過給とは，エンジンと過給機タービン間に整定タンクとも言える小部屋（容積室）を設け，エンジンからの脈動流れを流体の粘性抵抗を利用して，定常流に準じた流れに変換してタービンを駆動する方式で，主として大型の舶用機関などに採用されている．整定タンク内での混合による流動損失分排気エネルギーの利用効率は低下するものと見られるが，動圧過給のように断面積の小さな排気通路を高速で流動する必要がなく，その分排気はスムースに行われるためシリンダ内圧力の低下も早まり，さらにターボ機械本来の使われ方に近いことなどから，エンジンの熱効率や燃費の改善を図ることができ，機関性能向上に役立っている．

（3）エンジンと過給機の適合

通常エンジンを設計する場合，それに合わせて過給機を設計するのではなく，シリーズ化された過給機の中から選定して利用することが多い．このとき過給機はあくまでもエンジンの補機であり，両者の特性がうまく適合（matching）して初めてエンジンの性能向上につながる．しかしエンジンと過給機は，実質的には流体力学的にのみつながっているに過ぎない．したがって，基本的に作動原理の異なる容積型機械のエンジンと速度型機械であるターボ過給機が最適な適合を達成し，その上で良好なエンジン性能を得るには，エンジンと過給機のそれぞれの特性把握が非常に重要となる．特に動圧過給の場合には注意が必要である．すなわち，非定常流下で作動する過給機の特性を正しく評価することが必要となるが，これはなかなか厄介なのが現状である．

非定常流れは，脈動周波数，振幅変化および脈動波形の関数と考えられるが，これらが過給機タービン特性にどのような影響を与えるか未だ完全には解明されていない．現時点で明らかになっていることを要約すると以下のことが言える[6]．① タービン流量特性は，排気脈動流れの影響を受け悪化する．特性に

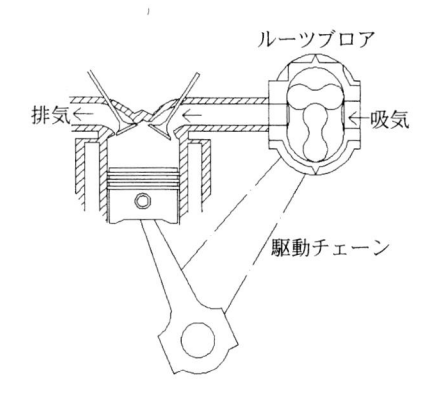

図 7.40 ルーツブロアによる過給

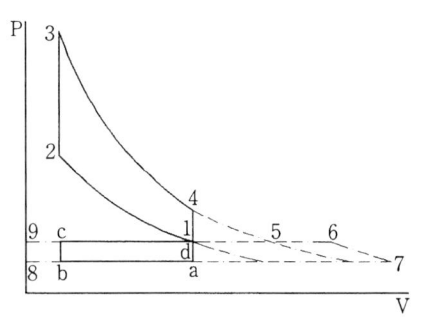

図 7.41 ターボチャージャーエンジンの PV 線図

最も影響を与える因子は振幅変化であり，ついで脈動波形が関与し，脈動周波数の影響はほとんど見られない．②出力特性は，流れの非定常性に全く関与しない．これはエンジンからの排気脈動周波数が10〜70 Hzと小さいのに対し，タービン回転数が桁違いに大きいことに起因する．これらのことを踏まえ，過給圧，流量，ターボラグ，ウエストゲート弁の作動頻度など種々の要素の兼ね合いを考慮して，過給機を選定することが重要となる．

（4）ターボラグ

自動車用エンジンのターボチャージャーでは，アクセルを踏んでもすぐには過給効果は現れず，ワンテンポ遅れる．加速動作に入ってエンジンの回転が上がり，排気エネルギーが増加して，タービンの加速→過給圧の増加を経て，やっといわゆるターボが効いてくるといった経過をたどる．この過給圧立ち上がり時間遅れ現象を俗にターボラグと呼んでいる．これにはタービン翼車，圧縮機羽根車および軸などの回転慣性質量，過給機の空力性能および軸受損失などが関与し，車両用に用いられるターボ過給の大きなマイナス要素に挙げられる．

慣性質量の低減には可動部の軽量化を図ることが有効である．特にその中で50%近くと最も重量的に大きな割合を占めるタービン翼車は，翼周速が音速近くに達する10万〜20万rpmと言った超高速回転をして大きな遠心力を受けると同時に，なおかつ，タービン部は赤熱するほどの高温にさらされる．したがってその材料は高温・クリープ強度が要求され，比重の大きなインコネルなどの耐熱ニッケル合金の使用が主流である．しかし近年ファインセラミックスが開発され，これに取って代わるようになってきた．セラミックスは耐熱合金に比べて約1/4程度の比重であるが，引っ張り荷重や衝撃荷重に弱いので，羽根の根元を厚くするなどの工夫が必要となり，最終的にニッケル合金の1/2程度の軽量化が得られ，回転慣性全体で約30%〜45%以上低減し，ターボラグを20%〜30%以上改善している．さらに，最近ではセラミックスと同程度の重量軽減効果を持つチタンアルミ合金も採用されだしている．

圧縮機羽根車はアルミ合金が一般的であるが，近年炭素繊維を混ぜて製造した樹脂製インペラーが使用され始め，アルミ合金の約1/2の重量まで軽減し，さらなる軽量化を図っている．さらに，過給機の軸受損失もタービン発生動力の15%程度も見込まれこれの低減も重要課題であり，従来の潤滑油自然落下式のメタル平軸受に変えて，ボールベアリングが使われるようになった．

以上の種々の努力によりターボラグは大幅に改善されてきている．さらに，小型ターボチャージャーを2台装備したツインターボシステムも可動部の軽量化につながって，ターボラグの改善に寄与できる．ツインターボシステムは本来6気筒エンジンでの排気干渉を避けるのが主目的であるが，シリンダ内ガスの

排出を促進し動圧を高め，広範囲のエンジン回転数においてレスポンスを向上させている．

(5) 過給圧の制御

ターボ過給は最初レシプロ航空機エンジンに始まり，ついで舶用ディーゼルエンジンに適用されて普及し，現在では自動車用エンジンにも広く使用されている．

自動車用エンジン本体は，吸・排気系の改善，可動部分の軽量化などにより，高速回転を達成して出力の向上を図ってきた．反面，高速回転域では特に吸気バルブ開閉での時間面積(time-area)が減少して吸気量の不足が生じ，高速回転域での出力に限界をもたらしている．これを改善するためにも，ターボ過給が採用されているが，現在では中速回転域での出力向上を重視するようになり，ターボ過給機の動作点を中速回転域に設定することが多い．その結果，高速回転域では過給をし過ぎるようになり，そのため過度な過給がなされない工夫が施されている．

図7.42はウエストゲート弁(逃がし弁)付きターボ過給機の作動を示す．過給圧が高くなりすぎると，ダイヤフラムアクチュエーターが作動し，ウエストゲート弁を開けて排ガスの一部をタービンを通さずに，直接排気管へバイパスさせる．これによって排気タービンの出力が低下し，過給圧を下げることができる．この他の方法に，加圧された新気をコンプレッサーの入り口側へバイパスして過給圧を制御する方法もあるがあまり使用されていない．いずれの場合も実際の制御は，吸気圧，エンジン回転数，新気ガス温度などの情報を取り込みコンピュータで制御する．

(6) ターボ過給機の構造と性能

図7.43はターボチャージャーの主要な構造を示したもので，排ガスで駆動するタービンホィールと新気を圧縮するコンプレッサー羽根車がそれぞれの渦巻室すなわち，タービンハウジングとコンプレッサーハウジング内に収納され，両者が一軸で連結されているという，至って簡単な構成と成っている．

(a) タービン

タービンは軸流タービンとラジアルタービンに大別され，一般に大型の過給機では軸流型，小型の分野でラジアル型が主として用いられてきたが，技術の発達によりかなり大馬力のものまでラジアル型が占めるようになってきたため，本項ではラジアル排気タービンについて述べる．

ラジアルタービンは，比較的小流量向きで，構造が簡単で堅牢であり，制作費も安い等の利点がある．形状的にはラジアルタービンと遠心圧縮機は酷似しており，流れの方向と羽根向きと回転方向の関係が異なる程度である．通常，タービンの作動流体は翼車外周から内向き向かって流れ，基本的に減圧，増速流れであるため，圧縮機羽根車に比較して剥離などが起こりにくく，大きな転向角や膨張比に対応可能で，流れに比較的鈍感(または設計が比較的容易)であると言える．また軸出力を取り

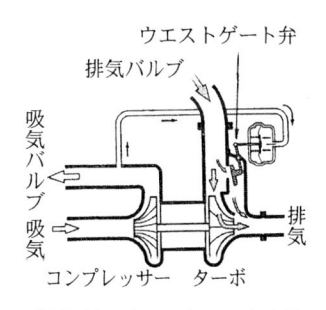

図7.42 ウエストゲート弁付ターボチャージャー

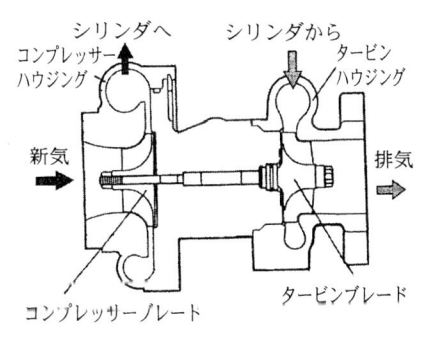

図7.43 ターボチャージャーの仕組み

出す一般のガスタービンエンジンに比較して，圧縮機を駆動するのみで良いため，流体から変換するタービン仕事は外部出力に相当する分（20%～35%程度）小さくでき，レスポンスのよいタービンにできる．

また作動ガスのエネルギー変換の仕方により，衝動タービンと反動タービンに分類される．エンジンからの高温・高圧の排ガスエネルギーの全てをノズル内で膨張させ，運動エネルギーに変換して流速でタービンを回す方式が衝動型である．他方ノズルで全エネルギーの一部を膨張させ，残りを翼車内でさらに膨張させ，高速のガスを動翼から噴出させ，その反動でタービンを回す方式が反動型である．厳密には両者を区別しにくく，通常両者の機能を併せ持つ形式が多い．

翼形状は，機械的な強度を確保するためと製作の容易さから，直線翼が多用されてきたが，タービン外径を小さくして大流量に対応可能な斜流型タービンも用いられるようになってきた．

(b) タービンハウジング

タービン渦巻室；タービンハウジングは，図7.44に示すように高速で流入した排ガスの流速を保持してタービン動翼に到達できるように，スクロール部（渦巻室）全体の断面積を徐々に絞って（先細ノズル）いる．エンジン排出ガス流量とタービンの許容ガス流量を最適にするには，動翼径とスクロール断面積との関係が重要となる．さらに，1つの過給機でエンジンの広い運転範囲をカバーして高い過給効率を確保するために，タービン流量を可変にできる可変容量型過給機などの種々の工夫がなされている．この形式の過給機は，VGS；variable geometry systen, VNT；variable nozzle turbine, VG；variable geometryなどと呼ばれているが，以下にその代表的なものを紹介する．

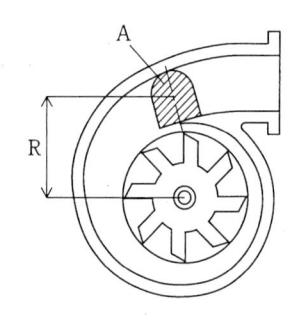

図7.44 エーバイアール A/R

図に示すスクロール最小断面積Aと，軸中心との距離Rとの比A/Rはタービン特性を与える1つのパラメータとして用いられ，この値が大きいほど高速域でのターボ効率がよい高速型ターボを意味し，反対に低速時にはレスポンスが悪くなる．そこでスクロールに1枚の開閉弁を設け，スクロール部面積を変えることによりA/Rを変化させることのできるものを，A/R可変ターボまたは可変フラップ式ターボあるいはジェット式ターボと呼んでいる．

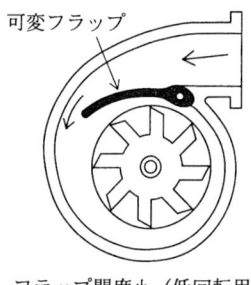

図7.45の上図は，エンジンが低速のときフラップを上げてAの断面積を小さくしてガス速度を速め，タービンの流量特性を小流量域に移行させ，ターボラグも減少させて，エンジンの低回転域での特性を向上させる．反面Aを小さくするとエンジンの排圧が増加し機関出力の低下を招くこともある．逆に下図のように高速回転時にはフラップを下げてノズル面積Aを大きくすれば排圧は減少し，高速時の効率が向上する．

図7.46はスクロール2分割型で，スクロール部が円周方向に内側と外側に2分割されており，内側に開閉バルブが設けられ

可変フラップ

フラップ開度小（低回転用）

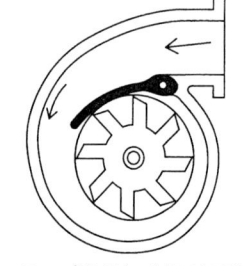

フラップ開度大（高回転用）

図7.45 可変フラップ式ターボ

ている．ツインスクロールとも呼ばれるこの方式は，低速時には上図のように内側のスクロールを閉じ，排ガスは外側のスクロールから流入する．また，スクロールを任意に可変し，広い範囲にわたって高いタービン効率を得る研究[7]もある．

図7.47は可変ベーン型ターボでディーゼルエンジンに多用されている．タービンハウジング内に多数のノズルを形成する小型の可変ベーンを設け，低速回転時にはノズルが狭くなるようにベーンを閉じ，高速時はベーンを開いて排圧を低くするように制御している．小倉等[8]は可変ベーン型ターボに改良を加え良好な過給特性を得ている．すなわち，ノズルを構成するベーンをアウターノズルベーンとインナーノズルベーンの二重構造とし，ノズル部を2つのベーンで制御して，最適なタービン効率を得るようにしたものである．

(c) 圧縮機羽根車および圧縮機ハウジング

過給機に用いられる圧縮機は一般に単段遠心圧縮機がほとんどである．圧縮機の特性には，エンジンのワイドレンジに対応して，作動範囲の広い高効率な上にトラック用では高い信頼性も要求される．流体力学的にはタービン翼車と反対に昇圧，減速流れのため，翼背面で剝離を生じやすく，サージやチョークおよび失速などの問題を回避する必要がある．最近のコンピュータによる流れや応力解析技術の進歩により，高圧力比，高効率で大流量の羽根車が5軸NC制御機械によりかなり複雑な形状も一体で製作できるようになった．圧力比もアルミ材で4～5まで可能であり，ブレード形状は，半翼（splitter blade）を備えたバックワード型，バックワードレイク型などがあり，現在は中心から吸込んだ空気を外周まで徐々にその速度を上げていくバックワードレイク型が主流となっている．

コンプレッサーハウジングはアルミ系の材質で製作され，羽根車で遠心力によって流体に与えられた運動エネルギーを，スクロールの断面積が徐々に大きくなるディフューザー機能により，静圧に変換する働きをする．この形状が悪いと吐出空気は，断熱圧縮による温度上昇以上に高温となり効率が低下する．

(d) 軸受

圧縮機の性能向上には，羽根車周速を音速ぎりぎりまで高めることが有用であり，そのために軸回転数が200,000rpmに達する形式の過給機もあり，軸受と潤滑の問題は非常に重要である．これまで過給機の軸受には，静止時には少しガタがあるが，回転と油圧により軸が油膜を介して中心位置でフローティングして滑らかな回転を保持するメタル平軸受が一般に多用されてきた．近年ガソリンエンジンや一部ディーゼルエンジンの過給機で，軸受損失を軽減してターボラグを改善する目的で，ボールベアリングを採用する機種が多く見かけるようになっている．

(e) インタークーラー

過給機からの吐出空気は，タービン部からの伝熱，圧縮に伴

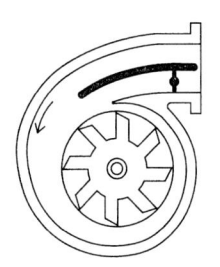

スクロールバルブ閉（低回転用）

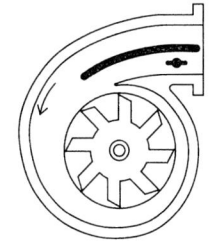

スクロールバルブ開（高回転用）

図7.46　スクロールバルブ分割型可変ターボ

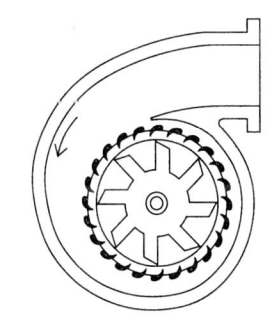

ベーン間すきま小（低回転用）

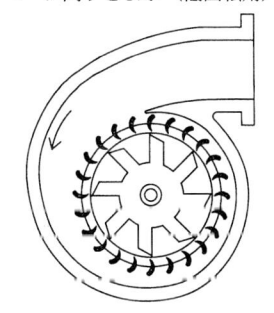

ベーン間すきま大（高回転用）

図7.47　可変ベーン型ターボ

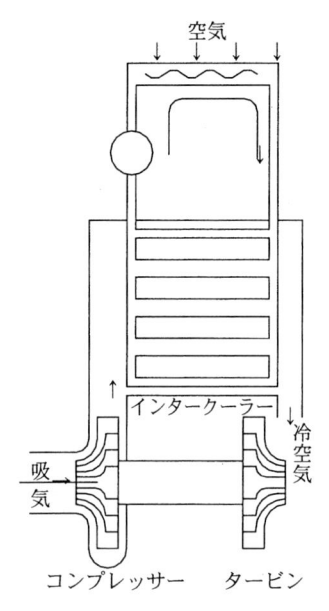

図 7.48 水冷インタークーラー

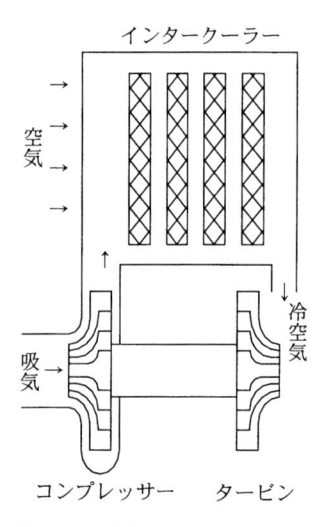

図 7.49 空冷インタークーラー

う摩擦や渦の発生などによる流体損失などから，断熱圧縮による温度上昇以上の高温となる．通常の自動車用で100℃程度，レーシングカーでは200℃にも達する．圧縮空気の温度上昇は空気密度の低下を招き，過給本来の効果を低減させる．またガソリンエンジンでは高負荷運転時に高温空気によるノッキングの発生が避けられない．それゆえ，良好な過給条件を確保するためには，圧縮空気の冷却が必要になりこれを行う目的で，ターボチャージャーとインテークマニホールドの間にインタークーラー（inter cooler）を挿入する．図7.48に水冷式インタークーラーを，図7.49に空冷式インタークーラーの概要を示す．水冷の場合，エンジン冷却水温（85～90℃）が高すぎて，吐出空気との差が小さく冷却効果が期待できないので，別途にサブラジエータとウォーターポンプを設ける．空冷の場合はエンジンラジエータの前に吸気冷却用のサブラジエータを取り付け，走行時の車速を利用して給気を冷却する．最近の空冷式は，空気比熱の小さなマイナス面を克服して，水冷式とほとんど変わらない性能を有している．現在国内で生産されているターボガソリンエンジンにはほとんどインタークーラーが装着されており，給気温度を下げることで，ノッキングも回避し，より高い過給圧で密度を上げ，充てん効率を向上させている．

7.4.2 スーパーチャージャー（機械式過給機）

クランク軸から直接圧縮機駆動に必要な動力を得る方式で，その分エンジン本体のパワーロスになる．しかしターボラグがなく応答性に優れ，小風量より過給が可能で低速性能が改善でき，エンジン回転数に対してほぼ線形な特性を有するなどの特徴を持ち，高いレスポンスを要求される主としてガソリンエンジンに用いられている．さらにガソリンエンジンでは通常の高速走行時には，過給をほとんど必要としない場合が多く，電磁クラッチを挿入して過給機の駆動を休止し，クランク軸出力のロスを防ぐシステムも開発されている．

取り出せる回転数に制約があるため，前項で用いたような超高回転数の遠心式圧縮機は使えず，機械式過給機に用いられる代表的な圧縮機には，ルーツ式ブロア（Roots blower）とリショルム式圧縮機（Lysholm compressor）があげられる．それぞれクランクシャフトから1.4～2.0倍程度，または20000～35000rpm程度の回転速度で動力を得ている．次に代表的な2つの圧縮機を用いた過給機の概略を述べる．

（1）ルーツブロアを用いた過給機

図7.50に示すようにケーシング内で，2葉（または3葉）のまゆ形断面を持つ2個のロータを互いに反対方向に回転させ，ロータとケーシングの間の容積に閉じこめた空気を，吐出側に移動させ圧力を高める構造である．ルーツ型は内部圧縮機能がないため，高い圧力には不向きである．図ではロータの回転によって，左側ロータの下部で空気を吸入するところであり，右側

ロータはロータとケーシングの間に空気を吸込み終わったところである．ロータの上側では左側ロータとケーシングの間で運び込まれた空気が右側ロータによって押し出されるところである．2個のロータは90°の位相でタイミングギヤーで嚙み合っており，それぞれのすき間は0.3～0.5mmのわずかな間げきを保って互いに接触することなく回転し，潤滑油を必要としないので清浄な圧縮空気が得られる．

（2）リショルム（スクリュー）圧縮機を用いた過給機

リショルム式圧縮機はスクリュー（screw）式とも呼ばれ，産業用の分野で広く一般的に使われている高効率な容積型圧縮機である．一対のネジれたオスロータとメスロータの回転に伴ってロータ歯溝内に挟まれた空間が移動し，少しずつ空間容積を減少させて連続的に圧縮を行うため，高い圧力比を得ることができる．オスロータで35000rpm，メスロータで21000rpm程度の高速で駆動する必要があり，クランク軸から増速が必要となる．もともと応答性に優れた過給機であるが，ロータ内部を中空にして回転質量を50％程度も軽減を図ったものもある．ミラーサイクルエンジンの圧縮機としても実用になった．

（3）その他の機械式過給機

（a）スクロール式過給機（Gラーダー式）

空調用コンプレッサー等に広く使用されている構造で，ケーシング内を外から内側へ向って渦巻状の空気通路を設け，渦巻きプレートが付いたディスプレーサーを挟んでケーシングを組合す．ディスプレーサーに偏心運動を与えると空気が移動し圧縮される．

（b）コンプレックス過給機（プレッシャーウェーブ式）

溝付きのロータセル（ハニカムセル）をクランクシャフトを介して回転させ，溝の一端から排気が入るとその圧力波が音速でその中の空気を押し出す構造で，排気エネルギーを圧力波の形で吸気に伝ぱして過給する．

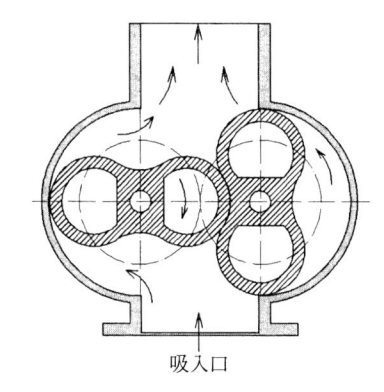

図7.50 2葉ルーツブロアの作動

演習問題

1. 4ストロークエンジンで，体積効率が$\eta_v=0.8$の運転状態であるとする．このエンジンが気温35℃の真夏に運転するのに対し，気温−15℃の真冬に運転する場合では充てん効率η_cはそれぞれいくらになるか．また，それによる出力の増減はどのようになるか求めよ．ただし，吸気温度は外気温度とし，外気圧は標準大気圧とする．また，吸気中の水蒸気は無視せよ．

2. 4ストロークエンジンで，吸気弁開時期上死点前20°，吸気弁閉時期下死点後50°であり，回転数6000rpmのときに慣性過給を得ようとする場合の吸気管長L_{in}を求めよ．ただし，吸気温度0℃，吸気時の最大負圧は吸気弁開後60°で生じたとする．

3. 見掛けの圧縮比 $\varepsilon=0.7$, 無次元排気孔高さ $\sigma_e=0.35$ の2ストロークエンジンがある ($\sigma_e=h_e/s$). 真の圧縮が始まる排気孔閉時の圧力が $P_z=0.1078\,\mathrm{MPa}$, 温度が $T_z=425\,\mathrm{K}$ であった. そのときのシリンダ内新気濃度が80%とすると, 新気ガスの充てん効率 η_c はいくらになるか.

4. 排気量 $V_s=250\,\mathrm{cm^3}$ の4ストロークエンジンがある. 回転数 $n=3000\,\mathrm{rpm}$ で運転したところ, 吸入空気量が $Q=0.3\,\mathrm{m^3/s}$ であった. この場合の体積効率 η_v はいくらになるか. また, 1気圧, 10℃の気象条件としたとき, 充てん効率 η_c はいくらになるか.

5. 一般の2ストロークガソリンエンジンを気化器全開で運転した場合の給気比は, $L\cong0.8$ 程度が最大である. 掃気特性が完全拡散掃気であるとしたとき, 充てん効率 η_c はどれくらいになるか. そのとき, 排気に素通りする新気ガスは供給新気に対しどのくらいになるか ($1-$給気効率 η_{tr}).

6. 4ストロークエンジンで, 排気弁開時が下死点前60°（EO＝BDC－60°), 排気弁閉時が上死点後20°（EC＝TDC 20°), バルブオーバーラップ50°, 回転数5000rpmの条件で, 排気の反射波の負圧波の先端を吸気弁開時30°前に同調させ, オーバーラップ期間中に排気慣性効果を利用して燃焼室に残っている残留ガスを吸い出したい. 排気管内の平均ガス温度を500℃とした場合の排気管長 L_{ex} を求めよ.

7. 4ストロークエンジンで, 排気量 $V_s=500\,\mathrm{cm^3}$, 回転数 $n=5000\,\mathrm{rpm}$, 吸気管断面積 $f=7\,\mathrm{cm^2}$, 吸気弁開時上死点前10°（IO＝TDC－10°), 吸気弁閉時下死点後40°（IC＝BDC 40°), 吸気管内吸気温度 $T=298\,\mathrm{K}$ のとき, 吸気慣性効果を利用して最大吸気量を得たい. 慣性特性数 Z_n を吟味して吸気管長さ L_{in} を求めよ.

8. 高出力2ストロークエンジンでは排気管脈動を利用して, 掃気過程では負圧波を同調させて残留ガスの吸出しを行い, 掃気孔閉時から排気孔閉時の押し出し期間では正圧波を同調させて充てん比, 充てん効率の向上を図っている. エンジンの掃気孔開閉時期を下死点前後60°とし, 回転数 $n=4000\,\mathrm{rpm}$ で圧力波を同調させたい. 負圧波の先端を掃気開時（SO）から50°後に, 正圧波の先端を掃気孔閉時30°前後に同調させるとすれば, 排気孔からダイバジェントコーン入り口までの距離 L_1, 排気孔からコンバジェントコーン入口までの距離 L_2 は幾らにすればよいか. ただし, マフラー内の平均ガス温度は200°とせよ.

[解答]

1. 体積効率 η_v と充てん効率 η_c の関係は,
$$\eta_c=\frac{P_a}{P_o}\frac{T_o}{T_a}\eta_v$$
である. $P_a=P_o$, $T_o=298\,\mathrm{K}$, 体積効率 η_v は外気状態によ

って変らないから，35℃のときの充てん効率 η_c, −15℃のときの充てん効率 $\eta_{c(-15)}$ はそれぞれ，

$$\eta_{c(35)} = \frac{P_a}{P_o} \frac{T_o}{273+t} \eta_v$$
$$= \frac{1.0125 \times 10^5}{1.0125 \times 10^5} \times \frac{298}{273+35} \times 0.8 = 0.774$$

$$\eta_{c(-15)} = \frac{P_a}{P_o} \frac{T_o}{273+t} \eta_v$$
$$= \frac{1.0125 \times 10^5}{1.0125 \times 10^5} \times \frac{298}{273-15} \times 0.8 = 0.924$$

出力が充てん効率に比例するものとすれば，

$$\frac{\eta_{c(-15)}}{\eta_{c(35)}} = \frac{0.924}{0.774} = 1.194$$

となり，約20%の出力増加になる．出力に直接関係する充てん効率は吸気温度（吸気管内温度）に逆比例する．

2. 吸気弁の開閉期間は図7.51に示すようにIO〜ICまで合計250°であるが図7.52にも示すように吸入時の最大負圧は吸入開始後60°の点で生じる．この送出波が吸気管端で正圧波の反射波として吸気弁まで戻ってくるが，最大正圧波の到達を吸気弁閉時ICに同調させるためには，吸気弁閉時60°前に反射波の先端が到達する必要がある．したがって，吸気弁開時IOから反射波の到達まではクランク角で190°（=250°−60°）となる．

圧力波は音速で伝ぱするから吸気管内の音速 a を求める必要がある．

$$a = \sqrt{\kappa RT} \quad \text{(m/s)}$$

κ：空気の比熱比，$\kappa = C_p/C_v = 1.402$
R：空気のガス定数，286.85 (J/kg・K)
T：吸気温度，$273+20 = 293$ (K)

とすると，

$$a = \sqrt{1.402 \times 286.85 \times 293} = 343 \quad \text{(m/s)}$$

6000rpmでクランク角190°に相当する時間 τ は，

$$\tau = \frac{\theta}{6n} = \frac{190°}{6 \times 6000} = 5.278 \times 10^{-3} \quad \text{(sec)}$$

吸気管内を時間で圧力波が伝ぱ（往復）するとすれば，吸気管長さ L_{in} は，

$$L_{in} = \frac{1}{2}\tau a = \frac{1}{2} \times 5.278 \times 10^{-3} \times 343 = 0.905 \quad \text{(m)}$$

3. 図7.53に示す関係を参照して，

$$\varepsilon_o = \frac{V_c + V_s}{V_c}$$
$$\therefore \quad V_c = \frac{V_s}{\varepsilon_o - 1}$$
$$\sigma_e = \frac{h_e}{s}$$
$$\eta_c = C_{ret} \cdot \eta_s$$

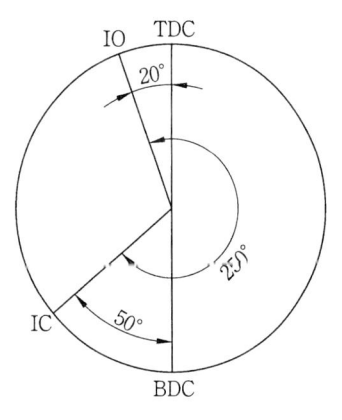

図 7.51 吸気ポート開閉期間

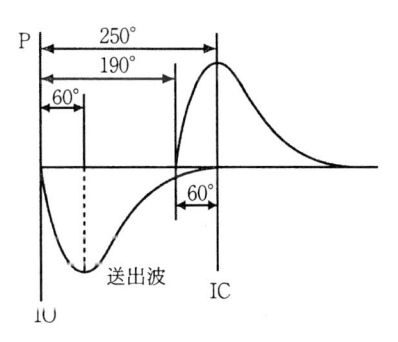

図 7.52 反射波の到達

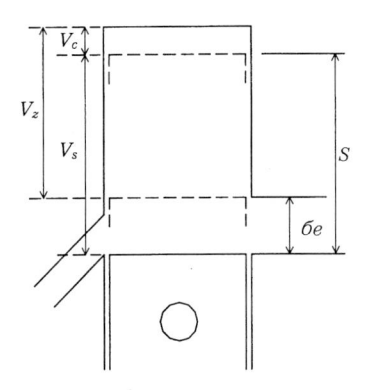

図 7.53 シリンダ内容積の関係

$$C_{rel} = \frac{G_z}{G_h}$$

$$G_s = \frac{P_o V_s}{R T_o}$$

$$G_z = \frac{P_z V_z}{R T_z}$$

$$V_z = V_c + (1-\sigma_e) V_s$$
$$= \frac{V_s}{\varepsilon_o - 1} + (1-\sigma_e) V_s$$

の関係式が得られる．

$$C_{rel} = \frac{\frac{P_z V_z}{R T_z}}{\frac{P_o V_s}{R T_o}}$$

$$= \frac{T_o}{T_z} \frac{P_z}{P_o} \frac{V_z}{V_s}$$

$$= \frac{T_o}{T_z} \frac{P_z}{P_o} \frac{\frac{V_s}{\varepsilon_o - 1} + (1-\sigma_e) V_s}{V_h}$$

$$= \frac{T_o}{T_z} \frac{P_z}{P_o} \left\{ \frac{1}{\varepsilon_o - 1} + (1-\sigma_e) \right\}$$

$$= \frac{298}{425} \frac{0.1078}{0.10125} \left\{ \frac{1}{7-1} + (1-0.35) \right\}$$

$$= 0.684$$

したがって，充てん効率 η_c は，新気濃度，すなわち，掃気効率：$\eta_s = 0.8$ であるから，

$$\eta_c = C_{rel} \cdot \eta_s = 0.684 \times 0.8 = 0.547$$

4. 体積効率：$\eta_v = 0.80$
   充てん効率：$\eta_c = 0.842$
5. 充てん効率：$\eta_c = 0.55$
   素通り率：$(1-\eta_{tr}) = 0.311$
6. 排気管長さ：$L_{ex} = 2.12$ m
7. 吸気管長：$L_{in} = 0.884$ m
8. $L_1 = 0.675$ m
   $L_2 = 1.317$ m

文　献

1) 小林清志：工業熱力学，理工学社，1979.
2) C. Fayette Taylar and Edward S. Taylar: The Internal Combustion Engine, 1966. International Textbook Company, Scranton Pennsylvania.
3) 浅沼強，他6名：熱機関体系 5，火花点火機関，山海堂.
4) M. Nakano, K. Sato and H. Ukawa: A Two-stroke Cycle Gasoline Engine with Poppet Valves on the Cylinder Head, SAE paper 901664, 1990.
5) 栗野誠一：改訂 内燃機関工学，山海堂，1975.
6) 小西奎二，吉識晴夫：過給機駆動用ラジアル排気タービンの非定常流特性に関する研究（タービン性能予測に与える脈動波形の影

響），日本機械学会論文集（B編）57巻，533号，1991．
7) M. Ogura, et al.: Performance improvement of a four-cylinder gasoline engine with continuous variable val. Journal of Engine, SAE Trans. 2004（SETC 2003-0032-0052）
8) 小倉勝，他3名：二翼一体型軸方向変位ノズルターボ過給機に関する研究，第13回内燃機関シンポジウム講演論文集，1996．

第8章　トライボロジーと潤滑油

8.1　トライボロジーの基礎

8.1.1　トライボロジーの意義

　機械は使い続けるうちに，その性能が次第に変化していく．その理由は，摺動部（滑り合う部分）の表面が繰り返し摩擦によって変化していくためである．中には突然摩擦が急上昇して機械が停止することがある．これが焼付きによる故障である．また，摺動部のがたが大きくなって，機械の作動精度が大幅に低下することがある．これが摩耗による機械の寿命である．

　このような摩擦・摩耗に関わる問題を解決するために，古来，摺動部に水や油などの液体をさすことによって，摩擦を小さくする方法が有効であることが経験的に知られていた．図8.1に示す紀元前1900年の古代エジプトのレリーフでは，多くの奴隷が巨像を木製のそりに乗せて運搬している様が描かれている．よく見ると，そりの上に立っている1人の男が壺からなにやら液体をそりの前に注いでいるのがわかる．古代人が，摺動部を液体で濡らすことによって抵抗が小さくなる事実を認識していたことを証明するものである．

　時代はずっと下って，イギリスでは1966年教育科学省からの要請を受けた潤滑技術委員会の委員長Jost博士が，潤滑・摩

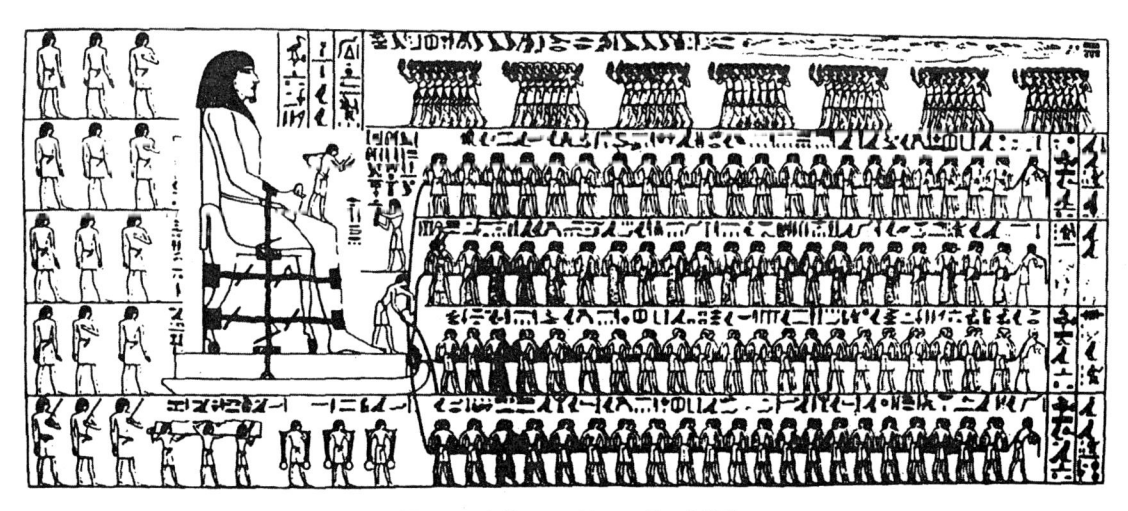

図 8.1　古代エジプトの巨像の運搬[1]

擦・摩耗を適切に講じることによって，極めて大きな経済効果が得られると述べた報告書を発表した．改善額は，当時の費用で約5億ポンドと巨額である．その内訳は，保守と交換の軽減，故障の低減，機械の長寿命化などである．そして，従来の潤滑・摩擦・摩耗に関わる技術を，学問として認識し，体系化するための1つの用語を提案した．それが「トライボロジー(tribology)」である．

トライボロジーは，ギリシャ語のtribos(摩擦する)と，学問を意味するlogyからなる用語であって，「相対運動をして相互に影響しあう二表面，ならびにそれに関連する諸問題と実際についての科学と技術」と定義される．トライボロジーには機械工学，化学，金属学，物理学など幅広い学問技術が深く関わっている．言い換えれば，摩擦・摩耗などのトライボロジー現象を解決するためには，1つの学問では不十分であることを意味している．潤滑(lubrication)が，ともすれば経験的技術のイメージが強いのに対して，トライボロジーは総合表面科学といった学問である点で，摩擦・摩耗現象に対する捉え方が大きく異なっている．

ところで，現場でトライボロジーに関わる不具合が見つかるとき，なかなかその原因を特定できないことがあるが，これは，多くの要因が複合して影響を及ぼして不安定な現象を生じているためである．したがって，トライボロジー現象を簡単な理論や実験でシミュレーションすることが難しいのも事実である．それではトライボロジー技術が問題解決において無力であるかといえば，そうではない．トライボロジーの理論や技術を進展させ，実際面に応用することができれば，機械の運転を正常に保つことができ，寿命延長や，省エネルギー効果も得られる．前述したように，機械の故障の多くは，不適切なトライボロジー技術が原因であることが多い．その意味で，トライボロジーは，機械のさらなる高性能化，高精度化，長寿命化の鍵を握るキーテクノロジーであるということができる．

8.1.2　摩擦の形態とトライボシステム

（I）摩擦の形態

摩擦の形態は，図8.2に示すように3つに分けることができる．

① 乾燥摩擦
② 境界摩擦
③ 流体摩擦

乾燥摩擦は，二面の間に潤滑油剤がまったく存在しない状態での摩擦であって，固体摩擦(solid friction)とも呼ばれる．境界摩擦は，二面の間に分子程度の厚さの吸着膜などが存在するときに得られる摩擦である．そして，境界摩擦(boundary friction)が得られる潤滑状態を境界潤滑(boundary lubrication)と呼ぶ．

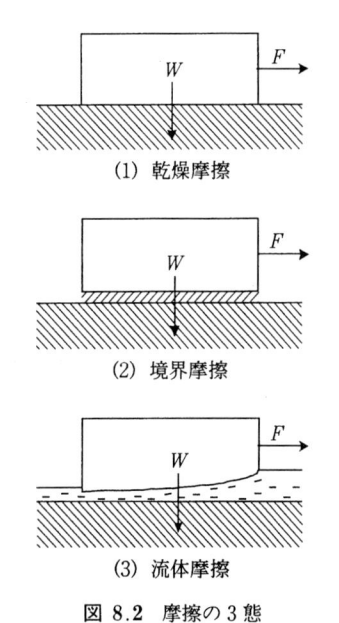

(1) 乾燥摩擦

(2) 境界摩擦

(3) 流体摩擦

図 8.2　摩擦の3態

流体摩擦は，二面間が潤滑油で満たされたときに得られる摩擦で，このときの潤滑状態を流体潤滑（hydrodynamic lubrication）と呼ぶ．乾燥摩擦と境界潤滑では，接触の界面が2次元的（平面的）であるのに対して，流体潤滑では，油膜厚さ方向も加えた3次元的な広がりを持っている．

摩擦の大きさは，摩擦力 F を荷重 W で割った無次元数「摩擦係数（coefficient of friction）」によって表示され，記号には一般に μ が用いられる．

$$\mu = \frac{F}{W} \tag{8.1}$$

境界潤滑状態と流体潤滑状態における摩擦係数を，それぞれ境界摩擦係数，流体摩擦係数と呼ぶ．境界摩擦係数は，通常 0.1 から 1 までの値をとり，乾燥摩擦係数は 1 以上の高い値を示すこともある．それらに対して，流体摩擦係数は通常 0.001 以下の非常に小さな値である．

[**例題 8.1**] 図 8.1 において奴隷の人数は 172 人，巨像の重さは約 60 トンである．奴隷 1 人が 800 N の力を出すとしたときの摩擦係数を求めよ．

[**解答**]

$$\mu = \frac{F}{W} = \frac{\text{奴隷の人数} \times 800\,\text{N}}{\text{巨像の重量}} = \frac{172 \times 800}{60 \times 1000 \times 9.8} \cong 0.23$$

（2）トライボシステムと潤滑方法

トライボロジー現象を理解する上で，摩擦係数や摩耗量が材料や潤滑油に固有の物性や特性値ではなく，摺動部を構成するシステムとして現れる値であると認識することが重要である．トライボシステムは，図 8.3 に示すように，

① 摺動部の材料とその組み合わせ　② 潤滑膜
③ 材料と潤滑膜を取り巻く環境
④ 摺動部を支える機械の剛性と作動条件

から構成される．①の材料では，材質，表面粗さ，硬さ，形状がトライボロジー現象に影響を及ぼす．②の潤滑膜ではまずその存在の有無をはじめとして，膜厚や膜の物理・化学的性質などが問題とされる．③の環境では，大気中か真空中か，雰囲気ガスの種類，湿度，温度が重要である．④では機械システムとしての剛性や，荷重，滑り速度などの作動条件，運動形態などが挙げられる．

トライボシステムでの潤滑膜の役割は，固体表面を保護するとともに，摩擦を制御することである．摩擦の制御は，摩擦を低減する場合と，増大する場合があることを意味しているが，次に摩擦低減の手段を挙げる．

手段はいろいろあるが，原理的にはいずれも固体よりも低いせん断抵抗を持つ物質を固体間に介在させることで共通している．境界潤滑による場合，介在物質の種類によって図 8.4 に示すように，金属表面に吸着膜をつける方法，固体表面に物理的・化学的被膜処理を施す方法，固体潤滑剤を塗布するなどの方法

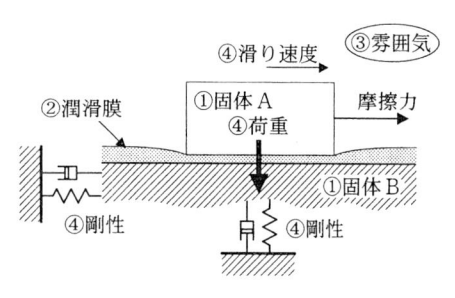

図 8.3 トライボシステム

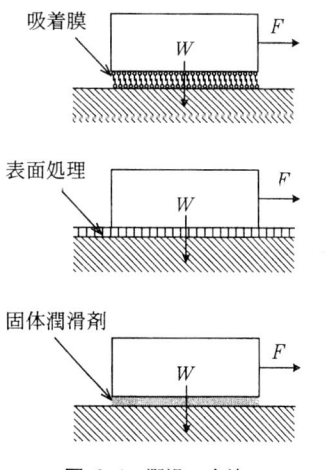

図 8.4 潤滑の方法

がある.

一方流体潤滑による場合,潤滑油をポンプなどの手段で表面間に送り込む静圧流体潤滑の方法と,隙間内の一方の表面の運動によって潤滑油膜内部に発生した油圧が負荷を支える動圧流体潤滑とがある.

8.1.3 潤滑モードとストライベック曲線

潤滑状態と摩擦係数の関係をジャーナル滑り軸受を例にとって示したのが,図 8.5 に示すストライベック曲線である.ドイツの研究者ストライベック (Striebeck) が提案したことから,この名前が付けられている.摩擦係数 μ は,横軸に軸受特性数 $\eta N/P$ をとると,図中の実線のような変化を示す.ここで η [Pa·s] は潤滑油の粘度,N [rps] は軸の回転速度,P [Pa] は荷重 W [N] を軸受投影面積 dl [m^2] で割ったもので軸受圧力と呼ぶ.

図中,右上がりの領域 I が流体潤滑領域である.流体潤滑領域では,固体面同士が油膜によって隔てられているために,表面層の性質は一切関与せず,運転条件である軸受圧力,回転数,粘度のみによって 1 本の曲線で表すことができる.粘性抵抗に基づく流体摩擦係数は,軸受特性数 $\eta N/P$ が小さくなるほど低くなる傾向にあるので,表面が平滑であるほど,油膜厚さが薄くなるまで流体潤滑が維持できることになる.実際には,流体潤滑の限界は,摩擦面に形成される油膜厚さと表面粗さの比によって決まる.一般に,流体潤滑状態は,二面の合成表面粗さに対する油膜厚さで定義される膜厚比が 3 以上のときに維持される.

それに対して領域 III が境界潤滑領域であって,摩擦係数は無次元数 $\eta N/P$ とは無関係の一定の値を示す.

その中間の領域 II が境界潤滑部分と流体潤滑部分とが混在した混合潤滑状態である.そこでの摩擦係数は,無次元数 $\eta N/P$ が小さくなるに従い,摩擦係数の高い境界潤滑部分の割合が増

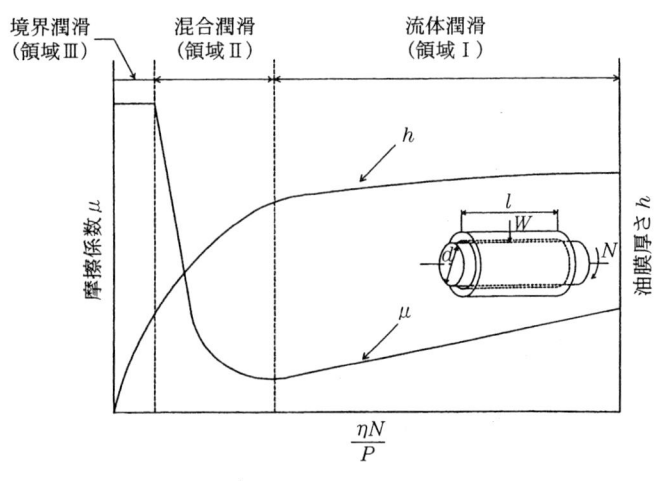

図 8.5 ストライベック線図

すので，摩擦係数は増大傾向を示す．境界潤滑と混合潤滑は膜厚比が3以下の値で生じる．

潤滑領域の中では，流体潤滑領域が固体間の直接接触を生じないので，摩耗や焼付き等の表面損傷も起こらない理想的な潤滑状態である．したがって，軸受等の機械はこの領域で運転されるように設計することが基本方針となっているが，起動，停止時には油膜は形成されないため境界潤滑状態になる．また，回転数が低くなったり，荷重が高くなったりして油膜厚さが薄くなる場合にも，混合潤滑や境界潤滑領域へと移行する．

8.2 固体摩擦

8.2.1 表面層の構造

固体表面はどんなに平滑に見えても，微視的に見ると必ず凹凸が存在する．図8.6は，機械加工によって得られた金属表面の断面曲線である．最大高さ粗さ Rz，自乗平均平方根粗さ Rq，中心線平均粗さ R_a などの粗さのパラメータは，摩擦と密接な関係を持つ．図中，R_a は粗さ曲線からその平均線の方向に基準長さ L だけを抜き取り，この抜き取り部分の平均線から測定曲線までの偏差の絶対値を合計して平均した値である．

$$R_a = \frac{1}{L}\int_0^L |f(x)|dx \tag{8.2}$$

図 8.6 固体の表面プロファイル

機械材料として用いられる金属材料の表面は，通常，切削，研削，ポリシングなどの加工法により必要な表面形状に仕上げられている．そのために，表面には加工プロセスにより影響を受けた加工変質層がある．加工変質層は図8.7に示すように，結晶が微細化したり，結晶組織が引き伸ばされたりしており，母

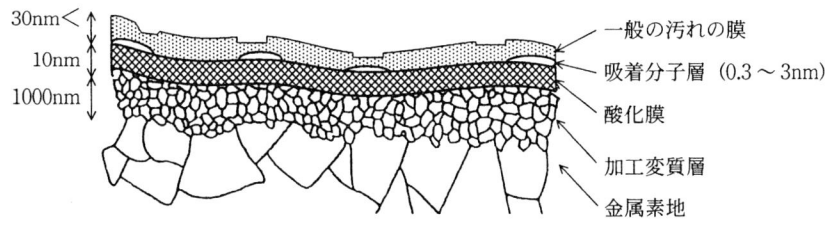

図 8.7 固体の表面構造

材とは異なった構造を持っている.また大きな応力を受けるために,表面に向かうにつれて加工硬化により硬さが増している.

加工後の金属表面は,外部の雰囲気から影響を受け,そのまま放置すると直ちに酸化膜を形成する.例えば,鉄鋼材料の表面は,3種類の酸化鉄を形成することが知られているが,母材から表面に向かって,FeO, Fe_3O_4, Fe_2O_3 の順に,大気に近くなるほど酸素の比が大きい酸化鉄になる.そして,酸化膜の上には,気体分子が瞬時にして吸着し,さらにその上に油や水などの汚れの層が形成される.

このように表面が外部からの雰囲気を受け易いのは,固体表面が極めて高い活性を持つからである.固体の内部にある原子は周りの原子と結合しているために,エネルギー的には安定した状態にある.それに対して,表面の原子は,原子間の結合が切断された状態にあるので,エネルギー的に極めて不安定な状態にある.言い換えると,新生面(新しくできた表面)は,表面エネルギーが高く,気体や液体の分子が吸着し易い状態にあるということができる.

8.2.2 真実接触面積

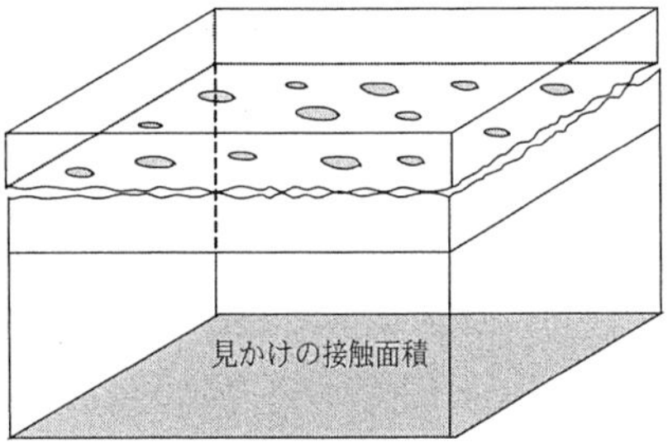

二表面を重ね合せた場合の,幾何学的形状により決まる接触面積を見かけの接触面積と呼ぶ.一方前述したように現実の表面には粗さがあるので,接触部を拡大して見ると,図8.8に示すように表面の凸部同士が接触している.ここで,凸部同士の接触面積の総和を真実接触面積(real contact area)と呼ぶ.真実接触面積は見かけの接触面積と比べてずっと小さく,そこで全荷重を支えているので,荷重がたとえ僅かであっても,真実接触面での圧力は極めて高くなり,大抵は塑性変形を生じるようになる.

いま,二表面に加わる荷重を W,荷重を支えるために真実接触面の面圧が材料の塑性流動圧力 P_f となるまで潰れるとすると,そのときの真実接触面積の総和 A_r は次式で与えられる.

$$A_r = \frac{W}{P_f} \tag{8.3}$$

ここで塑性流動圧力 P_f は,荷重を大きくしていったときに,接触付近の表面に近い内部がすべて塑性変形を生じる圧力であって,材料のビッカーズ硬さの値とほぼ同じである.いま鋼同士の接触を考え $P_f = 1\mathrm{GPa}$ とすると,荷重に対する見かけの接触面積と真実接触面積の比は,数百分の1から数万分の1の小さな値を示す.

[例題8.2] 見かけの接触面積 A_n が $2000\,\mathrm{mm^2}$ の固体接触している2面に,荷重 500 kgf が加えられているときの真実接触面積 A_r が $5\,\mathrm{mm^2}$ であった.荷重 20 kgf のときの見かけの接触面積に対する真実接触面積の比を求めよ.

[解答] 式(8.3)より,塑性流動圧力 $P_f = \dfrac{W}{A_r} = \dfrac{500 \times 9.8}{5 \times 10^{-6}} = 980\,[\mathrm{MPa}]$ を得る.塑性流動圧力は材料に固有の値なので,荷

図 8.8 見かけの接触面積と真実接触面積

重 20 kgf のとき，$A_r = W/P_f = 20 \times 9.8/(980 \times 10^6) = 0.2 \, \text{mm}^2$，$A_n/A_r = 1/10000$ である．

8.2.3 固体摩擦の機構

（1） 摩擦の法則

フランスのアモントン（Amontons）とクーロン（Coulomb）は広範囲な摩擦実験を行い，摩擦力に関する実験結果をまとめた．それらはアモントン-クーロンの摩擦の法則と呼ばれる．

第1法則：摩擦力は垂直荷重に比例する．
第2法則：摩擦力は見かけの接触面積には無関係である．
第3法則：運動摩擦力は，滑り速度には無関係である．

ただし，アモントン-クーロンの摩擦の法則は，あくまで実験によって見出された経験則であって，エネルギー保存の法則などの絶対的な法則ではない．特に流体潤滑においては，後述するように摩擦力は粘度，滑り速度，荷重の影響を受けて変化するので，摩擦の法則は成立しない．

（2） 固体摩擦の発生原因

摩擦の法則が発表されて以来，固体摩擦の機構についての定説ができ上がるまで，3世紀もの長い時間を要した．イギリスのデザギュリエは，磨いた2個の鉛球を互いに押し付けたところ，押し付け部はくっ付いて，それらを引き離すのに力を要したことから，図8.9に示すように，二表面の凸部同士の接触部が塑性変形をして凝着し，この部分のせん断に要する力が摩擦力であるとの学説を発表した．これを凝着説という．その後凝着説を支持する実験データが数多く発表され，凝着説は今日では固体摩擦の主原因の1つとして認知されている．

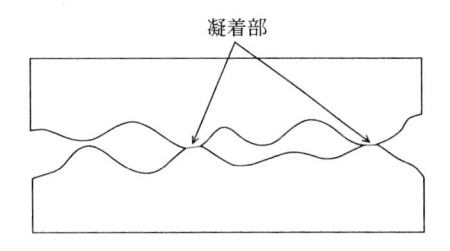

図 8.9 凝着部のせん断による摩擦

固体摩擦の発生原因は，上述した凝着説も加えて次の3つからなる．

① 凝着に基づく摩擦
② 掘り起こしによる摩擦
③ 弾性ヒステリシス損失

掘り起こしによる摩擦は，2つの材料の硬さが違うときに起こるもので，硬い方の表面の凸部が軟らかい方の表面を掘り起こして溝を形成するときの力である．弾性ヒステリシス損失は，材料の押し込みと引き離しの際の変形量の違いから生じるエネルギーロスに基づくもので，プラスチックスやゴムのような柔らかい材料のときに起こる．

8.3 境界潤滑

8.3.1 境界層の構造と境界摩擦

（1） 分子間力

図8.10に示すように，2個の異なる元素の原子が結合している場合，電荷が結合の中心よりずれて，ややプラスよりの電荷を持つ原子と，ややマイナスよりの電荷を持つ原子に分かれる．

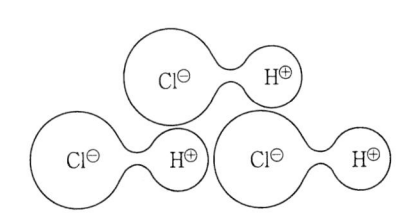

図 8.10 極性分子の配列

このような電荷が偏ったときのプラスとマイナスを双極子と呼び，極性を持つという．極性を持つ分子が集まった場合，プラスとマイナスは互いに引き合う力を持ち，このときの力を双極子-双極子引力と呼ぶ．極性分子の代表例は水である．

極性を持たない分子の例としては炭化水素が挙げられる．ただし，極性を持たないはずの炭素原子同士の結合であっても，原子核回りの電子は常に自由運動をしているため，結合間の重心より原子の電荷は一時的にどちらかに偏ることがある．すなわち極性を一時的に持つことになり，その分子が別の分子に近づくと，その分子も極性を持つことになる．ちょうど磁石を金属材料に近づけると，金属材料がN極とS極を誘起するのと同じである．このような分子間力をロンドン力と呼ぶ．潤滑油基油の中で最も使用量の多い鉱油は，炭化水素成分から構成されるので無極性である．

上述の双極子-双極子引力とロンドン力を合わせて，ファンデルワールス力と呼ぶ．極性分子同士あるいは無極性分子同士は，分子間力によって引き合うため互いに溶け合う性質がある．

（2） 物理吸着

図8.11に示すように，分子の一端に金属と結合する極性基を持ち，長い炭素鎖を持つ化合物を油性剤（oiliness agent）と呼ぶ．油性剤の吸着の形態には物理吸着（physical adsorption）と化学吸着（chemical adsorption）とがある．図8.12に物理吸着のモデルを示す．吸着分子の構造は炭化水素基と極性基からなる．炭化水素基は油と溶け合う部分であるため，親油基とも呼ぶ．その構造は

　　メチレン鎖：……-CH_2-CH_2-CH_2-……

が続いたもので，アルキル基とも呼ばれる．一方極性基（polar group）は，水と溶け合うため親水基とも呼ぶ．極性基には，

　　① 水酸基：-OH
　　② カルボキシル基：-COOH
　　③ エステル基：-COOR
　　④ アミノ基：-NH_2

などがある．

物理吸着は，図8.12に示すように固体表面に対して極性基である水酸基がくっついている状態で，このときの吸着力は，ファンデルワールス力である．また，図のように一層の分子膜で覆われているときの状態を単分子膜（mono layer）といい，その上に複数の分子膜が形成される場合を多分子膜と呼ぶ．またこれらによってできた層を境界層（boundary layer）と呼ぶ．吸着膜は境界潤滑膜（boundary lubrication film）の一形態である．

吸着現象は発熱を伴う化学作用であるので，吸着熱量の大きさが吸着の強さの目安になる．一般に物理吸着は10 kcal/mol以下で小さく，高温下では分子の熱運動が激しくなって脱離するようになる．

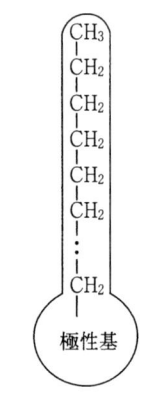

図8.11 油性剤の構造

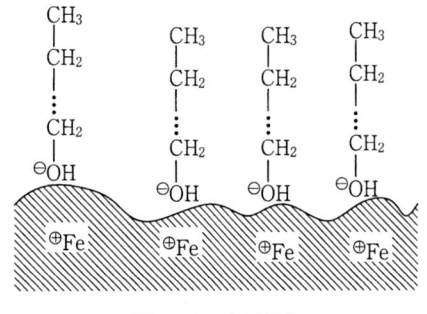

図8.12 物理吸着

（3） 化学吸着

図8.13は，極性基であるカルボン酸-COOHが表面のFeと化学反応した結果，ステアリン酸鉄が固体表面に生成した様子をモデル化したものである．このような吸着を化学吸着と呼ぶ．またステアリン酸鉄のような脂肪酸と金属の反応生成物を金属石けんと呼ぶ．化学吸着する極性基には，酸基（カルボキシル基）の他にアミノ基などがあるが，同じ極性基であっても，金属によっては化学吸着せずに物理吸着する場合もある．

図8.14は温度変化に伴う脂肪酸添加による鋼の境界摩擦係数の変化を見たものである．いずれもある温度以上になると，摩擦係数は上昇する傾向を示す．このときの温度を転移温度と呼ぶ．境界潤滑膜は一種の固体膜であるので，転移温度は固体から液体への融点でもある．化学吸着の方が物理吸着と比べてより高温まで低い摩擦係数を示すのは熱に対して強いためであって，吸着熱は $10 \sim 100 \, \text{kcal/mol}$ である．また化学吸着は非可逆反応である．

摩擦係数の低い吸着分子は，分子が配列した横方向では機械的擾乱に耐えられるように強く，界面でのせん断抵抗は小さいものである．したがってアルキル基の長さが長いほど分子間凝集力が強くなるので剥がれにくくなる．またアルキル基の形状は枝分かれしているものは，その立体障害のために表面への配列密度は小さくなるので，直鎖状の方が好ましい．

（4） 反応被膜

分子内に硫黄やりん，あるいは塩素を含む化合物は，固体表面に吸着した後，機械的せん断を受け，分解してさらに表面と反応し，図8.15に示すような融点が高くせん断強さの小さな被膜を形成する．このような物質を極圧剤（extreme pressure agents, EP剤とも呼ぶ）と呼ぶ．極圧剤の名前の由来は，歯車の歯面など極めて圧力の高い滑り面で，焼付きの防止効果や，摩耗の抑制効果を発揮する意味から付けられたものであるが，実際には高温で効果を生じるもので，極温剤と呼ぶべきものである．

極圧剤には，硫黄化合物，塩素化合物，りん化合物，有機金属化合物がある．硫黄化合物には硫化油脂，硫化オレフィン，ポリサルファイドなどがあり，水や熱に対して安定で，低いせん断抵抗を示す金属硫化物を生成する．りん化合物ではりん酸エステル（りんの結合数5）や亜りん酸エステル（りんの結合数3）が代表的で，りん酸鉄等の被膜を生成する．有機金属化合物としては，ジアルキルジチオりん酸亜鉛ZnDTPが代表的である．

温度と摩擦係数の関係を概念的に示したのが図8.16である．吸着膜の場合，転移温度を限界としてそれより高温側では効果を失い，摩擦係数が上昇するのに対して，極圧剤では，ある温度を境に高温側で摩擦係数が低下することを示している．

また極圧剤は，摩耗を防止する機能を重視する場合には摩耗

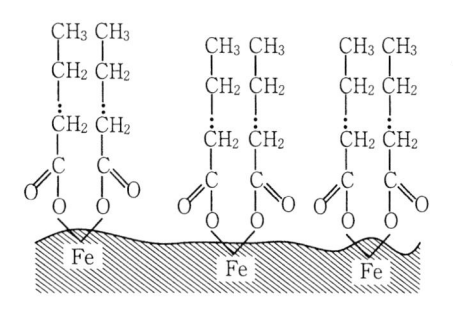

図8.13 化学吸着

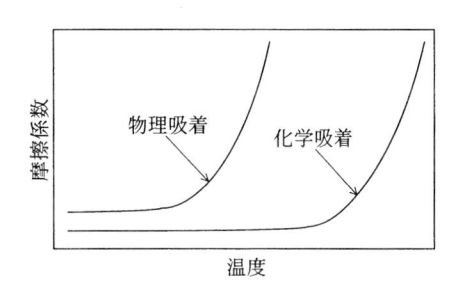

図8.14 吸着膜の摩擦係数と温度

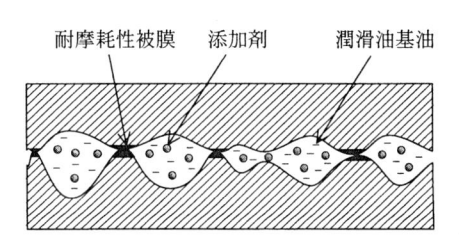

図8.15 極圧剤による境界潤滑膜

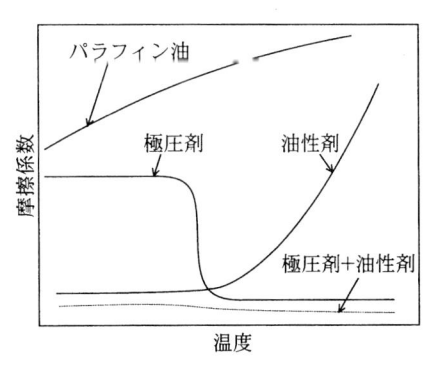

図8.16 温度と摩擦係数

防止剤，耐荷重能（耐焼付き性の尺度）を重視する場合には耐荷重添加剤と呼ばれる．

8.3.2 摩擦面温度

摩擦によって消費されるエネルギーは，表面層の弾性・塑性変形に使われ，残りは熱に変わって，接触する固体の表面温度を上げる．摩擦面温度には，接触面の平均温度を指す場合と，瞬間的（10^{-4}s 以下）に上昇する温度を指す場合がある．後者は閃光温度（flash temperature）と呼ばれ，瞬間的には数百℃にまで達する．表面温度上昇の影響は，境界層の破断や表面層の軟化を促進する一方，極圧剤と金属表面との化学反応を促進する効果を持つ．

いま，真実接触面が荷重 W[N]，速度 v[m/s] で相対運動をしているとし，その摩擦係数を μ とすると，このときの発熱量 Q[W] は次式で与えられる．

$$Q = \mu W v \tag{8.4}$$

8.3.3 混合潤滑

潤滑面が，図 8.17 に示すように境界潤滑状態と油膜によって隔てられた流体潤滑状態とが混じりあった状態にあるときの潤滑状態を混合潤滑と呼ぶ．荷重はそれぞれの部分で受け持つことになる．いま，W を全体で受ける荷重，x_b を境界潤滑部の荷重分担割合，x_f を流体潤滑部の荷重分担割合とすると，荷重分担割合の式から次式が成り立つ．

$$W x_b + W x_f = W \tag{8.5}$$
$$x_b + x_f = 1 \tag{8.6}$$

全体で生じる摩擦力 F も同様に，境界潤滑部における摩擦力 F_b と，流体潤滑部における F_f を用いて次式で表される．

$$F_b + F_f = F \tag{8.7}$$

ここで，μ を平均摩擦係数，μ_b を境界摩擦係数，μ_f を流体摩擦係数とすると，式 (8.7) は次式

$$W x_b \mu_b + W x_f \mu_f = W \mu \tag{8.8}$$

で表されるので，x_b と x_f は次式で表される．

$$x_b = \frac{\mu - \mu_f}{\mu_b - \mu_f} \tag{8.9}$$

$$x_f = 1 - x_b \tag{8.10}$$

また境界潤滑部の摩擦力分担割合 F_b/F と流体潤滑部の摩擦力分担割合 F_f/F は次式で与えられる．

$$\frac{F_b}{F} = \frac{\mu_b W x_b}{\mu W} = \frac{\mu_b x_b}{\mu} \tag{8.11}$$

$$\frac{F_f}{F} = \frac{F - F_b}{F} = 1 - \frac{\mu_b x_b W}{\mu W} = 1 - \frac{\mu_b x_b}{\mu} \tag{8.12}$$

一方，発熱量 Q は $Q = \mu W v$ で与えられるので，境界潤滑部の発熱割合 Q_b/Q と，流体潤滑部の発熱割合 Q_f/Q は，それぞれ境界潤滑部の摩擦力分担割合 F_b/F と流体潤滑部の摩擦力分

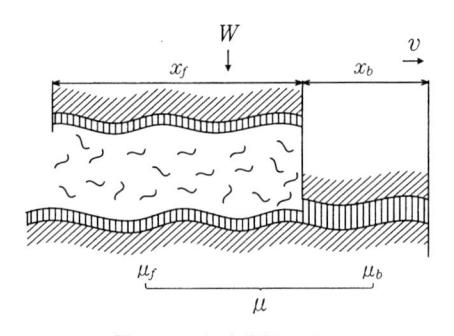

図 8.17 混合潤滑モデル

担割合 F_f/F に等しい．

$$\frac{Q_b}{Q}=\frac{\mu_b W x_b v}{\mu W v}=\frac{\mu_b x_b}{\mu}=\frac{F_b}{F}$$

$$\frac{Q_f}{Q}=1-\frac{Q_b}{Q}=\frac{F_f}{F} \qquad (8.13)$$

[例題 8.3] 摩擦実験により，平均摩擦係数 $\mu=0.08$，境界摩擦係数 $\mu_b=0.2$，流体摩擦係数 $\mu_f=0.001$ の値を測定した．境界潤滑部と流体潤滑部のそれぞれ荷重分担割合，摩擦力分担割合，発熱割合を求めよ．

[解答] 荷重分担割合は式 (8.9) と (8.10) より求められる．

$$x_b=\frac{\mu-\mu_f}{\mu_b-\mu_f}=\frac{0.08-0.001}{0.2-0.001}=0.397$$

$$x_f=1-0.397=0.603$$

発熱割合は式 (8.13) より求められる．

$$\frac{F_b}{F}=\frac{Q_b}{Q}=\frac{\mu_b x_b}{\mu}=\frac{0.2\times 0.397}{0.08}=0.993$$

$$\frac{F_f}{F}=\frac{Q_f}{Q}=1-0.993=0.007$$

この結果から，混合潤滑状態では流体潤滑部分の荷重分担が大きくても，摩擦力分担割合と発熱の割合に関しては，その大半を境界潤滑部が占めることがわかる．したがって混合潤滑においては，境界潤滑部分を小さくすることが摩擦の低減に大きく寄与することになる．

8.4 摩 耗

8.4.1 摩耗とは

相対運動する二面が互いに作用するとき，多かれ少なかれ表面損傷が生じる．摩耗（wear）は「滑り合う固体表面から徐々に進行する材料損失」と定義される．また摺動部から排出される粒子を摩耗粉（wear particle）と呼ぶ．身近な摩耗現象としては，靴底がちびるとかタイヤのトレッドマークがなくなるなど寿命に関わるものがある．機械要素においても，摩耗が生じると振動や騒音を引き起こし，早期の寿命に至ることがあるので，摩耗をいかに低減するかが重要である．

一方，摩耗を積極的に利用する場合がある．切削加工や研削加工は，工具によって材料表面を摩耗することで所望の形状に加工する方法である．摩耗がうまくいかなければ，加工が成り立たない．また身近なところでは，消しゴムで鉛筆の跡を消すのも消しゴムに鉛筆の炭素を付着させながらゴムの摩耗によって新しいゴムの面を出している．チョークによる黒板書きもチョークの摩耗を利用している．

8.4.2 摩耗の進行と形態

同じ部位を繰り返し摩擦する場合の摩耗の時間的変化は，図 8.18 に示すように，時間の経過に従い傾きの異なる 2 本の線が

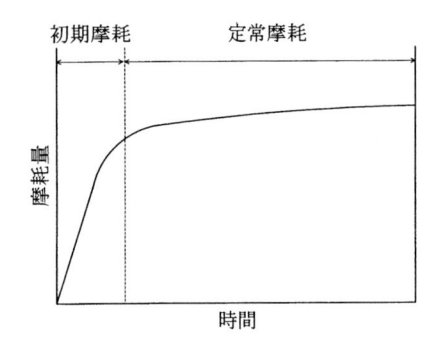

図 8.18　摩耗の進行曲線

得られる．図中，摩耗量が急激に増大する領域の摩耗を初期摩耗，傾きの小さな領域の摩耗を定常摩耗と呼ぶ．初期摩耗は，表面粗さの突起部のぶつかり合いと突起部の消滅が生じる期間であって，なじみ過程と呼ばれる．なじみが終わると，表面が平滑になり，局部的な面圧が低下して，摩耗の著しい進行は止まるようになる．

摩耗は，その形態により「マイルド摩耗 (mild wear)」と「シビア摩耗 (severe wear)」に分けられる．接触圧と滑り速度が小さいときに生じるのが，マイルド摩耗で，摩耗面は酸化膜が生成するために，着色していることが多く平滑である．また摩耗量は少なく，摩耗粉の寸法も小さい．接触圧と滑り速度が大きくなると，摩耗形態はマイルド摩耗からシビア摩耗に移行する．シビア摩耗では，酸化膜の生成速度より，摩耗速度の方が大きくなって，大粒の金属光沢を持つ摩耗粉が発生する．また摩耗量は多く，摩耗面は粗い．高真空のような酸素のない雰囲気では，酸化膜の表面保護作用がないために繰り返し摩擦であってもシビア摩耗が続くことになる．

8.4.3　摩耗の種類

摩耗に対しては，材料やそれらの組み合わせ，潤滑条件，雰囲気が影響を及ぼすことが知られている．実際には，それらの要因が絡み合いながら影響を及ぼすので，摩耗と各要因の関係を見出すのは簡単でないことが多い．摩耗はそれが生じる原因から，一般に次の4つに分類される．

　① 凝着摩耗（adhesive wear）
　② アブレシブ摩耗（abrasive wear）
　③ 腐食摩耗（corrosive wear）
　④ 疲れ摩耗（fatigue wear）

（Ⅰ）　凝着摩耗

凝着摩耗は，「真実接触部で材料同士が凝着して生じる摩耗」と定義される．摩擦面に生じる凝着部がせん断されるときに，その一部が破断され，遊離摩耗粉として発生する現象である．図8.19に，硬質材料と軟質材料との組み合わせによる凝着摩耗の過程を示す．まず二面が接触すると，真実接触点で凝着が生じる．次いで二面がせん断されるときに，凝着部では加工硬化しているためせん断されずに，強度の小さな軟質材料の内部で破断を生じる．その後破断されて生成した粒子は，相手側に移着する．移着粒子は接触を繰り返しながら成長し，やがては剥がれ落ちて，摩耗粉として系外に排出される．ここで，摩耗粉は軟質材料だけでなく，硬質材との混合物の場合もある．硬質材の表面近くに内部欠陥がある場合，硬質材側でせん断されて生じた粒子が軟質材側に移着するためである．

凝着摩耗は真実接触部における凝着部の破壊によって生じる摩耗なので，摩耗体積 V は，真実接触面積 A_r と滑り距離 L に比例すると考えられる．

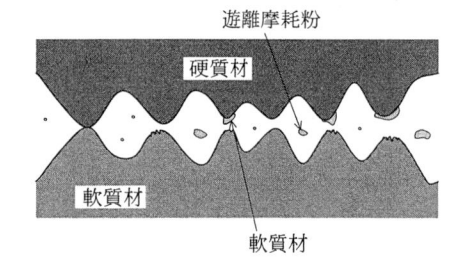

図 8.19　凝着摩耗の機構

$$V \propto A_r L \tag{8.14}$$

真実接触面積 A_r は W を荷重，H を硬さとすると，式 (8.3) より $A_r = W/H$ であるので，K を比例定数とすると，摩耗体積 V は次式で表される．

$$V = K \frac{W}{H} L \tag{8.15}$$

上式の単位距離および単位荷重当たりの摩耗体積を比摩耗量 w と呼び，摩耗の度合いを表す尺度として良く用いられる．

$$w = \frac{V}{WL} \tag{8.16}$$

凝着摩耗の比摩耗量はおおよそ次の範囲にある．
　無潤滑下の比摩耗量：$10^{-6} \sim 10^{-10}$ mm²/N
　潤滑下の比摩耗量：$10^{-8} \sim 10^{-13}$ mm²/N

比摩耗量で区別すると，前述のマイルド摩耗は $< 10^{-9}$ mm²/N，シビア摩耗は $> 10^{-9}$ mm²/N の摩耗状態である．

（2）アブレシブ摩耗

アブレシブ摩耗は，「軟らかい材料に対する硬い材料の微小切削作用に基づく摩耗」と定義される．図 8.20 に示すように，摩擦面の一方が硬い材料の場合や，硬い固形粒子が混入した場合に生じる摩耗である．研削の際のと粒と被加工材との関係で現れる．アブレシブ摩耗による比摩耗量は凝着摩耗よりはるかに大きく，おおよそ $10^{-5} \sim 10^{-7}$ mm²/N である．

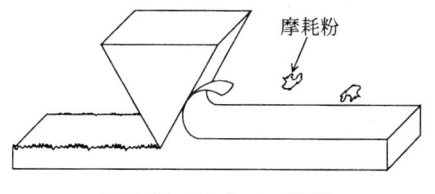

図 8.20　アブレシブ摩耗

（3）腐食摩耗

腐食性のガスや液体中で二面を摩擦すると，反応生成物が摺動部で生じる．反応生成物からなる反応膜は，母材との付着力が弱く，容易に摩耗粉となって脱落する．このような，反応膜の生成と摩耗脱離のプロセスが繰り返し生じるときの摩耗を，腐食摩耗あるいは化学摩耗と呼ぶ．腐食性雰囲気の典型的な例は，内燃エンジンでの燃焼ガス中の酸化硫黄が基になった硫酸である．また潤滑油が劣化して生成した酸も腐食摩耗の原因となる．さらに，空気中の水分が反応して生成する水酸化物も腐食摩耗を促進することがある．

潤滑油に添加される摩耗防止剤は，濃度が適度な範囲であれば，図 8.21 に示すように，表面保護作用を持つ反応膜が凝着摩耗を抑制するが，濃度が高くなると，過度の反応膜の生成により腐食摩耗が著しくなる．したがって，添加剤にはそれぞれ摩耗を最小にする最適濃度が存在する．

（4）疲れ摩耗

疲れ摩耗は材料に繰り返し応力を加えて破壊するときの疲れ破壊と密接な関係がある．転がり軸受や歯車などの接触部では，接触面積が小さいために接触圧が高く，繰り返し応力を受けると，表面あるいは，表面下近傍の内部にクラックが発生するようになる．そこで生じたクラックは伝ぱして表面に達し，摩耗粉として分離される．

転がり軸受の場合の疲れ摩耗はフレーキング，歯車の場合の

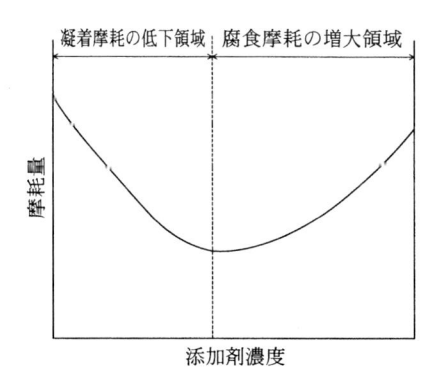

図 8.21　腐食摩耗と添加剤濃度

疲れ摩耗はピッチングと呼ばれる．疲れ摩耗による摩耗粉の寸法は凝着摩耗によるものと比べてずっと大きく，また寸法のばらつきが大きいのも疲れ摩耗の特徴である．

[例題 8.4] 荷重 10 kgf，滑り速度 0.2 m/s，時間 90 分の条件下で摩耗試験，摩耗体積 5×10^{-3} mm^3 を得た．このときの比摩耗量を求め，マイルド摩耗か，シビア摩耗かを推定せよ．

[解答] 式 (8.16) より
$$w = \frac{V}{WL} = \frac{5 \times 10^{-3}}{10 \times 9.8 \times 0.2 \times 10^3 \times 90 \times 60}$$
$$= 4.7 \times 10^{-11} \ [\mathrm{mm^2/N}]$$

比摩耗量が 10^{-9} mm^2/N 以下なので，マイルド摩耗である．

8.4.4 焼付き

二面が摺動している最中に，摩擦係数が急激に増大して摩擦面に激しい溶着が生じ，面荒れを生じて，中には摩擦面同士が固着してしまうことがある．このような現象を焼付き (seizure) と呼ぶ．焼付きには摺動部の温度が関係しており，真実接触点の温度は瞬間的には材料の融点にまで達する．

8.5 流体潤滑

相対運動する二面に挟まれた流体膜が負荷を支えるためには，そこに圧力が発生する必要がある．いま図8.22に示すような流体膜によって隔てられた固定面に対して，もう一方の面が接近してくるとき，流体の粘性抵抗のために排出速度が遅れ，これが原因となって流体膜中に圧力が発生する．これをスクイーズ膜効果（squeeze effect），あるいは絞り膜効果という．一方図8.23に示すように流れに沿って隙間が狭められているとき，流体粒子が押し込まれることによって圧力が発生する．これをくさび効果（wedge effect）と呼ぶ．

いま図8.24に示すような固定面に対して，流体膜を隔てて上部の面が移動する流れを考える．運動方向に x 軸を，それと直角方向に y 軸をとって，壁面から y の距離の流体中の各辺の長さが dx, dy の微小要素に働く力の釣合を考えると，次式が得られる．

$$pdy - (p+dp)dy - \tau dx + (\tau + d\tau)dx = 0 \quad (8.17)$$

$$\frac{dp}{dx} = \frac{d\tau}{dy} \quad (8.18)$$

潤滑油はニュートン流体であるので，η を粘度，u を速度としたときのニュートン粘性式

$$\tau = \eta \frac{du}{dy} \quad (8.19)$$

を式 (8.18) に代入すると次式を得る．

$$\frac{dp}{dx} = \eta \frac{d}{dy}\left(\frac{du}{dy}\right) = \eta \frac{d^2 u}{dy^2} \quad (8.20)$$

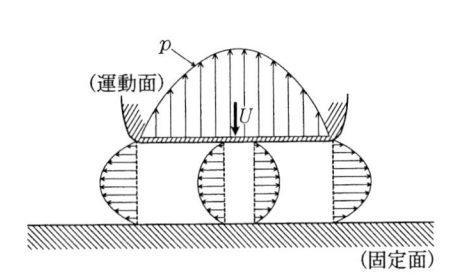

図 8.22 スクイーズ膜効果

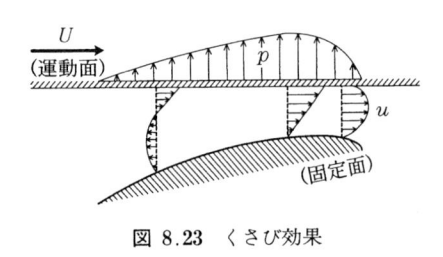

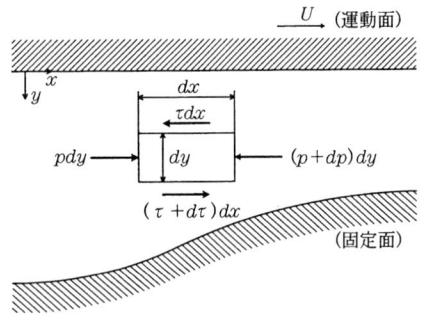

図 8.23 くさび効果

図 8.24 流体膜中の圧力とせん断応力の釣り合い

$$\frac{d^2u}{dy^2} = \frac{1}{\eta}\frac{dp}{dx} \tag{8.21}$$

式 (8.21) を y に関して2回積分すると次式を得る．

$$u = \frac{1}{2\eta}\left(\frac{dp}{dx}\right)y^2 + C_1 y + C_2 \tag{8.22}$$

式中 C_1, C_2 は積分定数である．境界条件

$$y = 0 \text{ のとき } u = U, \quad y = h \text{ のとき } u = 0$$

を代入して積分定数を求め，それらを使うと流れの中の任意の点における流速 u は次式で表される．

$$u = \frac{U(h-y)}{h} - \frac{y(h-y)}{2\eta}\left(\frac{dp}{dx}\right) \tag{8.23}$$

式中，右辺第1項は図8.24に示す $y=0$（運動面）のとき最大速度 U を持ち，膜厚方向に沿って直線的に変化する速度分布で，せん断流れあるいはクエット（Couette）流れ，第2項は圧力流れあるいはポアズイユ（Poiseuille）流れと呼ぶ．

流量 Q は流速 u を厚さ方向に積分して次のように求められる．

$$\begin{aligned}
Q &= \int_0^h u\,dy \\
&= \int_0^h \left\{ U - \frac{Uy}{h} - \frac{h}{2\eta}\left(\frac{dp}{dx}\right)y + \frac{1}{2\eta}\left(\frac{dp}{dx}\right)y^2 \right\} dy \\
&= \frac{Uh}{2} - \frac{h^3}{12\eta}\left(\frac{dp}{dx}\right) \tag{8.24}
\end{aligned}$$

ここで，流れの質量保存則あるいは連続の式を適用する．流量は流れ方向のどの位置でも変わらないから，$dQ/dx = 0$ が成り立つ．すなわち，

$$\frac{d}{dx}\left(h^3\frac{dp}{dx}\right) = 6\eta U\frac{dh}{dx} \tag{8.25}$$

が得られる．式 (8.25) が二次元の流体潤滑（一次元流れ）に対するレイノルズ（Reynolds）の基礎方程式である．

式 (8.25) を x に関して積分をし，圧力最大位置 $dp/dx = 0$ における h を h_m とおくと圧力変化は次式で表される．

$$\frac{dp}{dx} = 6\eta U\left(\frac{1}{h^2} - \frac{h_m}{h^3}\right) \tag{8.26}$$

図8.25はジャーナル軸受の圧力分布を示したものである．軸中心が軸受中心に対して偏心して回転しており，くさび状の隙間を形成してそこにくさび効果による油膜圧力が発生し，荷重を支えることができる．

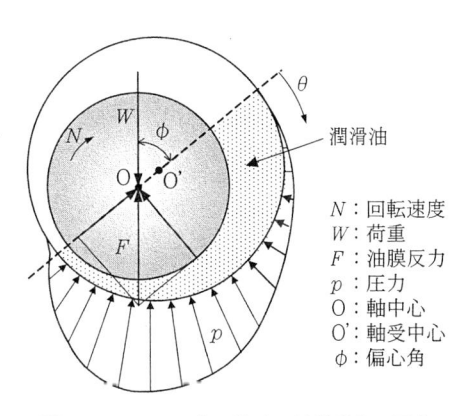

図 8.25 ジャーナル軸受の油膜形状と圧力分布

N：回転速度
W：荷重
F：油膜反力
p：圧力
O：軸中心
O'：軸受中心
ϕ：偏心角

8.6 潤滑油

8.6.1 潤滑油の作用と種類

潤滑油（lubricant）を用いる目的は，機械，設備，機器の滑り部分の摩擦の制御，摩耗の低減，焼付きの防止，疲労寿命の延長，冷却，密封，さび止めなどである．潤滑油に要求される性能は用途毎にまちまちであるが，共通する基本性能は，

① 安定性に優れること

② 融点あるいは流動点が低いこと
③ 引火性が低いこと
④ 用途ごとに適当な粘度を持つこと
⑤ 粘度―温度特性を表す尺度である粘度指数が高いこと

である．

原料面から見ると，潤滑油基油は，原油を処理して得られる鉱油（mineral oil）と，化学的に製造される合成油（synthetic oil），天然の動植物油脂に分けられる．この内，鉱油が製造・使用量の大半を占めており，合成油は鉱油と比べると高価格であるので，特殊な用途や極めて高い品質を要求される場合に用いられることが多い．動植物油脂は，鉱油が大量に用いられる以前には使用されていたが，熱や酸化に対する安定性の点で劣るため，現在では添加剤として使用されるに止まっている．

潤滑油は，図8.26に示すように，通常製品容量の8〜9割を占める基油（base oil）と添加剤（additive）から構成され，用途毎に適切な添加剤が配合される．添加剤を配合した潤滑油を用途面で分類すると，自動車用，工業用に分けられ，さらに機械や設備の名称により分類される．例えば自動車用では，エンジン油，駆動系油，ギヤ油が，工業用ではタービン油，油圧作動油，冷凍機油などの品質が規定されている．

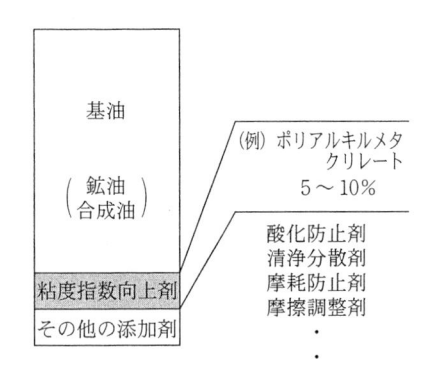

図 8.26 潤滑油製品の構成

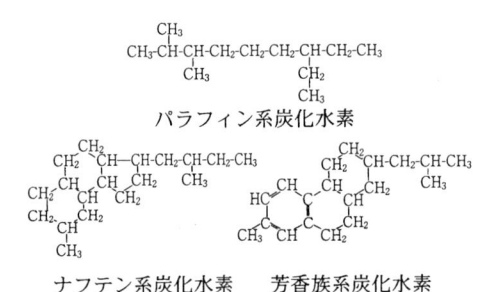

図 8.27 鉱油の主成分のモデル

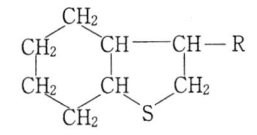

図 8.28 硫黄化合物

8.6.2 鉱 油

極低温下や超高温下といった特殊な環境を除いて，一般的な条件下で使用量が最も多いのが，天然に産する原油を処理して得られる鉱油である．鉱油の主体は，炭素と水素の組み合わせからなる炭化水素（hydrocarbon）の無数の成分の混合物である．鉱油に含まれる炭化水素は，図8.27に示すようなパラフィン系炭化水素，ナフテン系炭化水素，芳香族系炭化水素に分けられ，それらの構成比率は原油の種類によって異なる．また潤滑油の平均炭素数は15〜50の範囲にあり，異性体の数が極めて多く構造も複雑になる．潤滑油基油は一般に，パラフィン分の多いパラフィン系鉱油（paraffinic mineral oil）と，ナフテン分の多いナフテン系鉱油（naphthenic mineral oil）に大別される．

原油には，安定性などの点で潤滑油として好ましくない図8.28に示すような硫黄化合物，窒素化合物，多環芳香族化合物が微量含まれるので，パラフィン系油は溶剤抽出法あるいは図8.29に示す水素化分解法により精製される．溶剤抽出法はフルフラールなどの溶剤により粘度指数の低い成分である芳香族系炭化水素を抽出除去する方法である．一方，水素化分解法は芳香族系炭化水素を粘度指数の高いパラフィン系，ナフテン系炭化水素に構造変換する方法である．

鉱油の品質は20世紀後半からの水素化分解法の発展により大幅に向上している．表8.1に，基油の組成および品質分類を示すAPI（American Petroleum Institute，アメリカ石油協会）

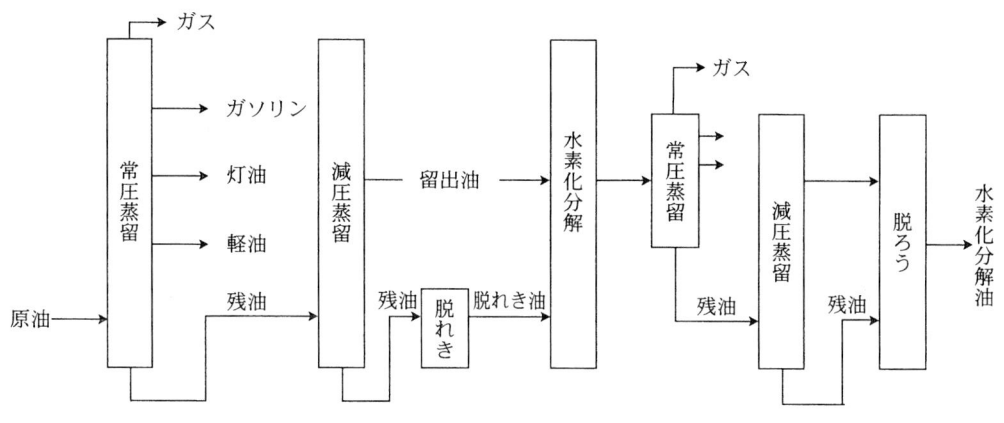

図 8.29 パラフィン系鉱油の水素化分解法

表 8.1 基油の品質分類

分類	硫黄分，%		飽和分，%	粘度指数
Group I	>0.03	and/or	<90	80～119
Group II	≦0.03	and	≧90	80～119
Group III	≦0.03	and	≧90	≧120
Group IV	PAO			
Group V	Group I ～IVに属さないもの（エステル）			

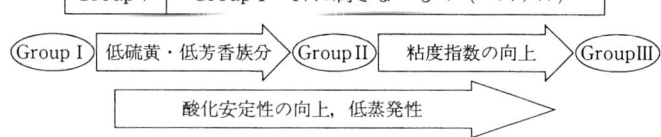

Group I →[低硫黄・低芳香族分]→ Group II →[粘度指数の向上]→ Group III
[酸化安定性の向上，低蒸発性]

エンジン油基油カテゴリーを示す．グループ I が溶剤精製油，グループ II と III が水素化分解油であって，II と III では粘度指数が異なる．番手が大きくなるほど芳香族分と硫黄分が少なく，粘度指数が高くなって，安定性と蒸発性の点で高品質になる．

8.6.3 合成潤滑油
（1） 種類と構造

機械の使用条件が熱的に過酷な場合，あるいは広い温度範囲にわたって作動される機器に対しては，鉱油では比較的短期間の使用でスラッジの生成や，低温での固化の問題が起こる等対応しきれないことがある．合成潤滑油は，鉱油の特定の性能を高める意図で化学合成されたもので，全ての性能が鉱油に比べて優れるといった理想潤滑油を指すわけではない．

現在，用途と使用量の2つの面において代表的な合成潤滑油は，合成エステルと，図 8.30 に示すようなデセン-1 を出発原料とした重合油 PAO (polyalphaolefin，略して PAO) である．PAO は，粘度－温度特性や低温流動性，酸化安定性の点で鉱油より優れている．また，鉱油に対して実績を持つ添加剤が使用できること，合成潤滑油の中ではやや低廉であることなどの特長を持つ．

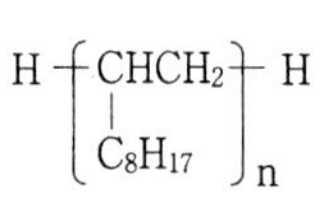

$$H \!-\!\left[\begin{array}{c} CHCH_2 \\ | \\ C_8H_{17} \end{array}\right]_n\!\!-\! H$$

図 8.30 PAO の構造

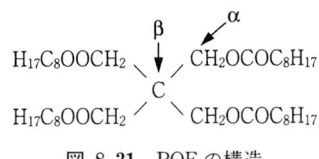

図 8.31 POE の構造

合成エステルのうち潤滑油基油としては，図 8.31 に示すようなポリオールエステル POE(polyolester，略して POE)が主流である．多価アルコールを主体としたポリオールエステルは，酸化を受け易いアルコール側の β 位の炭素に付いた水素がアルキル基で置き換えられているので，熱・酸化安定性，低温流動性が良好である．合成エステルの特長はアルコールと脂肪酸の，それぞれの構造を変化させることで広範囲に物理的・化学的性質を調整できることと，極性基を持つ点である．

(2) 基油の環境に対する性能

潤滑油の環境負荷低減に関連する性能の 1 つに，環境への排出量が挙げられる．潤滑油の大気中への排出は，もっぱらオイルミストと蒸発によるものであるが，使用潤滑油量の約 10% が大気中へ放出されていると見積もられており，低蒸発性は重要な性能である．図 8.32 は，同一粘度油に対して蒸発性を比較したデータであるが，POE や PAO，水素化分解型の鉱油(hydro cracked oil，図中では HC) は，芳香族系炭化水素 (alkyl benzene，図中では AB) や溶剤精製型の鉱油 (solvent refined mineral oil，図中では SR) に比べて蒸発性が低く，有利であることがわかる．

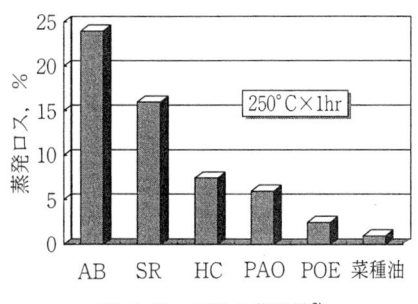

図 8.32 基油の蒸発性[2]

さらに潤滑油が自然界に放出されると，河川や湖沼，海洋などの環境汚染が問題となる．戸外での作業になる建設機械や，船外機用エンジン，チェーンソーに用いられる潤滑油に対しては，この点が特に重要である．図 8.33 に各種基油の生分解率を示す．植物油脂には，菜種油や大豆油などの種類があるがいずれも生分解性が高い．一方，POE や Diester(二塩基酸エステル) ではアルキル基の構造によって異なり，直鎖状の方が枝分かれ状に比べて生分解性は高く，PAO では低粘度になるほど生分解性は高くなる．図中のデータに幅があるのはそのためである．

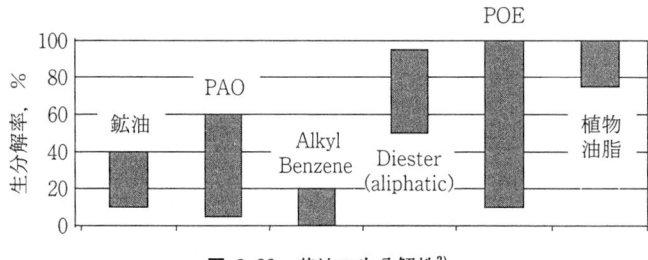

図 8.33 基油の生分解性[2]

8.7 粘 性

8.7.1 粘度の定義と単位

潤滑油の物理的性質のうち，「粘り」を表す量が粘度 (viscosity) である．感覚的には，水のようにさらさらとしたものは粘度が低く，水飴のようにねっとりとしたものは粘度が高い．適油という言葉は，機械の種類や運転条件に応じた適正な粘度を持つ潤滑油を用いることを意味しており，設計面での基本である．粘度が高すぎると，摩擦力の増大によって機械効率の低下を招くことになり，粘度が低すぎると，油膜破断の結果焼付きに至ることがある．

粘性の正体は，液体内部での流動に対する摩擦抵抗である．

いま図8.34に示すように上面が速度 U で下面に対して平行に運動している平面を考える．上面の運動に必要な力を F，上面の面積を A，すき間を h とすると，次の関係が成り立つ．

$$F = \eta \frac{AU}{h} \quad (8.27)$$

上式がニュートンの粘性法則である．一般化した形で表現すると，せん断応力 τ はせん断速度 du/dy に比例する．

$$\tau = \eta \frac{du}{dy} \quad (8.28)$$

式中，比例定数 η を絶対粘度 (absolute viscosity) あるいは単に粘度と呼ぶ．粘度は温度と圧力によって変化するが，液体に固有の値である．主な流体の粘度を表8.2に示す．

また粘度が，せん断速度あるいはせん断応力の広い範囲にわたって一定である流体をニュートン流体と呼ぶ．実際の潤滑油のせん断速度とせん断応力の関係は，図8.35に示すように，潤滑油基油の場合は一般にニュートン流体であるのに対して，ポリマーを含む油（擬塑性流体）では，粘度を表す図中の傾きがせん断速度の増大に伴って小さくなる．一方，グリースのような半固体の場合には，ある程度のせん断応力を加えてはじめて流動が始まる．このような降伏値を持つ流体のことを塑性流体 (plastic fluid)，降伏値以上で τ と du/dy とが直線関係を示す流体のことをビンガム流体 (bingham fluid) と呼ぶ．そして上述のような，τ と du/dy が比例関係を示さない流体のことを総称して非ニュートン流体と呼ぶ．

粘度のSI単位は $Pa \cdot s$ ($= 1N \cdot s/m^2$) である．またP（ポアズ，$1P = 0.1 Pa \cdot s$），その1/100である cP（センチポアズ，$1cP = 0.01P$）も用いられる．粘度 η を密度 ρ で割った値を動粘度 (kinematic viscosity) と呼ぶ．

$$\nu = \frac{\eta}{\rho} \quad (8.29)$$

動粘度のSI単位は m^2/s，$10^{-4} m^2/s = 1St$（ストークス），その1/100である cSt も用いられる．

[例題8.5] すき間10mmを隔てた面積 $1m^2$ の2枚の平行な平面間に，密度 $850 kg/m^3$ の潤滑油を満たし，一方の板を速度 $2m/s$ で移動させたところ2Nの力が必要であった．潤滑油の粘度と動粘度を求めよ．

[解答]

$$\eta = \frac{Fh}{AU} = \frac{2 \times 10 \times 10^{-3}}{1 \times 2} = 0.01 \quad 10 mPa \cdot s$$

$$\nu = \frac{\eta}{\rho} = \frac{0.01}{850} = 1.176 \times 10^{-5} = 11.76 \times 10^{-6} \quad 11.76 mm^2/s$$

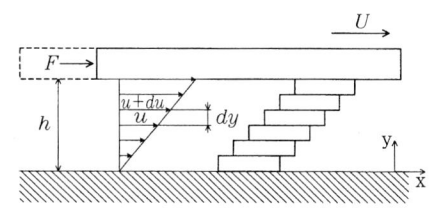

図8.34 粘性流動

表8.2 主な流体の粘度

流体	粘度 [$Pa \cdot s$]
ガソリン (20℃)	0.31×10^{-3}
潤滑油 (40℃)	$0.002 \sim 1.50$
水 (20℃)	1.0×10^{-3}
空気 (20℃)	18.1×10^{-6}
マヨネーズ (20℃)	80

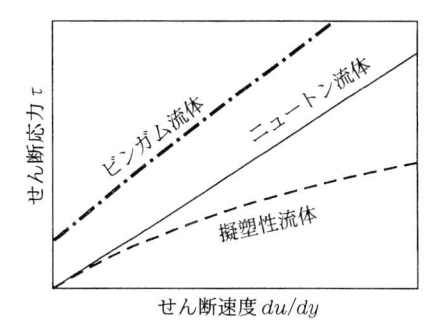

図8.35 せん断速度とせん断応力の関係

8.7.2 粘度—温度特性

液体の粘度は分子間力に基づくものであるので，温度上昇にしたがって分子間距離が離れるに伴い，分子間力が小さくなって粘度は低くなる．一般に，潤滑油の動粘度 $\nu [mm^2/s]$ の温度

$T[\mathrm{K}]$ による変化を表すのに，ASTM-Walther の式が広く用いられている．

$$\log\log(\nu+0.7) = -m\log T + b \quad (8.30)$$

式中 m と b はそれぞれ油に固有の定数である．

潤滑油の温度による粘度変化の程度を表す指標として粘度指数（viscosity index；VI）が広く用いられている．温度による粘度変化が小さい潤滑油ほど粘度－温度特性に優れるという意味で，VI は高くなる．粘度の変化が小さいペンシルベニア産油の粘度指数を 100 とし，変化が大きいガルフコースト産油の粘度指数を 0 として，これらを基準に評価を決めたものである．市場での溶剤精製基油の VI は 90-100，水素化分解基油の VI は 120-140 の範囲にある．

[例題 8.6] 試料油の 40℃における動粘度を $23.32\,\mathrm{mm^2/s}$，100℃における動粘度を $4.473\,\mathrm{mm^2/s}$ とすると，75℃における動粘度を求めよ．

[解答]

① 動粘度－温度関係から，m と b を算出する．

$$m = \frac{\log\log(\nu_{40℃}+0.7) - \log\log(\nu_{100℃}+0.7)}{\log(100+273.15) - \log(40+273.15)} = 3.763$$

$$b = \log\log(\nu_{40℃}+0.7) + m\log(40+273.15) = 9.533$$

② 75℃における動粘度 $\nu_{75℃}$ を算出する．

$$\nu_{75℃} = 10\hat{\,}10\hat{\,}[-m\log(75+273.15)+b] - 0.7 = 7.745\,\mathrm{mm^2/s}$$

8.7.3 粘度の測定法

（1）毛細管粘度計

動粘度の測定には，図 8.36 に示すような毛細管粘度計が広く使われている．平均有効液中高さが h にある体積 V の流体が，半径 R，長さ L の毛細管から流出する時間を t，重力加速度 g とすると，次式が成り立つ．

$$\nu = \frac{\pi R^4 g h}{8LV} t \quad (8.31)$$

式中，右辺の t 以外のパラメータは粘度計により決まる定数であるので，時間 t を測定すれば，動粘度 ν が得られることになる．

（2）回転粘度計

回転粘度計は図 8.37 に示すような，二重円筒の間に試料油を満たし，外側の円筒を回転させるときの力を測定し，回転数との関係から粘度を求めるものである．二重円筒の隙間の調節により，せん断速度が変えられる．隙間を h，円筒の表面積を A，周速を u，半径を r，回転力を F，粘度を η とすると，式より，回転モーメント $M = Fr$ が与えられるので，次式により粘度を求めることができる．

$$M = Fr = \eta \frac{Au}{h} r \quad (8.32)$$

エンジン油では，低温見かけ粘度，限界ポンピング温度，高

図 8.36 キャノンフェンスケ粘度計

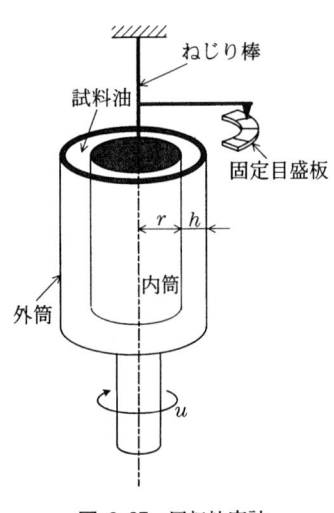

図 8.37 回転粘度計

温高せん断粘度の測定に利用される．低温見かけ粘度は，エンジンの低温始動時でのクランキング粘度（ピストンが上下するときの粘度）を，せん断速度$10^4 s^{-1}$の条件下で測定するものである．CCS（cold cranking simulator）粘度とも呼ぶ．

限界ポンピング温度は，低温始動時のエンジン油をオイルパンからオイルポンプにより吸い上げるときの，吸い上げ可能な限界温度を測定するもので，このとき用いられる粘度計がMRV（Mini Rotary Viscometer）である．せん断速度$10^{-1} s^{-1}$の極めて低い条件下で測定される．

エンジン油に添加されたポリマーによる増粘効果は，せん断を受けると失われて粘度は低下する傾向がある．高温高せん断粘度（high temperature high shear rate viscosity, 略してHTHS粘度と呼ぶ）は，温度150℃，せん断速度$10^6 s^{-1}$の高温高せん断条件下で測定される．

8.8 エンジントライボロジー

8.8.1 エンジンの摺動部とエンジン潤滑系

自動車は，エンジンの燃焼室で生じる熱エネルギーを，機械的エネルギーに変換して走行する機械である．いま，エンジンの燃焼室で生じるエネルギーを100とすると，タイヤで路面を走る際に使われるエネルギーはおよそ30程度と言われる．つまり，エンジンで生じたエネルギーの内，70が有効に使われることのないエネルギーなのである．その無駄なエネルギーの内の約10が，エンジン内部の摺動部の摩擦損失と見積もられている．摩擦損失を少なくすることは，省燃費を通して地球温暖化ガスである二酸化炭素の排出抑制につながる．

エンジン内部では，図8.38に示すように，主要な3箇所の摺動部すなわち摩擦損失部がある．その1つはピストン系で，燃焼ガスや潤滑油の密封性のためにピストン頭部に取り付けられたピストンリングとシリンダライナー（内壁），およびピストン下部のピストンスカートとシリンダライナーの摺動部である．ここでの潤滑状態は，作動条件に応じて流体潤滑から境界潤滑領域にまたがる．

またエンジンには，シリンダ内に燃料と空気を送り込むための吸気孔と，排出ガスを追い出すための排気孔があるが，それらを開閉するためバルブが取り付けられており，バルブを作動するためのカムとフォロア間の動弁系摺動部がある．ここでの潤滑状態は，境界潤滑あるいは混合潤滑が支配的である．そしてピストンの往復運動は，クランクを介して回転運動に変えられるが，それらを結ぶコネクティングロッドの動きを支える主軸受が摩擦損失部である．ここでの潤滑状態は，運転中は流体潤滑状態にある．

図8.39にエンジン内部のエンジン油の流れを示す．エンジン油は，油溜りであるオイルパンから，大きなごみをろ過するオ

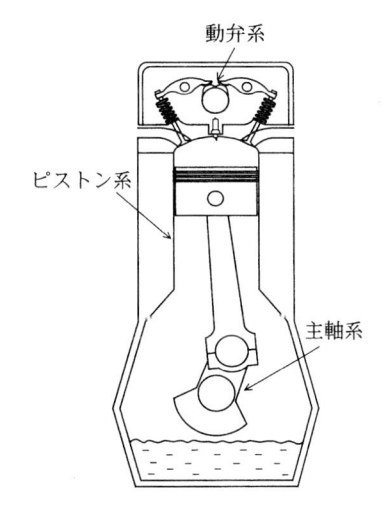

図8.38 エンジン内の主要な摺動部

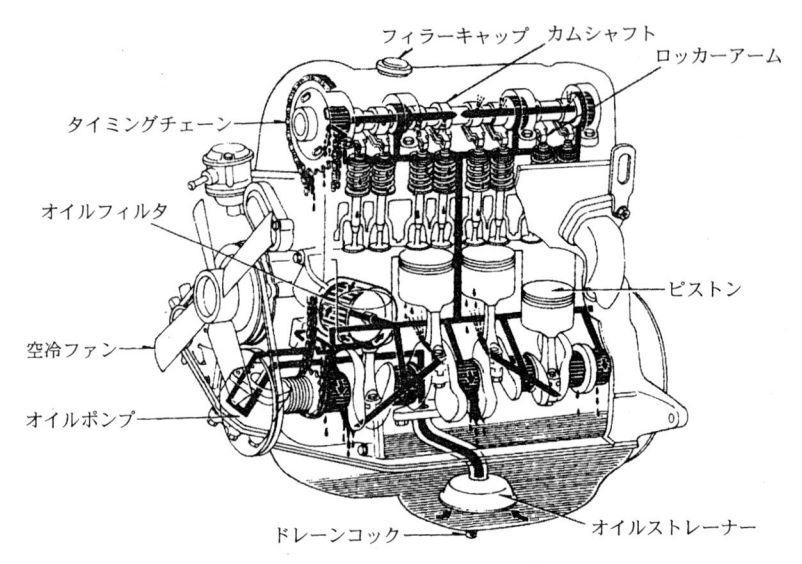

図 8.39 エンジン油の流れ[3]

イルストレーナーを通ってオイルポンプに導かれ，ここで加圧され，オイルフィルタで固形分や摩耗粉を取り除いた後，オイルギャラリーと呼ぶ通路を通って摺動部に送りこまれる．各部を潤滑したエンジン油はオイルパンに戻るといった循環を繰り返す．

8.8.2 エンジン油の役割

エンジン油の役割は，次の5つに要約される．
① 摺動部の摩擦抵抗の低減
② 摩耗，焼付きなどの表面損傷の防止
③ エンジン各部の冷却
④ ピストンとシリンダ間の密封作用
⑤ エンジン内部で生じるスラッジの捕捉

(1) エンジン油の粘度

エンジン油の粘度は上記の役割のうち，スラッジの捕捉を除くすべての項目と関連する最も重要な性質である．ガソリンエンジン油とディーゼルエンジン油の粘度規格としては，表8.3に示す SAE（Society of Automotive Engineers, 米国自動車技術者協会）粘度分類が広く用いられている．表中の粘度番号の W は，冬用 winter の意味である．

前述したように，摩耗などの表面損傷を避ける理想的な潤滑状態は流体潤滑であって，それを実現するためには粘度は高い方が望ましいが，粘度が高すぎると低温時のオイルパンからの吸い込み不良に基づく始動性不良や，流体潤滑状態で作動している部位での摩擦増大につながる．一方粘度を低く設定すると，境界潤滑領域が増え，摩耗が生じ易くなる．ガソリンエンジン油ではそれらの問題を両立させるために，低粘度基油に分子量が数万から数十万のポリマー（粘度指数向上剤）を適量配合し

表 8.3 エンジン油の粘度分類
——SAE J 300 Nov. 2007

SAE粘度分類	低温粘度		高温粘度		
	CCS最高粘度 (mPa·s)@℃	ポンピング最低温度*℃	動粘度(mm²/s) @100℃ 最低	最高	HTHS最低粘度 (mPa·s)@150℃, $10^6 s^{-1}$
0W	6200@-35℃	-40℃	3.8	—	—
5W	6600@-30℃	-35℃	3.8	—	—
10W	7000@-25℃	-30℃	4.1	—	—
15W	7000@-20℃	-25℃	5.6	—	—
20W	9500@-15℃	-20℃	5.6	—	—
25W	13,000@-10℃	-15℃	9.3	—	—
20	—	—	5.6	9.3	2.6
30	—	—	9.3	12.5	2.9
40	—	—	12.5	16.3	2.9 (0W-40, 5W-40, 10W-40 grades)
40	—	—	12.5	16.3	3.7 (15W-40, 20W-40, 25W-40, 40 grades)
50	—	—	16.3	21.9	3.7
60	—	—	21.9	26.1	3.7

*60,000 mPa·s を示すときの温度

た，低高温両方の粘度規格を満足するマルチグレード油が主流である．マルチグレード油は 5 W-30 や 10 W-40 といった名称で呼ばれる．それに対して，高温の粘度規格のみを満たす油はシングルグレード油と呼ばれる．マルチグレード油の問題の1つは，シングルグレード油に比べて油消費性が多いことである．低粘度基油を用いると，蒸発し易い低分子量成分が増えるためである．したがって，マルチグレード油の基油には，狭い沸点範囲を持つ高度精製鉱油や合成油を用いる必要がある．

ガソリンエンジン内の摩擦損失は図 8.40 に示すように，回転数の増大に従って増加するが，実用回転域では，流体潤滑状態にあるベアリングとピストン系の摩擦損失が半分以上を占めている．したがって，省燃費につながる摩擦低減に対して最も効果的な手段が低粘度化である．もっとも粘度を下げ過ぎると，摩耗の問題が生じるので下限値を設定する必要がある．ポリマーを含む潤滑油の粘度は，特にせん断速度が大きくなると低下する傾向があるので，粘度規格では，高温の動粘度と低温粘度に加えて，ベアリングの摩耗量と相関性の高い HTHS 粘度が規定されている．

(2) エンジン油の性能

エンジン油の性能は，各種のエンジン試験と物理化学性状に

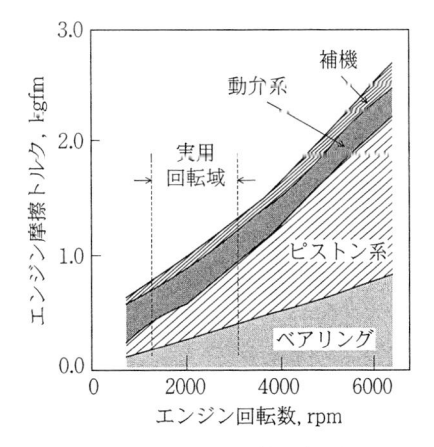

図 8.40 エンジン回転数と摩擦トルク

よる合格基準を規定したAPI (American Petroleum Institute, 米国石油協会) サービス分類により品質に応じた規定がされている．エンジン試験では，所定のエンジンを搭載したベンチ試験を所定の条件で運転した後，燃料消費量，油消費量，ベアリングや動弁系の摩耗量，潤滑油の性状変化などが調べられる．

ガソリンエンジンに対しては，2009年時点でSH～SMグレードの表示がされた油が市場で使用されている．なお，表示のSはServiceの頭文字をとったもので，2009年時点ではSMが最高級品質である．また日米の自動車工業会が共同して組織化したILSAC (International Lubricant Standardization and Approval Committee) でも性能規格が定められており，品質に応じてGF-1, GF-2, GF-3, GF-4の4分類がある．GF-4規格には，エンジンの実用性能に関連する酸化安定性，耐摩耗性，清浄性，省燃費性の他に，排出ガス中のNO_x低減用後処理装置の触媒被毒（触媒の活性を低下させることを触媒被毒と呼ぶ）となる油中のりんや硫黄の濃度の上限値が設けられている．従来エンジン油の性能向上は，りんや硫黄を含む添加剤の使用によって対応してきたが，触媒に悪影響を与えない低りん・低硫黄含有型の新たな添加剤の開発あるいは添加剤処方の開発が課題である．

一方ディーゼルエンジンに対しては，APIサービス分類のCF, CF-4規格の油が主として現在日本市場で使用されている．なお，表示のCはCommercialの頭文字をとったものである．ディーゼルエンジンでは，従来排出ガスに含まれるNO_xとPM（粒子状物質，particulate matterの略）の排出量が法的に規制されている．NO_x低減策としては，排出ガスをエンジン内に再循環するEGR (exhaust gas recirculation) の装着が有効であるが，ディーゼルエンジン油への硫酸やすすの混入量が増すことになる．そして，これが原因となって動弁系摩耗の増大を招いたり，油不溶分が増大したりするなど油の劣化を促進することになる．

一方PMに関しては，その構成成分は，すす，軽油と潤滑油の未燃焼成分，硫黄酸化物，灰分（金属酸化物）である．その対策には，PMを捕集するフィルタ装置DPF (diesel particulate filter) の装着が有力であるが，灰分がDPFに堆積し，フィルタの目詰まりを生じる問題がある．灰分はエンジン油に含まれる金属系添加剤に由来するものと考えられるので，油消費量の少ない低灰分油が望まれる．

8.8.3 エンジン油の諸性能と添加剤
（1） 耐摩耗性と摩耗防止剤

エンジン摺動部の中で，境界潤滑状態で作動する動弁系では焼付きや摩耗が起こり易い．エンジン油に用いられる摩耗防止剤としては，図8.41に示すジアルキルジチオりん酸亜鉛ZnDTP (Zn dialkyldithiophosphate) が代表的である．鋼同士

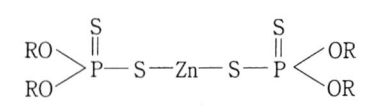

図8.41 ZnDTPの化学構造

の潤滑における摩耗防止機構を図8.42に示す．ZnDTPはまず鋼表面に吸着した後，熱分解と鋼との反応により硫化鉄，硫化亜鉛，りん酸鉄，ガラス状のりん酸高分子物質を含む無機性潤滑膜を形成する．その上にZnDTPが吸着する．アルキル基の種類により摩耗防止効果が異なり，熱分解温度が低いものほど有効である．摩耗防止効果の順序は，2級アルキル基（優）＞1級アルキル基＞アリール（芳香族）基（劣）となる．

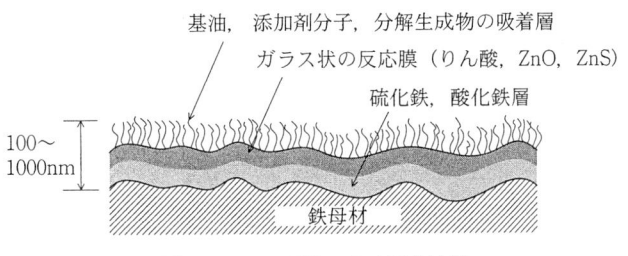

図8.42 ZnDTPによる反応被膜

（2）摩擦特性と摩擦調整剤，摩擦緩和剤

摩擦特性を望ましいものに調整する添加剤を摩擦調整剤と呼び，摩擦係数を低減する効果を持つ添加剤と，増大する効果を持つ添加剤の両方を含む．摩擦力を動力として伝達する湿式クラッチにおいて摩擦係数の増大効果を持つ添加剤を指す際には，特にこの名称が用いられる．ZnDTPや金属スルフォネートがある．

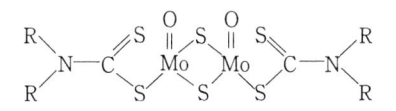

図8.43 MoDTCの化学構造

摩擦緩和剤は，摩擦係数を下げる効果を持つ添加剤で，分子内に金属分を含まない油性向上剤と，金属分を含む摩擦緩和剤に分けられる．油性向上剤は，アルキル基の炭素数が10〜20で，分子の端に水酸基やエステル基あるいは酸基等のいわゆる極性基を持つもので，金属表面に物理的・化学的吸着をして金属間の直接接触を妨げる作用を持つ．荷重や速度などの潤滑条件が比較的マイルドな場合に有効である．

金属分を含む摩擦緩和剤としては，油溶性有機モリブデン化合物が代表的である．図8.43に示すMoDTC（dialkydithocarbamate, ジアルキルジチオカルバミン酸モリブデン）やMoDTP（dialkydithophosphate, ジアルキルジチオリン酸モリブデン）が代表的である．その作用機構は，鋼表面に吸着した後，機械的せん断や熱によって分解し，固体潤滑剤としての作用を持つMoS_2（図8.44）の被膜を摩擦面に生成する．図8.45は，往復動摩擦試験によりMoDTCの摩擦特性を調べた例であるが，単独添加の場合よりZnDTPを併用することによって摩擦低減の相乗効果が現れることを示している．

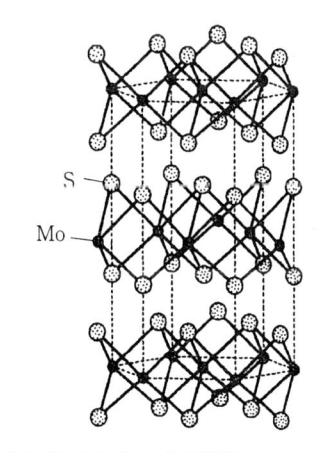

図8.44 MoS_2の結晶構造
（実線は共有結合，点線は弱い結合．せん断を受けると点線部が破断する）

（3）粘度－温度特性と粘度指数向上剤

粘度は温度上昇に伴って低下するが，変化割合はできるだけ小さいことが好ましい．粘度指数向上剤は分子量が5,000〜1,000,000の油溶性ポリマーであって，粘度指数を高める作用を持つことから，この名前が付けられている．作用機構は図8.46に示すように，ポリマーは低温では小さな糸まり状に凝集しており，流動に対する抵抗が小さいが，高温では糸まりがほぐれた状態になり，流体力学的体積が増して，流動に対する抵抗を増加させ，粘度低下を小さくする効果を持つ．

ポリマー添加油（粘度指数向上剤を配合した油）の粘度－温度変化は，このようにして基油のそれより小さくすることがで

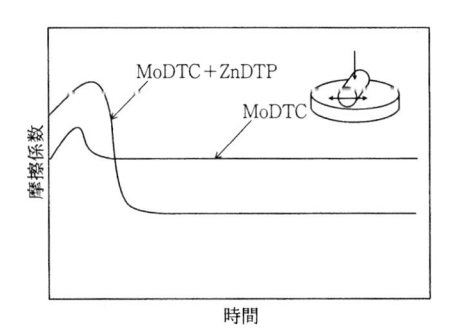

図8.45 MoDTCとZnDTPの併用による摩擦低減効果

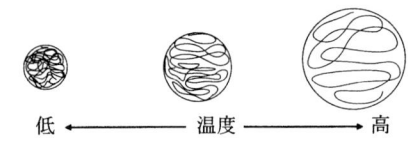

図 8.46　油中のポリマーの状態

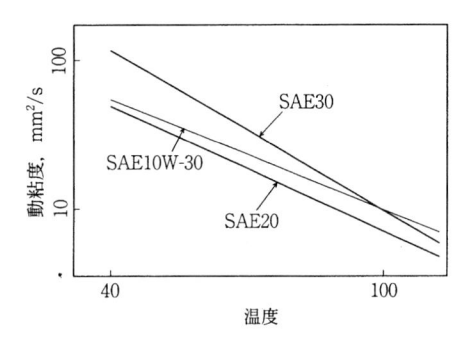

図 8.47　ポリマー添加による粘度温度特性の改善

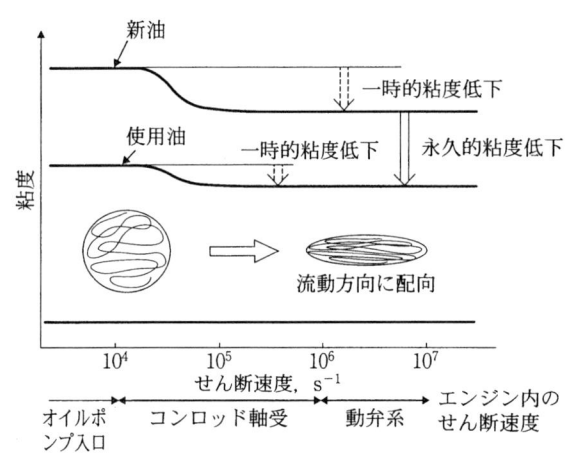

図 8.48　ポリマー添加油のせん断に伴う粘度変化

ポリアルキルメタクリレート
R：C1〜C18

分散型ポリアルキルメタクリレート
X=極性基

分散形ポリアルキルメタクリレートの極性基としては，アミノ基やアミド基が代表的であり，清浄分散性の機能を持つことから，分散型の名前が付けられている．

図 8.49　ポリマーの種類

きる．図 8.47 に示すように，SAE 30 の溶剤精製型パラフィン系鉱油の VI は 95〜100 程度であるが，SAE 20 の基油にポリマーを適量添加した SAE 10 W-30 の VI は 200 まで高めることができる．

ポリマー添加油は，せん断を受けると粘度が低下する性質がある．これはポリマーがせん断方向に流動配向して，流体力学的体積が小さくなるためである．図 8.48 にエンジン各部のせん断速度と粘度の関係を示す．せん断速度 $10^4 s^{-1}$ までの領域はオイルポンプ入口，10^4〜$10^6 s^{-1}$ の領域はコンロッド軸受，10^6〜$10^7 s^{-1}$ の領域は動弁系に当たるが，粘度はせん断速度の増大に従って低下する．新油における，せん断によって粘度低下を起こす現象を一時的粘度低下と呼ぶ．また繰り返しせん断を受けるとポリマー分子が切断されて，粘度が低下する．図の使用油の粘度低下がそれであり，これを永久的粘度低下と呼ぶ．

したがってポリマーには，せん断安定性に優れることが要求される．ポリマーの種類には図 8.49 に示すような，PAMA (polyalkylmethacrylate, ポリアルキルメタクリレート)，ポリイソブチレン，オレフィン共重合体 (olefin copolymer，略して OCP と呼ぶ) などが代表的である．一般に分子量が高いほど粘度指数向上効果が大きいが，せん断による粘度低下も大きくなる．

(4) 酸化安定性と酸化防止剤

潤滑油は使用中次第に変質していき，性状面での使用限界値に達すると，更油 (新油への切り替え) の時期を迎える．変質するのは，油の成分が酸化を受けるからである．ガソリンエンジン油では，酸素による酸化と燃焼生成物中の窒素酸化物 (NO_x) によるニトロ酸化の2種類がある．性状面からは，酸化の進行に伴い粘度や全酸価が上昇し，スラッジ (油不溶解分) が増加する．

潤滑油の酸化の過程は，次に示すような炭化水素の酸化反応機構によって説明される．まず，分子中の結合力の弱い C-H 結合が切れて水素の引き抜き反応が始まり，過酸化物ラジカル R-O-O● が生成して，過酸化物 R-O-OH (ハイドロパーオキサイドとも呼ぶ．脂肪酸の RCOOH とは異なる) を生成する．そして連鎖が伝ぱし，最終的にはラジカル同士の反応によって連鎖が停止する．過酸化物を生じた後，潤滑油中には，アルコール ROH や図 8.50 に示すようなアルデヒド，ケトン，カルボン酸等様々な含酸素化合物が生成する．

　連鎖の開始　　　RH ⟶ R● + ●H
　連鎖の伝ぱ　　　R● + O_2 ⟶ ROO●

$$\text{連鎖の停止} \quad \begin{array}{l} \text{ROO}\bullet + \text{RH} \longrightarrow \text{ROOH} + \text{R}\bullet \\ \text{R}\bullet + \text{R}\bullet \longrightarrow \text{R-R} \\ \text{ROO}\bullet + \text{ROO}\bullet \longrightarrow \text{ROOR} + \text{O}_2 \\ \text{R}\bullet + \text{ROO}\bullet \longrightarrow \text{ROOR} \end{array}$$

酸化防止剤は，酸化反応速度を遅らせ，潤滑油の寿命を延ばす働きを持つ添加剤である．その種類は，機構から連鎖反応停止剤，過酸化物分解剤，金属不活性化剤の3つに分類される．連鎖反応停止剤は，連鎖を伝ぱする過酸化物ラジカル R-O-O● と反応してそれらを不活性化する働きを持つもので，種類にはヒンダードフェノールと芳香族アミンがある．代表的なヒンダードフェノールは図8.51に示すDBPC (2,6-ditertiary butyl para-cresol) である．過酸化物分解剤は，ハイドロパーオキサイド R-O-OH を分解して，連鎖反応の開始を阻止する働きを持つもので，硫黄・りん系化合物とジチオりん酸亜鉛がある．金属不活性化剤は，酸化を促進する金属表面に被覆して金属の作用を不活性化するもので，ベンゾトリアゾールが代表的である．

（5）清浄性と清浄分散剤

エンジン内部では，エンジン油の酸化劣化物や燃料の不完全燃焼生成物，すす，燃料の硫黄分から生じる硫酸などが基になってできるスラッジがエンジンの各部に堆積する．堆積物はピストンリング膠着や，シリンダ壁にラッカーまたはワニスとして付着し，エンジンの作動に支障をきたす．

清浄分散剤 (detergent-dispersant) は，スラッジの堆積を防ぎ，エンジン内部を清浄にする働きを持つ添加剤である．

清浄分散剤は金属系清浄剤と無灰系分散剤に分けられる．金属系清浄剤は，図8.52に示すように，油中でミセルを形成して高温ワニスやスラッジを油中に可溶化する働きを持つ．また清浄剤には酸中和能力を高めるために，アルカリ土類金属の炭酸塩が含まれる．種類には図8.53に示すようなCaなどのアルカリ土類金属のスルフォネート・サルシレート・フェネートがある．

一方，分散剤は比較的低温で発生するスラッジを分散させる作用を持つ．図8.54に示すポリブテニルこはく酸イミドやその誘導体が一般的である．

図 8.50 含酸素化合物（アルデヒド，ケトン，カルボン酸）

図 8.51 DBPC の構造

図 8.52 金属清浄剤とスラッジ可溶化の機構
●：清浄剤分子
○：スラッジ

金属スルホネート
金属サリシレート
金属フェネート

図 8.53 金属系清浄剤

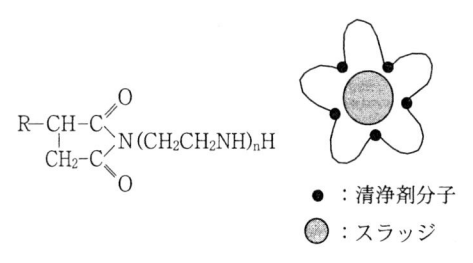

図 8.54 分散剤とスラッジ分散機構
●：清浄剤分子
○：スラッジ

演習問題

1. 運動面の自乗平均平方根粗さ $Rq_{,1}=0.2\,\mu$m,固定面の自乗平均平方根粗さ $Rq_{,2}=0.7\,\mu$m,油膜厚さが $1.2\,\mu$m であった.このときの潤滑状態を推定せよ.
2. 荷重 500 kgf,回転速度 100 rpm,摩擦半径 50 mm,時間 90 分の条件下で摩耗試験を行い,摩耗体積 $5\times10^{-3}\,$mm^3 を得た.このときの比摩耗量を求め,マイルド摩耗かシビア摩耗かを推定せよ.
3. ピストンリングには母材である合金鋼の上に厚さ数 μm 程度の TiN(チタンナイトライド)の薄い被膜が蒸着されている.その理由について述べよ.
4. ピストンスカート部には母材であるアルミニウム合金の上に二硫化モリブデンが被覆されている.その理由について述べよ.

[解答]

1. 二面の合成表面粗さは $Rq=\sqrt{Rq_{,1}^2+Rq_{,2}^2}=0.73\,\mu$m,膜厚比 $\Lambda=h/Rq=1.64$ であるので,混合潤滑あるいは境界潤滑状態である.
2. 滑り距離 $L=2.83\times10^6\,$mm,荷重 4900 N であるので,式 (8.16) より $w=\dfrac{V}{WL}=\dfrac{5\times10^{-3}}{4900\times2.83\times10^6}=3.6\times10^{-13}\,$[mm^2/N] 比摩耗量が $10^{-9}\,$mm^2/N 以下なので,マイルド摩耗である.
3. TiN 層は硬く表面が平滑であることから,シリンダライナーと凝着しにくく耐摩耗性に優れるためである.
4. 二硫化モリブデンが固体潤滑剤としての作用による摩擦低減効果をもたらすためである.その他運転初期のなじみ性の向上効果も持つ.

文献

1) D. ダウソン(「トライボロジーの歴史」編集委員会訳):トライボロジーの歴史,工業調査会,1997.
2) 村木正芳:月刊トライボロジー,No.196, 2003.
3) やさしい車いじり1巻:日本自動車連盟監修,JAF 評論社,1987.
4) 村木正芳:図解トライボロジー,日刊工業新聞社,2007.
5) 木村好次,岡部平八郎:トライボロジー概論,養賢堂,1982.
6) 岡本純三,中山景次,佐藤昌夫:トライボロジー入門,幸書房,1990.
7) 山本雄三,兼田楨宏:トライボロジー,理工学社,1998.
8) 曾田範宗:摩擦の話,岩波新書,1971.
9) バウデン,テイバー(曾田範宗訳):固体の摩擦と潤滑,丸善,1961.
10) 小西誠一,上田亨:潤滑油の基礎と応用,コロナ社,1992.
11) 田中久一郎:摩擦のおはなし,日本規格協会,1985.
12) 藤田稔,杉浦健介,斉藤文之:潤滑剤の実用性能,幸書房,1980.

第9章　エンジン冷却系と伝熱

　エンジンの性能を維持し良好な運転をするには，エンジンは適切に冷却されなければならない．エンジンの正味熱効率を向上させるには出来るだけエネルギー損失を少なくすればよく，その1つが冷却損失の低減である．冷却不足になるとエンジン各部は高温となり，さまざまな熱的障害（出力低下，焼付等）が起こり，また，過度の冷却は正味熱効率の低下を生じさせる．したがって，エンジンは形式，用途，出力，運転条件等にあった'適切な冷却'をする必要があり，そのための設計が要求される．エンジンの冷却方法には空冷方式と水冷方式があり，エンジンの形式，用途等に応じて使い分けられ，空冷方式は空気が冷却媒体となり，水冷方式は水が冷却媒体となる．この章では，熱負荷とそれによる障害について記述することから始め，エンジンの伝熱（エンジン内の熱移動）を考察し，最後に冷却方法について述べる．

9.1　熱負荷とそれによる障害

　エンジン各部が受ける熱量を熱負荷（thermal load）といい，一般にエンジンの高出力化によって熱負荷が高まる．適切な冷却が行われない場合，エンジン各部分の温度が異常に高くなり，次のような障害が現れる．
(1) 材料強度の低下：金属材料は一般に温度上昇とともに強度，特に疲労強度が低下する．
(2) 熱応力の増大：ピストンやシリンダヘッドの温度分布が一様でないときは熱応力が発生するが，冷却不足による高温化によって温度分布がさらに一様でなくなり，その結果，熱応力が大きくなり，より大きい熱変形を生じさせる．特に，大形のエンジンでは燃焼ガス圧力による応力よりはるかに大きくなる場合がある．（また，熱応力は疲労クラッキングを起こすレベル以下に保たれなければならない．この場合の温度は鋳鉄で約400℃，アルミニウム合金で約300℃以下に保つ必要がある．）
(3) 熱膨張の増大：ピストンとシリンダとの間にはある程度の隙間が必要であるが，高温になると熱膨張が大きくなり，ピストンとシリンダの隙間が小さくなって，極端な場合は焼付きを生じる．ピストンとシリンダの焼付きの原因はほ

とんどの場合，ピストンが膨張してシリンダより部分的に大きくなるためである．
(4) 潤滑油の劣化：潤滑面が高温になれば油の粘度が低下し油膜厚さは薄くなり，金属接触になりやすい．また酸化速度が急に高まり，劣化してワニスやカーボン状の堆積を生ずる．潤滑油膜は熱分解を防ぐために約180℃以下に保つ必要がある．
(5) 充てん効率（体積効率）の低下：燃焼室および吸気系の高温化によって，燃焼室および吸気系から吸気（給気）へ熱が伝わり，シリンダに吸入したガスは膨張して密度低下を起し，充てん効率が低下する．その結果，出力が低下する．
(6) 異常燃焼の発生：ガソリンエンジンではノックやプリイグニッション（早期着火）が発生する．

また，次のように，運転条件により熱発生量が変わり，燃焼ガス温度や熱負荷も変化する．
(1) 回転数が高くなるほど，単位時間当たりの熱発生量が増加し，各部の温度は高くなる．
(2) 負荷（出力）が大きくなるほど各部の温度は高くなる．
(3) 高圧縮比にするほど最高燃焼ガス温度は高くなり，燃焼室周囲の熱負荷は大きくなる．しかし，膨張比も大きくなるため，膨張終りのガス温度は低くなり，排気温度は低下する．
(4) 点火時期を早めると燃焼ガスは高温になり，燃焼室壁面の温度が高くなる．特にピストンや点火プラグは点火時期に対して敏感である．一方，点火時期を遅らすと，膨張行程の終わりの燃焼ガスが高温になり，そのため排ガス温度が上がり排気バルブ，ポートやマニホールドが高温となる．
(5) ガソリン機関では，燃焼ガス温度が空燃比 $A/F=13$ 付近で最高となる．

9.2 冷却の基礎理論

エンジンの冷却を考える前に，伝熱(heat and mass transfer)の基礎知識について触れ，エンジン内でどのように熱の移動が生じているか考察しよう．温度差が存在する場合，高温部から低温部へ向かって熱の流れ（熱移動，熱伝達）が発生するが，熱伝達 (heat transfer) の形態には熱伝導 (conductive heat transfer)，対流熱伝達 (convective heat transfer)，熱放射 (radiative heat transfer) の3種類がある（表9.1）．対流熱伝達を単に熱伝達，熱放射のことを放射熱伝達と言う場合がある．温度差が熱伝達の駆動力であり，温度差がない場合には熱伝達は生じない．エンジンの伝熱は，この3種類の熱伝達が関与している複雑な現象である．

表 9.1 熱伝達の形態[1]

形態	現象が起こる主たる媒質
熱伝導	固体内部，静止した流体内部
対流熱伝達	固体表面 ⇔ 流体
熱放射	固体表面 ⇔ 固体表面 固体表面 ⇔ 熱放射性気体，輝炎 熱放射性気体 ⇔ 熱放射性気体

9.2.1 熱伝導

熱伝導は温度分布の存在する物体，主として固体内において，温度差により熱エネルギーが移動する現象である[1]．単位面積当たりの熱流量（あるいは単位時間，単位面積当り移動する熱量）を熱流束（heat flux）$[W/m^2]$ というが，熱伝導により伝えられる熱流束は次式により与えられる．

$$q_x = -\lambda \frac{\partial T}{\partial x} \quad (9.1)$$

これをフーリエ（Fourier）の法則といい，x は熱の流れる方向（図9.1）を表し，λ は熱伝導率（thermal conductivity）（W/mK），T は温度（K），$\partial T/\partial x$ は x 方向の温度勾配（K/m）である．式（9.1）右辺の"$-$"は，$\partial T/\partial x$ が常に"$-$"（熱は常に高温側から低温側に流れる，熱力学の第二法則）になるので q_x を"$+$"にするために付したものである．熱伝導率は物性値であり，単位温度差，単位長さ当りの熱流量（熱の伝わり易さ）を表す．一次元定常熱伝導の場合，式（9.1）は次式のようになる．

$$q_x = -\lambda \frac{dT}{dx} \quad (9.2)$$

今，図9.2に示すように，厚さ δ (m)の平板の高温側および低温側の温度をそれぞれ T_h, T_c とすれば，平板を通過する熱流束 q は式（9.2）から $0 \leq x \leq \delta$ の範囲で積分することによって得られ，次式のようになる．

$$q = \frac{\lambda}{\delta}(T_h - T_c) \quad (9.3)$$

この場合，伝熱面積を A (m^2)とすると，A を通して熱伝導により伝えられる熱流量 Q (W)は式（9.3）から次式になる．

$$Q = qA = \frac{\lambda}{\delta}A(T_h - T_c) \quad (9.4)$$

式（9.4）から，Q は熱伝導率 λ，伝熱面積 A，平板の両側の温度差 $(T_h - T_c)$ が大きいほど，また，平板の厚さ δ が小さいほど大きくなることが分かる．また，λ/δ は単位温度差当りの熱流束（単位は W/(m^2·K)）を表し，λ/δ が大きいほど熱が伝わり易い．一方，λ/δ の逆数 δ/λ は熱の伝わりにくさ（熱抵抗）を表す．したがって，機械部品において，熱伝導率の高い材料を使い，熱の流れる方向と同じ方向を強度が失われない程度にできるだけ薄くする（図9.2では δ を小さくする）ことによって，熱伝導による熱移動を良くすることができる．一方，断熱をしようとする場合には，熱伝導の低い材料を使って，熱の流れる方向と同じ方向をできるだけ厚くすればよい．

エンジンのシリンダヘッド，シリンダ壁，ピストン（ピストンリングを通してシリンダ壁へ），エンジンブロック，マニホールドの内部を熱は熱伝導によって伝えられる．一般に熱は固体内部を三次元的に流れる．

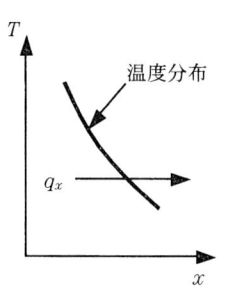

図 9.1 熱の流れ

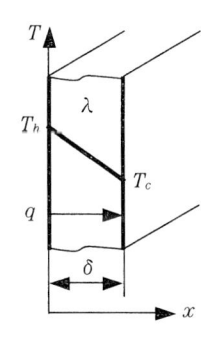

図 9.2 平板の1次元熱伝導

9.2.2 対流熱伝達

対流熱伝達は固体表面とこれに触れる流体との間に温度差が

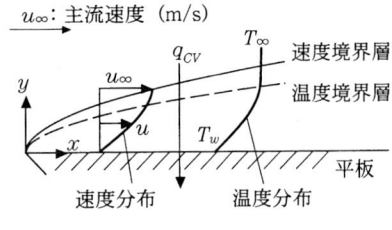

図 9.3 平板への対流熱伝達

図 9.4 平板からの自然対流熱伝達

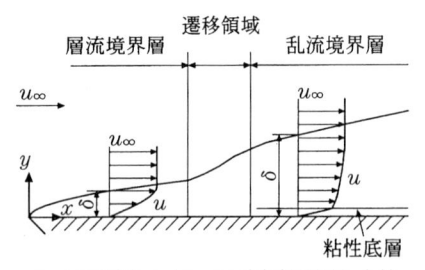

(u_∞：主流速度 (m/s)，δ：速度境界層厚さ (m))

図 9.5 平板に沿う速度境界層

あるとき，流体の流動（流体は固体表面に対し相対的に動いている）によって固体表面と流体との間で熱エネルギーが移動する現象である[1]．図9.3に示すような平板上を，流速 u_∞(m/s) の流体が流れていると考える．流体の温度 T_∞(℃) が平板の温度 T_w より高い（$T_\infty > T_w$）とき，熱は高温の流体から低温の平板へ向かって流れる．流速は，図9.3に示すように主流で u_∞ (m/s)，流体の粘性によって板の表面でゼロとなり，板の表面近傍で速度分布を持つ境界層（速度境界層）が形成され，また，速度境界層と関連して温度分布を持つ境界層（温度境界層）が形成される．速度境界層が流動の抵抗になり，温度境界層が熱移動の抵抗（熱抵抗）になる．平板の場合，これらの境界層は図9.3に示すように平板の前縁から後流へ発達し厚くなる．主流の速度が速いほど速度境界層が薄くなって平板近傍の速度勾配が大きくなり，その結果，温度境界層も薄くなって平板近傍の温度勾配も大きくなる．温度境界層が薄いほど熱抵抗は小さくなり，熱は伝わり易くなる．また，流体の速度は板の表面でゼロであるから，その点の熱移動は熱伝導によってのみ行われることになる．したがって，対流熱伝達は流体内の熱伝導と流体の流動によるエンタルピー輸送とが関連した形で起こる熱移動現象である．

対流熱伝達により伝えられる熱流束 q_{CV}(W/m²) は次式により表される．

$$q_{CV} = h(T_\infty - T_w) \tag{9.5}$$

ここで，h は熱伝達率（heat transfer coefficient）(W/m²K)，T_w は固体表面温度 (K)，T_∞ は流体の代表温度 (K) である．熱伝達率は物性値ではなく，式 (9.5) で定義された係数であり，流れの状況に影響されて変化する値である．熱伝達率は次に説明する熱放射を含めた形で定義することもでき，実験データの整理にしばしば用いられる．q_{CV} は熱伝達率 h，温度差（$T_\infty - T_w$）が大きいほど大きくなり，また，対流熱伝達に関与する伝熱面積 A を q_{CV} に掛けることによって，対流熱伝達で伝えられる熱量 $Q_{CV} = qA$(W) を求めることができる．対流熱伝達において，h が大きいほど熱は伝わり易く，h の逆数 $1/h$ は熱抵抗を表し，$1/h$ が大きいほど熱は伝わりにくい．

流体の流動が送風機やポンプなど強制的に起こされている場合を強制対流熱伝達（図9.3）といい，また，流体内の温度の不均一に基づく密度差によって流動が起こっている場合を自然対流熱伝達（図9.4，主流は静止，$u_\infty = 0$(m/s)）という．熱伝達率は一般的に強制対流の場合の方が自然対流の場合より大きい．

図9.5に示すように，主流が層流（自然対流では主流は静止）の場合，速度境界層内の流れは始め層流（laminar flow）であるが，平板の前縁からある臨界距離において，境界層内の流れの微小な擾乱が増幅され，速度境界層内の流れは乱流（turbulent flow）へ遷移する．速度境界層が乱流の場合，温度境界層

も乱流的な分布，つまり平板近傍の温度勾配はより大きくなり，これにより熱抵抗が減少する．温度境界層の厚さが同じ場合，熱伝達率は層流境界層より乱流境界層の方が大きくなる．さらに，主流が乱流の場合，速度境界層内の流れは平板の前縁から乱流になり，したがって，主流が層流よりも乱流の方が熱伝達は良い．

強制対流における熱伝達は，一般に次式のような無次元数の関係として表される．

$$Nu = CRe^m Pr^n \tag{9.6}$$

ここで，C, m, n は流れと固体壁との相互条件（流れの状況および温度条件等）によって変化する値である．また，Nu はヌッセルト数（Nusselt number），Re はレイノルズ数（Reynolds number），Pr はプラントル数（Prandtl number）であり，次式で表される．

$$Nu = hl/\lambda$$
$$Re = ul/\nu$$
$$Pr = \nu/\chi = c_p \mu/\lambda$$

ここで，l は特性長さ (m)，u は代表速度 (m/s)，μ は粘性率 (Pa·s)，ν は動粘性率 (m²/s)，λ は熱伝導率 (W/m·K)，χ は熱拡散率 (m²/s)，c_p は定圧比熱 (J/kg·K) である．Nu は熱伝達率の無次元数である．Re は流れにおける慣性力と粘性力との比であり，Re が同じ場合，流れの様相が相似であることを意味する．Pr は流体中の運動量と熱の拡散の比を表し，ν が大きいほど壁からの粘性の影響（速度勾配）がより遠くまで流体中に広がり，また，χ が大きいほど壁からの温度勾配がより遠くまで流体中に広がるので，Pr は速度境界層の厚さ δ と温度境界層の厚さ δ_t の比に関連するパラメータでもある．主流が層流の場合，速度境界層も層流となり，図 9.6 に示すように，$Pr > 1$ の場合，$\delta > \delta_t$，$Pr < 1$ の場合 $\delta < \delta_t$，$Pr = 1$ の場合 $\delta = \delta_t$ となる．ガスに対し，Pr はほとんど変化せず，約 0.7 である．式 (9.6) の意味することは，Nu（熱伝達率の無次元数）は Re（流れの様相）と Pr（運動量拡散と熱拡散の比）に依存し，これらのべき乗で表されるということである．

平板上の強制対流に対し，平板温度一定の場合，平板前縁から距離 x の局所熱伝達率を表す理論式は，主流が層流および乱流[1]の場合，次式で表される．

$$Nu_x = 0.332 Re_x^{1/2} Pr^{1/3}, \quad Pr > 0.5 \tag{9.7}$$
$$Nu_x = 0.0296 Re_x^{4/5} Pr^{2/3}, \quad 0.5 < Pr < 5 \tag{9.8}$$

ここで，$Nu_x = hx/\lambda$
$Re_x = ux/\nu$

図 9.7 は式 (9.7) および (9.8) をプロットした図である．局所熱伝達率は x が大きくなるほど低下し，乱流境界層へ遷移すると一旦増加し，また，減少することが分かる．また，平板前縁から距離 l までの平均熱伝達率は，層流境界層の場合，式 (9.7) を $0 \leq x \leq l$ の範囲で積分し，次式のように表される．

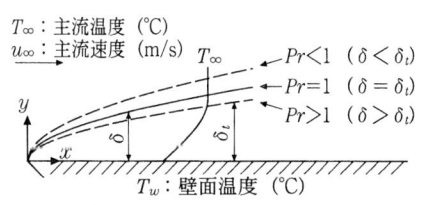

T_∞：主流温度 (℃)
u_∞：主流速度 (m/s)
T_w：壁面温度 (℃)
（δ：速度境界層厚さ，δ_t：温度境界層厚さ (m)）

図 9.6 速度境界層と温度境界層の厚さ

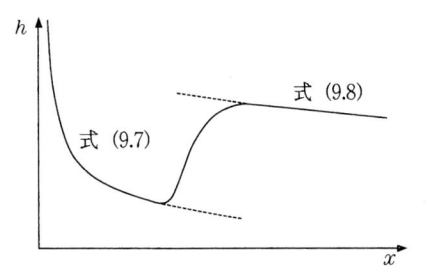

図 9.7 平板上の強制対流局所熱伝達率

$$Nu = 0.664 Re^{1/2} Pr^{1/3} \tag{9.9}$$

速度境界層が層流から乱流に遷移する場合，図9.7に示すように遷移領域を考慮した h を積分して平均熱伝達率を求める．

強制対流の場合で，発達した管内流れの乱流熱伝達（壁温一定）に対して，次に示すジッタス・ベルダ（Dittus-Boelter）の実験式[1]がよく用いられる．

$$Nu = 0.023 Re^{0.8} Pr^{0.4} \tag{9.10}$$

ここで，Re および Nu の代表長さ l に円管の内径 d を用いる．式 (9.10) は円管内以外（流路の断面形状が非円形）の場合でも，拘束された流れの熱伝達を見積もる場合に使用される．この場合，管の内径 d のかわりに次式の等価直径 d_e(m) を用いる（図9.8，円形流路の場合 d_e は d そのもの）．

$$d_e = 4F/H \tag{9.11}$$

ここで，F は流路断面積（m²），H は周長（m）である．

エンジンでは吸気，圧縮，膨張，排気行程の間，シリンダ内に吸入されるガスとシリンダヘッド，バルブ，シリンダ壁，ピストン，吸・排気系などとの間で，熱は主に強制対流熱伝達によって伝えられる（燃焼過程では，熱は一部が次に示す熱放射により伝えられる）．また，熱はエンジン表面から大気へ対流熱伝達（密閉された実験室などのエンジンは自由対流熱伝達が支配的になり，走行中のバイクのエンジンは強制対流熱伝達が支配的になる）によって伝えられる．また，水冷エンジンの冷却水側に高熱流束の領域が形成され，伝熱面の表面で沸騰が起こっている場合（すなわち液のなかに蒸気の気泡が形成），沸騰熱伝達となる．

9.2.3 熱放射

一般に，放射は物質の持つエネルギーが電磁波の形で放射・吸収される現象をいい，電磁波の放射・吸収が相互作用を起こす物質の熱運動（内部エネルギー）に関係する場合を特に熱放射という[1]．電磁波の波長範囲としては大部分が赤外領域（0.7～40 μm）にあり，可視光領域（0.4～0.7 μm）と紫外領域の一部に及ぶ[1]．内部エネルギー（温度>0K）を持った物体Aと物体B（物体Aの温度>物体Bの温度）との間の熱放射を考えると（図9.9），物体Aから放出された電磁波は空間内を横切って物体Bへ吸収されるが，また同時に物体Bからも電磁波が放出され物体Aに吸収されており，物体Aと物体Bとの間で熱エネルギーが空間を電磁波の形で相互に移動している．温度などの条件により，物体間で放射・吸収されるエネルギーの大きさに違いがあるが，高温物体は熱エネルギーを低温物体に与え，逆に低温物体は高温物体から熱エネルギーを奪うことになる．

熱放射の理論は黒体の概念から始まり，黒体は全ての波長の放射を等しく放出または吸収し，表面反射をしない．空間内に放射を吸収する物質が無い場合，温度 T_1 の1つの黒体平面からそれに平行な温度 T_2 のもう1つの黒体平面への熱流束 q_R

$F = ab$
$H = 2(a+b)$
$d_e = 4F/H$
$\quad = 2ab/(a+b)$

(1) 矩形流路

$F = \pi d^2/4$
$H = \pi d$
$d_e = 4F/H$
$\quad = d$

(2) 円形流路

図 9.8　等価直径

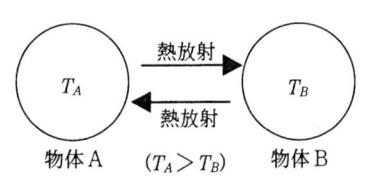

図 9.9　熱放射

(W) は次式で与えられる.

$$q_R = \sigma(T_1^4 - T_2^4) \tag{9.12}$$

ここで，σはステファン・ボルツマン定数 5.67×10^{-8} (W/m^2 K^4) である．実際の表面は黒体ではなく，波長に依存した量の反射がある．また，実際のガスは黒体放射から離れ，各々のガスはある波長領域において放射・吸収するので，これを表すファクターの放射率 ε を式 (9.12) へ掛けると次式のようになる．

$$q_R = \varepsilon\sigma(T_1^4 - T_2^4) \tag{9.13}$$

さらに，実際の任意の表面への熱放射は入射角が変化することを考慮するために形態係数が式 (9.13) に導入される．熱放射は温度差がある物体間で必ず起こる熱移動である．しかし，対流熱伝達が発生している系では，温度差が小さい場合には熱放射は無視でき ($q_{CV} \gg q_R$)，燃焼等の温度差が非常に大きい場合には熱放射を考慮する必要があり，また，温度差が大きく流体の流動が小さい場合には熱放射が支配的になる．

エンジンの燃焼・膨張過程の間，高温ガスから燃焼室壁へ対流熱伝達以外に一部，高温燃焼ガスや火炎領域から燃焼室壁へ熱放射により熱が移動する．シリンダ内の熱放射はガソリンエンジンでは無視できる程度であるが，ディーゼルエンジンでは考慮する必要があり（燃焼ガスから燃焼室壁面への全熱伝達量の約20～30％），これはディーゼル噴霧内の火炎で発生する 'すす'（soot）からの熱放射が主である（高温燃焼ガスの約5倍）．また，エンジンの全ての加熱された外部表面から周囲外界へ熱放射による熱移動が発生する．

9.2.4 エンジンの燃焼室の熱伝達

容積型の内燃エンジンでは，1サイクル中，シリンダ内ガスの圧力と温度は急激に変化し，燃焼室の表面積も変化する．また，吸・排気系，燃焼室形状，燃焼状態に依存して，ガスの速度と温度は燃焼室内にわたって時間的・空間的に非常に変化する．このように変化する条件の下で燃焼室の熱伝達は発生しており，その結果，燃焼室壁の温度分布および熱流束分布も時間的・空間的に不均一となる．

図9.10は燃焼室のガスから燃焼室壁を通して冷却流体への熱伝達過程を図式的に示したものである．燃焼で発生した熱は燃焼ガスから燃焼室壁の表面へ対流熱伝達（燃焼が起こっている場合は熱放射を考慮）で伝えられ，燃焼室壁内を熱伝導で伝えられ，燃焼室壁外面から冷却流体へ対流熱伝達で伝えられる．ただし，吸気行程中は，吸気温度が燃焼室壁面温度より低いので，燃焼室壁面に内部エネルギーとして蓄えられている熱は燃焼室壁面から一部吸気へ伝えられる．また，図9.10に示されるように燃焼ガスと燃焼室壁（シリンダ壁，ピストン頭部の壁面）との間には，温度勾配を持つ温度境界層が存在（対流熱伝達が発生している場合，伝熱面上で必ず形成される，9.2.2項を参照）し，温度境界層は高温の燃焼ガスから燃焼室壁を保護する

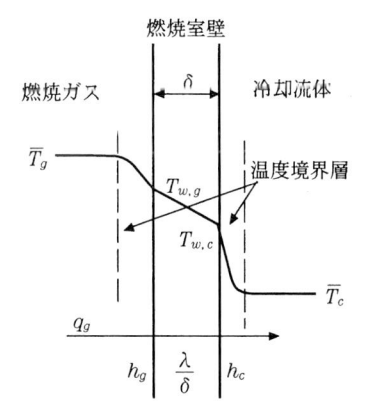

図 9.10 燃焼室から冷却流体への伝熱

重要な働きをしている．この温度境界層の部分は，火花点火エンジンでは末端ガス(消炎層)，ディーゼルエンジンでは空気および消炎層となる．火花点火エンジンにおいてノッキングが発生すると，末端ガスが一度に瞬間的・爆発的に燃焼し，燃焼室壁面近傍の温度境界層を吹飛ばし，高温の燃焼ガスが直接燃焼室壁面に作用して，燃焼室壁を焼損させると言われている．

燃焼室のガスから燃焼室壁への熱流束 q_g (W/m²) は対流熱伝達によるものと熱放射によるものの和となり次式で表される．

$$q_g = q_{gCV} + q_{gR}$$
$$= h_{c,g}(\overline{T}_g - T_{w,g}) + \sigma\varepsilon(\overline{T}_g^4 - T_{w,g}^4) \quad (9.14)$$

ここで，q_{gCV} は対流熱伝達による熱流束，q_{gR} は熱放射による熱流束，$h_{c,g}$ はガス側対流熱伝達率，ε は放射率，$\overline{T}_g$ はガスの空間平均温度 (bulk temperature) (K)，$T_{w,g}$ は燃焼室壁のガス側の表面温度 (K) である．右辺第2項の q_{gR} は，一般に火花点火エンジンに対して無視できる．式 (9.14) を対流熱伝達と熱放射の両方を含んだ形でガス側の熱伝達率 h_g を定義し直すと次式のようになる．

$$q_g = h_g(\overline{T}_g - T_{w,g}) \quad (9.15)$$

また，シリンダ壁内面よりシリンダ壁外面への熱流束 q_w は次式で表される．

$$q_w = \frac{\lambda}{\delta}(T_{w,g} - T_{w,c}) \quad (9.16)$$

ここで，λ は燃焼室壁の熱伝導率 (W/m²·K)，δ は燃焼室壁の厚さ (m)，$T_{w,c}$ は燃焼室壁の冷却流体側の表面温度 (K) である．

また，シリンダ壁外面から冷却流体への熱流束 q_c は

$$q_c = h_c(T_{w,c} - \overline{T}_c) \quad (9.17)$$

ここで，h_c は冷却流体側の熱伝達率 (W/m²K)，T_c は冷却流体の空間平均温度 (K) である．

q_g は局所瞬間熱流束（ピストン等の熱応力の計算に必要，$T_{w,g}$ も局所瞬間値），空間平均瞬間熱流束（エンジン性能解析をする場合に必要，この場合，$T_{w,g}$ は空間平均瞬間値），空間・時間平均熱流束（冷却損失等を計算する場合に必要，この場合，$\overline{T}_g$ および $T_{w,g}$ は空間・時間平均値）とが考えられる．局所瞬間熱流束を燃焼室全体に渡って平均したものが空間平均瞬間熱流束で，空間平均瞬間熱流束の1サイクル当りの平均値が空間・時間平均熱流束である．局所瞬間熱流束を知ることができるのが最も望ましく，空間平均瞬間熱流束および空間・時間平均熱流束は局所瞬間熱流束から計算することができる．

図 9.11 に部分負荷，低回転数の場合の火花点火エンジンにおけるシリンダヘッドの局所瞬間壁面温度の測定値とそれから求めた局所瞬間熱流束のクランク角に対する変化を示す[2]．温度測定点はシリンダヘッド上で点火プラグ（シリンダの中心に位置）とシリンダ壁との中間点である．1サイクル中にシリンダ内

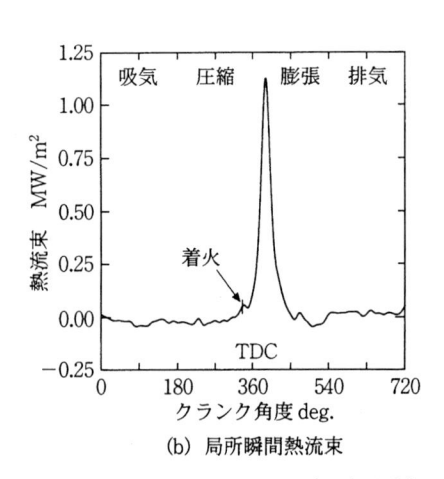

図 9.11 シリンダヘッドの温度と熱流束[2]

(a) 局所瞬間壁面温度

(b) 局所瞬間熱流束

ガスの空間平均温度は300～2000Kの間で変化するが，局所瞬間壁面温度の変化は7Kとわずかである．局所瞬間の壁面温度および熱流束はシリンダ内圧力が最大値をとるところで最大となっている．局所瞬間熱流束は吸気行程中の小さな負の値（吸気行程では，吸気温度が吸気系や燃焼室壁面温度より低いので，燃焼室壁面から吸気へ熱が伝わる）から膨張行程の初期（燃焼時）の1MW/m²程度まで連続的に変化する（全負荷の場合，最大値は約3MW/m²）．

燃焼室とガスとの間の空間平均瞬間熱伝達率h_g(W/m²K)を表す代表的な式を以下に示す．

アイヘルベルグ（Eichelberg）の式
$$h_g = 0.244(PT)^{1/2} w^{1/3} \quad (9.18)$$

ボシニ（Woschni）の式
$$h_g = 3.26 D^{-0.2} P^{0.8} T^{-0.53} w^{0.8} \quad (9.19)$$

ここで，Pはガス圧力（kPa），Tはガス温度（K）であり，wはピストン平均速度（m/s）である．また，ボシニの式中で，Dはシリンダ内径（m），wはスワールのない予燃焼室式ディーゼルエンジンに対し次式により表される．

$$w = \{C_1 S_p + C_2 (V T_r / P_r V_r)(P - P_m)\}$$

ここで，S_pはピストン平均速度（m/s），Vは燃焼室容積（m³），P_mはモータリング時（発火運転（ファイアリング時）を行った直後に，燃料を投入せずにエンジンをモータで回転させ，ガス圧等を計測する場合）のガス圧力（kPa），P_r，V_r，T_rは圧縮終了時の場合を示す．また，C_1，C_2は係数で

排気および吸気行程で
$$C_1 = 6.18 + 0.417 \times v_s / S_p \quad C_2 = 0$$

圧縮行程で
$$C_1 = 2.28 + 0.308 \times v_s / S_p \quad C_2 = 0$$

燃焼および膨張行程で
$$C_1 = 2.28 + 0.308 \times v_s / S_p \quad C_2 = 3.24 \times 10^{-3}$$

ここで，v_sはスワール強さ（m/s）である．

式(9.18)，(9.19)は内燃エンジンのガス側の空間平均瞬間熱伝達率のおおよその値を求める場合には有用である．しかし，ガス側の熱伝達は種々の条件（エンジン形式，負荷，回転数，燃焼室形状，運転条件等）に影響され変化し，また，局所熱伝達率は燃焼室にわたって不均一であるので，エンジンが異なると空間平均瞬間熱伝達率も異なる．したがって，現段階では全てのエンジンに対して空間平均瞬間熱伝達率を式(9.18)，(9.19)のような簡便な式から精度良く見積もることはできない．

最近，燃焼室のガス流動・燃焼を三次元CFD（Computational Fluid Dynamics，数値流体力学）により数値的に解き，局所瞬間熱伝達率を求めるようになりつつある．図9.12はディーゼルエンジンの三次元CFDシミュレーションの一例である．図9.12によると，ピストン壁面上の噴霧燃焼火炎がインピンジ

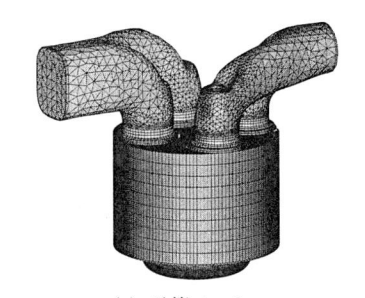

(a) 計算メッシュ
(BDC：60477 cells，TDC：17004 cells)

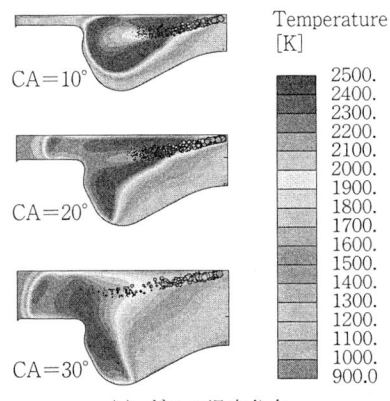

(b) ガスの温度分布
(CA＝10～30degATDC)

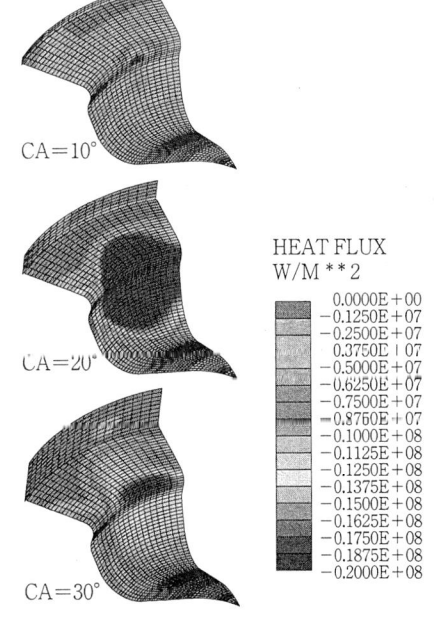

(c) ピストン表面の熱流束分布
(CA＝10～30degATDC)
直噴式ディーゼルエンジン
B×S＝130×150，圧縮比17.25

図9.12 CFDシミュレーションの例[3]

メント(impingement, 衝突)する部分で熱流束が最大(18 MW/m² 程度)になっていることがわかる．また，噴霧燃焼火炎のインピンジメント部分にも薄い温度境界層が存在することがわかる．このようなシミュレーションに用いられる計算モデルは実験データにより相関される必要があり，高精度，広範囲で詳細な実験的研究と相まって，より確かで一般的な計算モデルに改良するための研究が行われている．

定常状態では，式(9.15)から(9.17)の熱流束の値は等しく，$q_g = q_w = q_c$ となり，シリンダ内ガスから冷却水への熱流束 q は次式のように表される．

$$q = K(\bar{T}_g - \bar{T}_c) \tag{9.20}$$

ここで，熱通過率 K (W/m²K) は次式で表される．

$$\frac{1}{K} = \frac{1}{h_g} + \frac{\delta}{\lambda} + \frac{1}{h_c} \tag{9.21}$$

熱通過率 K の逆数 $1/K$ は全熱抵抗を表し，$1/h_g$, δ/λ, $1/h_w$ はそれぞれガス側，燃焼室壁，冷却流体側の熱抵抗であり，$1/K$ はこれら3つの熱抵抗の和(直列に配置された熱抵抗)を表す．したがって，全熱抵抗は3つの熱抵抗に依存するが，全熱抵抗は最も大きい熱抵抗に支配される．1つの熱抵抗が他に比べて非常に大きい場合，例えば，$1/h_g \gg \delta/\lambda$, $1/h_g \gg 1/h_w$ の場合，$1/K \approx 1/h_g$ となる．

ガス側の熱伝達率 h_g の値は種々の条件により異なるが，ほぼ 100～500 W/(m²·K) 程度である．また，表9.2に示すように，λ の値はアルミニウム合金で 155 W/(m·K)，鋳鉄で 54 W/(m·K) であり，δ は一般に 10 mm 以下のことが多く，δ を 10 mm としても λ/δ は 5000～15000 W/(m²·K) となる．さらに，冷却流体側の熱伝達率はガス側の熱伝達率より非常に大きく，空冷方式では10倍以上，水冷方式では10～100倍程度大きくなる．したがって，熱通過率 K に対して h_g はきわめて支配的であることがわかる．したがって，ガス側の熱伝達率が大きい場合，エンジンはより冷却されることになる．

ディーゼルエンジンでは，スワールが強いほど噴霧液滴と空気との混合が良くなり，燃焼が改善されるが，他方，ガスの流動の改善により熱伝達率は大きくなる．したがって，スワールが強いほど，燃焼ガスは冷却され易くなる．また，ディーゼルエンジンでは，副室式の方が直噴式より冷却損失が大きく熱効率が低い．副室式では副室部分により燃焼室表面積(冷却に対しては伝熱面積となる)が拡大してしまい，直噴式に比べTDC(上死点)におけるすきま容積当りの燃焼室表面積が大きく，そのため放熱量が増加する．また，副室式の方がガスの流動が激しいため熱伝達率が大きくなり，その結果，冷却損失が大きくなる．

9.2.5 エンジンのエネルギーフロー

図9.13は内燃エンジンのエネルギーフローを図解したもの

表 9.2 壁面材料の熱物性

材料	鋳鉄	アルミニウム
密度 kg/m³	7200	2750
熱伝導率 W/(m·K)	54	155
比熱 J/(kg·K)	480	915

である．ⓚおよびⓛ以外，エネルギーは上方から下方へ流れる．ⓑ～ⓔの数値はエネルギーの割合で，一例である．機械損失はⓟ+ⓠであり，ⓟが冷却損失に含まれている．ⓕの燃焼ガスから燃焼室壁へ伝わる熱量はシリンダヘッド，シリンダライナ，ピストン（ⓗ～ⓙ）を解して冷却媒体（冷却水および空気）へ伝わり冷却損失となり，一部熱放射により外部へ排出される．表 9.3 に高速エンジンの熱勘定を示す．

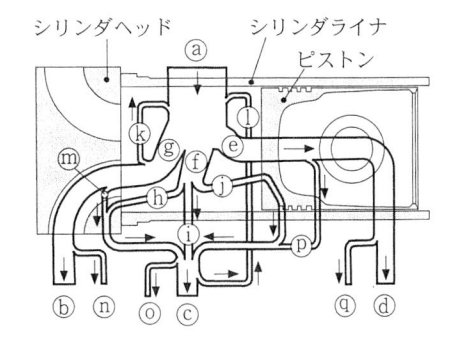

9.2.6 主要部品の温度と熱の流れ

燃焼室壁面への熱流束はエンジンの構造と運転状態によって変化し，また，燃焼室の各部分への熱流束は同じではない（例として図 9.12(c)）．そのためにエンジンの構成部分の温度分布は不均一となる．通常，熱流束はシリンダヘッドの中心，排気バルブシート，ピストン頭部で最も高くなる．ピストンの材料は鋳鉄またはアルミニウム合金を用いるが，表 9.2 に示すように物性値が異なるため，温度分布が異なる．

（Ⅰ）ピストン

通常，ピストンの温度は頭部で最高温度になり，頭部からスカート部へ低下する．図 9.14 にピストンの温度分布の一例を示す．図 9.14 に示すように，直噴式ディーゼルエンジンのエントレインメントピストンでは，皿部のリップ部分で最高温度になる．ディーゼルエンジンのピストン頭部の表面温度は火花点火エンジンよりも約 50℃ 高くなる．

火花点火エンジンで用いられる平面ピストンの場合，ピストン頭部の中心が最も高温になり，外側へ向かって温度は 20～50℃ 低下する．副室式ディーゼルエンジンでは，ピストンの最高温度は副室からの主室へ噴出されるガス流がピストンクラウンへ衝突する部分で発生する．

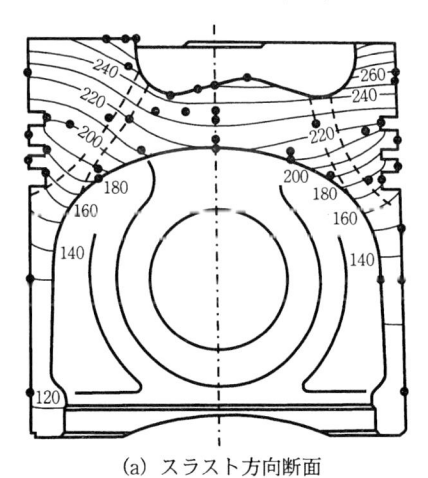

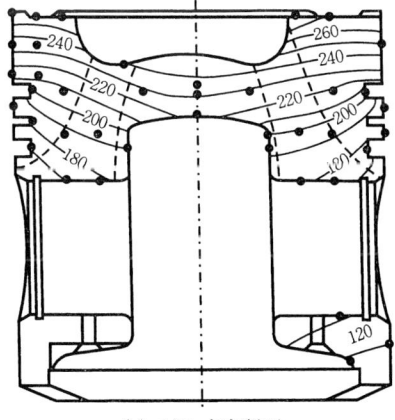

ⓐ 燃料のエネルギー（100%）
ⓑ 排気損失（32%）
ⓒ 冷却損失（28%）
ⓓ 軸出力（30%）
ⓔ 図示出力（38%）
ⓕ 燃焼室壁への伝熱量
ⓖ 燃焼ガスのエネルギー
ⓗ シリンダヘッドへの伝熱量
ⓘ シリンダライナへの伝熱量
ⓙ ピストンへの伝熱量
ⓚ 残留ガスから回収される熱量
ⓛ 燃焼室壁から吸気に与えられる熱量
ⓜ 排気から冷却水への伝熱量
ⓝ 排気系統からの熱放射
ⓞ 冷却系統からの熱放射
ⓟ ピストン摩擦
ⓠ ピストン摩擦以外の機械損失
　（熱放射により外部へ排出）

ⓝ+ⓞ+ⓠ（10%の損失エネルギー）

図 9.13　内燃エンジンのエネルギーフロー[4]

(a) スラスト方向断面　　(b) ピン方向断面

高速直噴ディーゼルエンジン
D×S = 125×110mm，圧縮比 17，3000rpm，全負荷
（数字は温度℃，黒丸は測温点，実線は等温線，点線は熱流線）

図 9.14　ピストン内部の温度分布の例[6]

表 9.3 高速エンジンの熱勘定[5]

	火花点火エンジン	ディーゼルエンジン
軸出力	25~30%	35~40%
冷却損失	35~45%	25~30%
排気損失	35~20%	35~25%
機械損失	6~5%	5~7%

（排気損失には熱放射によりエンジン表面から外界へ流出する熱量も含む）

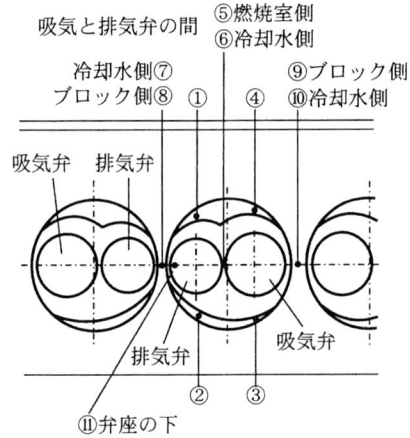

図 9.15 シリンダヘッドの温度分布[7]
(a) シリンダヘッドの熱電対位置
(b) シリンダヘッドの温度 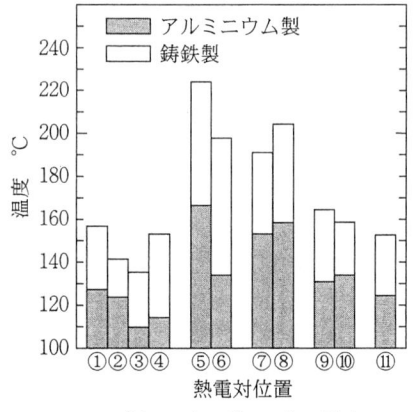
ガソリンエンジン
2000rpm, 全負荷,
冷却水温 95℃, 冷却水圧 2atm

鋳鉄製ピストンはアルミニウム製ピストンに比べて熱伝導率が低く比熱が高いため，約 40~80℃ 高くなる．しかし，アルミニウムの方が温度に対する材料強度が低いので，アルミニウムを使用する場合は最高温度が 350℃ を超えないように，頭部からスカート部へ連なる部分は面積を大きくし，熱の流れを妨げない形状にすることが重要である．

（2） シリンダヘッド

図 9.15 は水冷式 4 サイクル火花点火エンジンのシリンダヘッドの温度分布を示したものである．最高温度は熱流束が高く，冷却水に対して接触が難しい場所で起こっている．そのような場所はバルブのブリッジ（⑤の部分）やシリンダ間の排気バルブの間（⑧の部分）で発生している．

（3） シリンダライナ

図 9.16 は直噴式ディーゼルエンジンのシリンダライナの温度分布と長さ方向の熱流束を示したものである．熱流束と温度はシリンダヘッドからライナの下部へ向かって減少している．これはライナ下部では燃焼ガスの十分な膨張の後で燃焼ガスと一時的に接触するためである．ピストンとライナの間の摩擦により発生する熱は，q_{GL}（燃焼ガスからライナへの熱流束）と q_L（ライナへの総熱流束）の差であるが，ライナにおける熱流束の大きな部分を占めている．

（4） 排気バルブ

図 9.17 には排気バルブの温度分布の一例を示している．排気バルブは燃焼室に面した部分とバルブヘッド（弁頭部）からステム（弁棒，弁軸）につながる部分が高温になる．排気バルブの放熱は図 9.18 に示すように，ステム，バルブガイド（弁案内），バルブシート（弁座）を通して行われる．小形のバルブの場合，主にステムを通して行われ，大形のバルブの場合，主にバルブシートを通して行われ(70~80% の放熱)，バルブシートと良い接触状態を保つことが重要である．

9.2.7 エンジンの放熱量

冷却により持ち去られる熱量 Q_{cool}(kW) は次式で表される．

$$Q_{cool}=(N_e/\eta_e)\eta_c=N_eb_eH_u\eta_c/3600 \qquad (9.22)$$

ここで，N_e は軸出力(kW)，η_e は正味熱効率，η_c は冷却損失，b_e は正味燃料消費率 (g/kWh)，H_u は燃料の低発熱量 (MJ/kg)．

9.3 空冷方式

空冷方式は水冷方式に必要なラジエータや水ポンプなどの付帯装置が不要であり，これにより総重量が軽減でき，また，暖機運転（warming up operation）の時間が短縮されるなどの長所がある．しかし，空冷方式は水冷方式に比べて燃焼室周りの温度が高いため充てん効率が低い場合があり，冷却水による振

動の減衰がないため騒音が大きく，また，潤滑油消費量が大きく，さらに，シリンダおよびシリンダヘッドに温度差を生じやすく，熱変形を起しやすいなどの欠点がある．空冷方式は小形エンジンに主として用いられ，火花点火エンジンに比べて燃焼室の壁温度が高くなるディーゼルエンジンにはほとんど用いられていない．

　空冷方式では，冷却効果を向上させるために，シリンダヘッドおよびシリンダ壁の外表面に冷却フィン（cooling fin）を付けて放熱量を高めている（図9.19）．冷却フィンを付けることは伝熱面積を拡大することを意味し，冷却フィンを付けた場合の熱伝達率が冷却フィンを付けなかった場合と同じとすると，必ず放熱量（熱伝達量）を増大させることになる．図9.19に示すように，シリンダ壁の冷却フィンは高温となるシリンダヘッド側（例として図9.16）を長くし，伝熱面積を大きくし，できるだけ温度分布が均一になるようにしている．また，導風板（baffle plate）やカウリング（cowling）を配置して，できるだけ温度分布を均一にするとともに，冷却効果を向上させている（図9.20）．

　冷却フィンの形状は最少の材料で最大の放熱量を得る方が良く，理論的には放物線の形状（図9.21の(a)）が最適であるが，実際には加工しやすいテーパ形（図9.21の(b)）である．冷却フィンの長さはある値以上にしても冷却効果が増加しないため，冷却フィンの根元厚さは鋳鉄で3～5mm，アルミニウム合金鋳物では1.8～2.0mm，アルミニウム板の鋳込み法では0.8～1.0mm程度である．図9.22は冷却フィンの熱伝達率を示した例である．空気速度が大きいほど熱伝達率は大きい（これは式(9.6)において，Reが増加するほどNuが増加するのと同じ関係）．フィンピッチ（すきま）が減少するほど熱伝達率は減少しており，これは図9.23に示すように，フィンとフィンのすきま，特にフィンの根元は境界層が厚くなり，熱伝達率が低下する．フィンピッチが大きいほど熱伝達率は増加するが，フィンを含む総伝熱面積は減少するので，伝熱量を増加するための最適なフィンピッチが存在し，フィンピッチは比較的小さい方がよい．図9.24は，冷却フィンの厚さに対して，冷却フィンの基底の伝熱面積に対する熱伝達率（見かけの熱伝達率）を最大にするフィンピッチを示した例である（図9.22は長方形フィンの場合で，図9.21(c)の先端が矩形に相当）．

　放熱量はフィン形状，外気との温度差，空気速度，運転条件等により変化するので，冷却フィンの放熱面積は一般に経験式（経験値）によって見積られる．F. Jaklitschは冷却フィンの総面積A_f(m²)として実験的に導かれた次式を与えている．

$$A_f = CSDN_e^2/V_s \qquad (9.23)$$

ここで，S：行程(m)，D：シリンダ径(m)，V_s：行程容積(m³)，C：定数 $(8.3～10)×10^{-9}$ 航空エンジン，$(12～18.5)×10^{-9}$ 車両用エンジン，$(50～61)×10^{-9}$ 小形強制通風エンジン，$(63～$

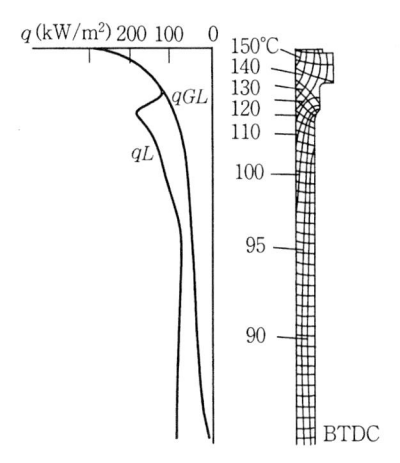

直噴ディーゼルエンジン
1500rpm，正味平均有効圧力1.1MPa
（BTDCは下死点でのピストン位置）
q_L：ライナに入る総熱流束
　　　（摩擦による熱も含む）
q_{GL}：ガスからライナに入る熱流束

図 9.16　シリンダライナの温度分布と熱流束分布[8]

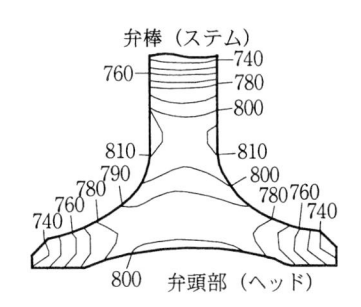

図 9.17　排気バルブ温度分布[9]

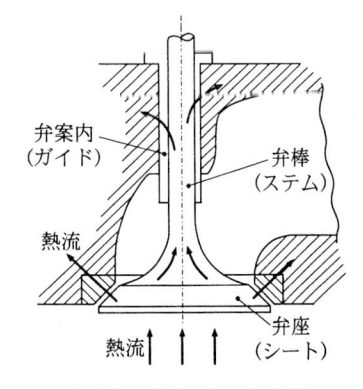

図 9.18　排気バルブの放熱

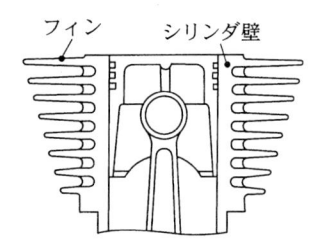

図 9.19 空冷方式シリンダ壁

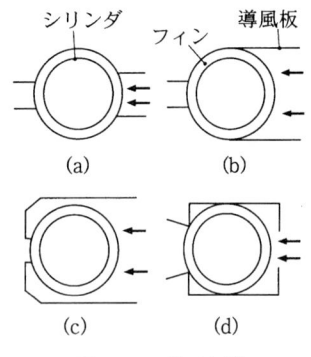

図 9.20 導風板[10]

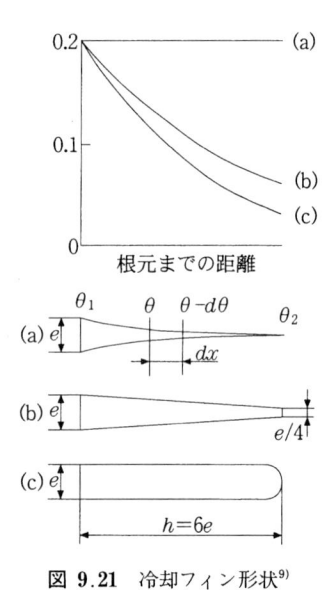

図 9.21 冷却フィン形状[9]

70)×10⁻⁹ 小形自然通風エンジンである．

[例題 9.1] 空冷式エンジンが低発熱量 4.3×10^4 kJ/kg の燃料を 335g/(kWh) 消費して 5kW の軸出力を発生し，冷却空気により冷却されている．冷却損失が 35% の場合，冷却により持ち去られる熱量を求めよ．また，冷却フィンを含む伝熱面の平均温度を 200℃ に保ちながら冷却される場合，冷却に必要なフィンを含む伝熱面積を求めよ．ただし，冷却空気温度は 20℃，フィンを含む伝熱面と冷却空気の間の熱伝達率は 60 W/(m²·K) とする．

[解答] 冷却により持ち去られる熱量 Q_{cool}(kW) は式 (9.22) より

$$Q_{cool} = N_e b_e H_u \eta_c / 3600$$
$$= 5 \times 335 \times (4.3 \times 10^4 \times 10^{-3}) \times 0.35 / 3600$$
$$= 7.0 \text{ kW}$$

$h_a = 60$ W/(m²·K)，$T_{fm} = 200$℃，$T_a = 20$℃ であり
$Q_{cool} = h_a A (T_{fm} - T_a)$ より，フィンを含む伝熱面積 A(m²) は
$$A = Q_c / [h_a (T_{fm} - T_a)] = 7.0 \times 10^3 / (60 \times (200 - 20))$$
$$= 0.648 \text{ m}^2$$

9.4 水冷方式

水冷方式は，シリンダヘッドおよびシリンダ周囲にウォータジャケットを設置し，その中に冷却水を流動させてエンジンで発生した熱を冷却する方法である．受熱して温度が上昇した冷却水は，それ自体を直接外部に放流させるか，または，放熱器（ラジエータ，radiator）等の熱交換器へ導き，外部の流体（大気や海水）と熱交換して放熱させる．水冷方式は空冷方式に比べてシリンダおよびシリンダヘッドの冷却が一様で（シリンダの半径方向温度分布の差が小さい），冷却能力が高く，騒音が少ない（ウォータジャケット内の水が騒音を吸収・減衰）．

水冷方式は，放流式，強制循環式，自然対流式，蒸発冷却式などに分けられる．放流式は河川や海水を冷却水として利用する方法で，冷却水は水ポンプによりエンジンへ導かれ，使用後放流される．この方法は主に舶用エンジンに用いられている．また，強制循環式は最も一般的な水冷方式であり，冷却水はエンジンのウォータジャケットとラジエータの間の密閉された流路内を水ポンプにより循環する（図 9.25）．主に移動式エンジン（自動車用，鉄道用）などに用いられ，舶用エンジンの場合はラジエータの代わりに冷却水を海水へ放熱させる熱交換器が用いられる．放流式および強制循環式では，ウォータジャケット内は強制対流熱伝達になる．一方，自然対流式はエンジンの上部にラジエータを配置し，エンジンのウォータジャケットとラジエータとの間で自然対流（温度差による密度差によって流体が流動）を利用して冷却水を循環させる冷却方法であり，ウォータジャケット内およびラジエータの冷却水側は自然対流熱伝達

になる(図9.26).この方法は,冷却水循環用の水ポンプが不要であるが,循環速度が遅い(冷却循環量が少ない)ため,大きな放熱量が得られないので,小形エンジンに限られる.

ウォータジャケットは高温となる燃焼室周囲を十分に冷却でき,できるだけ均一な冷却が得られるような構造にするとともに,ウォータジャケット内の冷却水の流れに'よどみ'が生じないようにすることが必要である.ウォータジャケット内で良好な流れが形成されない部分では,熱伝達率が悪くなる.ウォータジャケット内の熱伝達率は,図9.25に示したような湿式シリンダライナ(ライナに直接冷却水が接するタイプ,それに対して乾式ライナは直接冷却水がライナに接しない)とウォータジャケットの間の2重円管構造となっている部分については,流路面積から等価直径を算出し,式(9.10)より見積ることができる(9.2節参照).

放流式や強制循環式のように冷却水を水ポンプにより強制的にウォータジャケットに流して冷却する場合,冷却水量が増加するほど冷却能力(エンタルピー輸送および熱伝達率の増加)が上がり,また,それに伴って冷却水の出入口の温度差が小さくなり,シリンダおよびシリンダヘッドの温度分布がより一様になる.しかし,冷却水量が多すぎるとエンジンは冷却のしすぎになり,正味熱効率を低下させることになる.したがって,冷却水量は適切な冷却をするための重要なファクターである.さらに,強制循環式の場合,冷却水温度も重要であり,冷却水温度が高い方がシリンダヘッドやシリンダの温度分布がより一様になり,また,ラジエータにおいても冷却水温度が高いほど外気との温度差が大きくなり,ラジエータの放熱量が増加する.表9.4は強制循環方式の場合の冷却水量およびエンジンの出入口温度差の一般的値を示している.

ラジエータでの冷却水と空気との温度差を大きくする(冷却水の高温化)とともに,冷却水の沸点を上昇させる方法として,冷却系に0.3~1.2atmの圧力をかける加圧冷却法が一般に行われている.この方法では,ラジエータのキャップに圧力調整弁を設けて冷却水流路の圧力を調整している.さらに,エンジンの冷却水流路の出口または入口に自動温度調節弁(サーモスタット,thermostat)が設けられ,暖気運転時間の短縮,冷却水の過冷却を防止している.

冷却水には凍結防止のためエチレングリコール水溶液などを用いる.エチレングリコール水溶液は水に対するエチレングリコールの混合割合が増加するほど凝固点が低下する.一般の地域では約30wt%,極寒冷地では40~50wt%程度の濃度のものが使用される(表9.5参照).

9.4.1 ラジエータ

ラジエータは上部タンク,中間の熱交換部,下部タンク,キャップから構成され(図9.27),熱交換部は空気側のフィンと冷

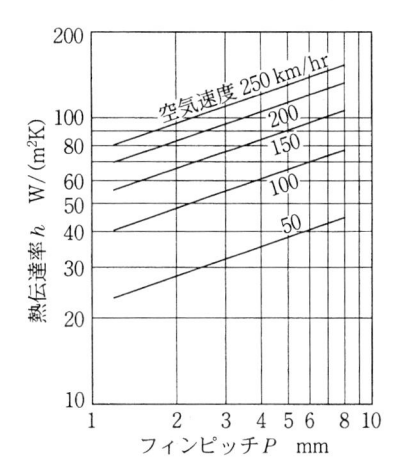

図9.22 冷却フィンの熱伝達率[11]

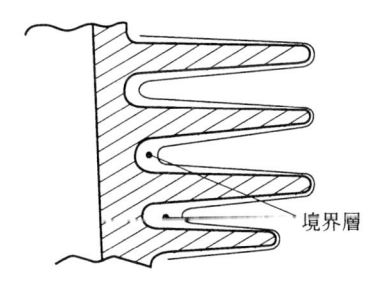

図9.23 冷却フィン間の空気流動

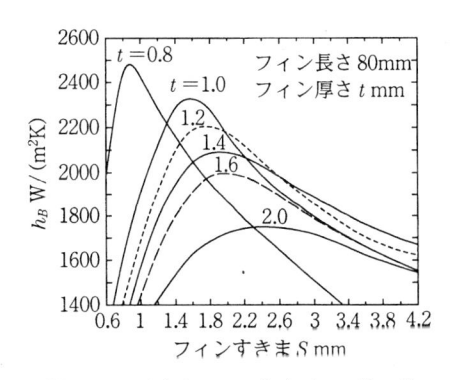

図9.24 長方形フィン基底面における熱伝達率とフィンすきまの関係[11]

表9.4 強制循環式におけるエンジンの冷却水量および出入口温度差

	冷却水量 L/(kWh)	出入口温度差 ℃
陸用・舶用	40~140	7~10
鉄道・自動車用	35~65	20~40

表 9.5 エチレングリコール ($C_2H_6O_2$) の水溶液の熱物性値[13]
(標準大気圧 101.325 kPa)

(a) 濃度 27.4 wt%,
凝固点 258.15 K (−15℃)

温度 T K	定圧比熱 c_p kJ/(kg·K)	粘性率 η mPa·s	熱伝導率 λ W/(m·K)
323.15	3.852	0.88	0.512
293.15	3.768	1.96	0.488
273.15	3.726	3.92	0.477
263.15	3.684	5.69	0.477
258.15	3.663	7.06	0.471

(b) 濃度 46.4 wt%,
凝固点 240.15 K (−33℃)

温度 T K	定圧比熱 c_p kJ/(kg·K)	粘度率 η mPa·s	熱伝導率 λ W/(m·K)
323.15	3.517	1.57	0.430
293.15	3.391	3.43	0.430
273.15	3.349	6.87	0.430
263.15	3.308	10.79	0.430
258.15	3.287	13.73	0.430
253.15	3.266	18.14	0.430
248.15	3.245	24.03	0.430
243.15	3.224	32.36	0.430

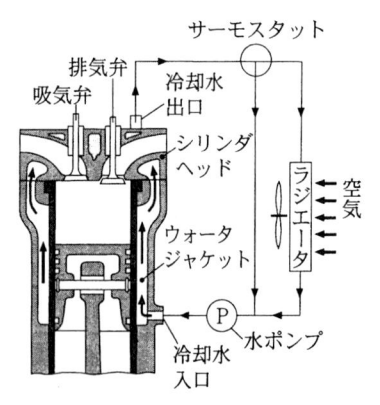

図 9.25 強制循環式による冷却[12]

却水の流れるチューブから構成され,図 9.28 に示すようには熱交換部(コア,core)には種々の形状のものがある.ラジエータコアの形状は熱通過率が大きく,圧力損失が少ない形状のものが望ましい.

図 9.29 にラジエータキャップの例を示す.ラジエータキャップは冷却水補給口のキャップであるが,主に①の加圧弁,②の負圧弁,バルブスプリングから構成され,前述のように加圧冷却法を行うための圧力調整弁の役割を果たす.ラジエータキャップは,オーバーヒート等で冷却系統の圧力が規定圧力以上になると①の加圧弁が開きオーバフローパイプによって外気に圧力を逃がし,その後冷却水が冷えて上部タンク内の蒸気が凝縮して液に変わると,ラジエータ内が負圧となり,この時負圧弁が開き外気を導入してラジエータの変形・破壊を防ぐ働きをする.

ラジエータの放熱量 Q(W) は次式で表される.

$$Q = K A_a \Delta T_m \tag{9.24}$$

ここで,K はラジエータの空気総伝熱面積 A_a(m²) を基準にした熱通過率 W/(m²·K),ΔT_m は冷却水と空気との平均温度差で次式で表される.

$$\Delta T_m = (\Delta T_i + \Delta T_o)/2 \tag{9.25}$$

ここで,$\Delta T_i = T_{ci} - T_{ai}$

$\Delta T_o = T_{co} - T_{ao}$

T_{ai}, T_{ao}:空気の入口と出口の温度(℃),

T_{ci}, T_{co}:冷却水の入口と出口の温度(℃)

K はラジエータの伝熱性能を表し,次式で与えられる.

$$\frac{1}{KA_a} = \frac{1}{h_a A_a \eta_a} + \frac{\delta}{\lambda A_c} + \frac{1}{h_c A_c} \tag{9.26}$$

ここで,h_a, h_c は空気側,冷却水側の熱伝達率 W/(m²·K),A_c は冷却水側の伝熱面積(m²),η_a は総合フィン効率(total fin efficiency)で次式により与えられる.

$$\eta_a = 1 - \frac{A_{af}}{A_a}(1 - \phi) \tag{9.27}$$

ここで,ϕ はフィン効率(fin efficiency),A_{af} はフィンの空気に接触する総面積(m²)である.また,空気側の放熱量 Q_a(W) と冷却水側の放熱量 Q_c(W) は次式で表される.

$$Q_a = m_a c_{pa}(T_{ao} - T_{ai}) \tag{9.28}$$

$$Q_c = m_c c_{pc}(T_{ci} - T_{co}) \tag{9.29}$$

ここで,m_a, m_c:空気および冷却水の質量流量 (kg/s),

c_{pa}, c_{pc}:空気および冷却水の定圧比熱 (kJ/kgK)

ラジエータの空気側と冷却水側の入口条件(温度と流量)が与えられると,$Q = Q_a = Q_c$ が満たされるように,空気側と冷水側の出口温度が決定される.熱通過率 K が低いと,必要な放熱量が得られず,冷却水側の出口温度が規定の温度に低下せず,その結果,エンジンの冷却不足が生じる.ラジエータの熱通過率は空気側の熱伝達率 h_a が支配的であるため,h_a を大きくす

ることがラジエータの冷却性能を改善する方法となる．空冷方式でも述べたが，フィンピッチを小さくするほど，伝熱面積の拡大により，放熱量（熱交換量）が増加する．この場合，フィンを付けない場合の伝熱面積により熱伝達率を評価すると，熱伝達率は増加することになる．しかし，フィンピッチの減少は圧力損失の増加を生じさせ，その結果，空気流量の減少を生む．この場合，必要な空気流量を得るためにはファン動力を増やす必要がある．

ラジエータの高性能・コンパクト化のために，ルーバ付きフィンが多く使用されている．図 9.30 はルーバ付フィンを持つラジエータの内部構造を示したもので，フィンにはルーバと呼ばれる多数の切り起こしが設けられ，空気はルーバに沿って流れる．図 9.31 にルーバ付きフィンとルーバのない平板フィン（図 9.28 の (a) や (c) のタイプ）との熱伝達特性の比較を示す．ルーバのない平板の場合は，境界層の発達に伴い局所熱伝達率は後流にいくにつれて低下しているが，ルーバ付きフィンの場合は，境界層はルーバとルーバの間で分断されるため，1つのルーバの端以降で局所熱伝達率の低下がなくなる．これにより，平均熱伝達率はルーバ付きフィンの方が大きくなる．ルーバ付きフィンの平均熱伝達率はルーバピッチとフィンピッチの両方に依存して変化するが，これらは良好な流れを生じさせ，平均熱伝達率を大きくするための最適な値が存在する．

［例題 9.2］ 水冷エンジンの湿式シリンダライナとウォータジャケットの間の2重円管構造となっている流路部分の熱伝達率を求めよ．ただし，冷却水流量 15 l/min，冷却水入口温度 60℃，冷却水出口温度 70℃，ウォータジャケット内径（シリンダライナ外形）$D_1 = 0.12$ m，ウォータジャケット外径 $D_2 = 0.13$ m とする．また，物性値算出の代表温度には冷却水の出入口平均温度とシリンダライナ外壁の代表温度 120℃ との平均値とする．

［解答］ 物性値算出の代表温度は $[(70+60)/2+120]/2 = 92.5$℃．表 9.7 より，90℃ で $\rho = 965.3$ kg/m^3，100℃ で $\rho = 958.4$ より内挿近似して

$$\rho(92.5℃) = 965.3 + \frac{958.4 - 965.3}{100 - 90} \times (92.5 - 90)$$
$$= 963.6 \text{ kg/m}^3$$

同様にして，$\mu = 0.309 \times 10^{-3}$ Pa·s，$c_p = 4.210$ kJ/(kg·K)，$\lambda = 0.679$ W/(m·K)，また，$\nu = \mu/\rho = 0.3207 \times 10^{-6}$ m^2/s

流路断面積 $F = \pi(D_2^2 - D_1^2)/4 = 1.963 \times 10^{-3}$ m^2

流路周長 $H = \pi(D_2 + D_1) = 0.785$ m

式 (9.11) から等価直径 $d_e = 4F/H = 0.01$ m

流速 $u = G/A = (15 \times 10^{-3}/60)/(1.963 \times 10^{-3}) = 0.127$ m/s

$Re = ud_e/\nu = 3968$，$Pr = c_p\mu/\lambda = 1.92$，式 (9.11) より

$Nu = 0.023 Re^{0.8} Pr^{0.4} = 0.023 \times 3968^{0.8} \times 1.92^{0.4} = 22.59$

$h = Nu(\lambda/d_e) = 22.59 \times 0.679/0.01 = 1534$ W/(m^2·K)

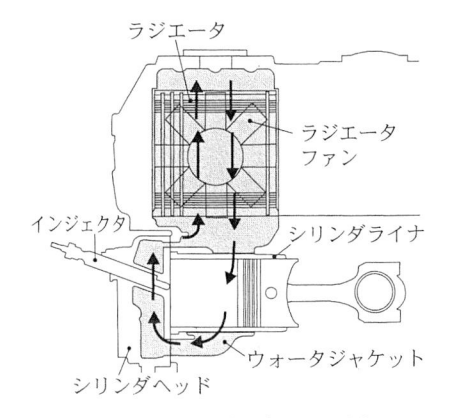

図 9.26 自然対流式による冷却

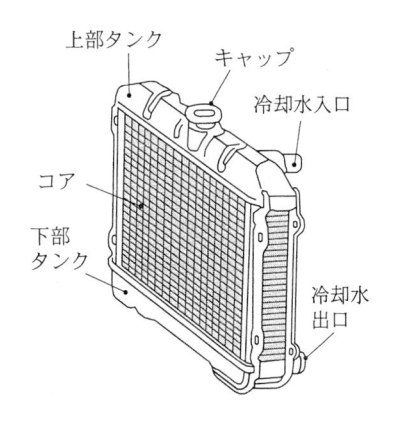

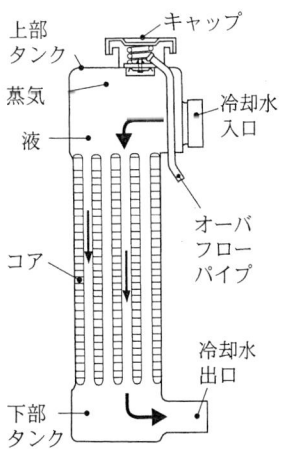

図 9.27 ラジエータ

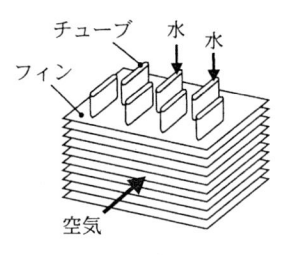

(a) チューブプレートフィン形

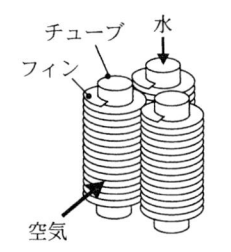

(b) チューブアンドヘリカルフィン形

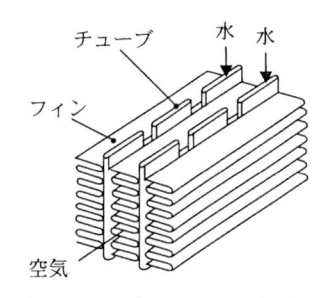

(c) チューブアンドコルゲート形

図 9.28 ラジエータコア[10]

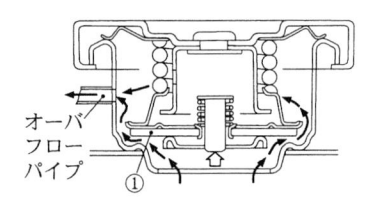

(a) 規定圧力以上の場合

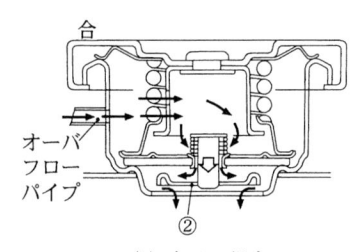

(b) 負圧の場合

図 9.29 ラジエータキャップ

ラジエータの設計例

自動車用ラジエータ（コルゲーテッドストレートフィン付扁平管形熱交換器）の設計例[1]を以下に示す．伝熱量17.4 kWのものを設計する．ただし，熱交換器前面寸法 0.5 m（よこ）×0.33 m，空気側の流入温度 30°C，前面空気流速 6.3 m/s，空気側圧力損失 100 Pa 以下，冷却水の流入温度 90°C，冷却水量 4.8 m³/h，水管部圧力損失 1 kPa 以下とする．

【設計計算】 まず，フィンピッチ，奥行など適当な寸法値で計算を行い，所定の伝熱量になるまで寸法を変えて繰り返し計算する．その結果，図 9.32～34 の寸法を得て，最終的に以下のような計算結果となる．空気および水の熱物性値は表 9.6 および 9.7 を用いる．

（1） 空気側の計算

フィン 1 枚の伝熱面積 $(0.008\times0.028)\,\mathrm{m}^2$ とし，縦 330 枚・横 50 列のフィンだから，フィンの伝熱面積

$$A_{fa}=(0.008\times0.028)\times330\times50=3.696\,\mathrm{m}^2$$

水管 1 本の空気側伝熱面積 $(0.01\times2+\pi\times0.002)\times0.33\,\mathrm{m}^2$ で奥 2 列・横 49 列だから，水管の空気側伝熱面積

$$A_{wa}=(0.01\times2+\pi\times0.002)\times0.33\times2\times49=0.850\,\mathrm{m}^2$$

よって，空気側伝熱面積

表 9.6 空気の熱物性値[15]
(標準大気圧 101.325 kPa)

(a) 密度と定圧比熱

温度 T K	密度 ρ kg/m³	定圧比熱 c_p kJ/(kg·K)
240	1.4715	1.007
260	1.3578	1.007
280	1.2606	1.007
300	1.1763	1.007
320	1.1026	1.008
340	1.0376	1.009
360	0.9799	1.011

(b) 粘性率と熱伝導率

温度 T K	粘性率 μ μPa·s	熱伝導率 λ mW/(m·K)
240	15.5	21.45
260	16.6	23.05
280	17.6	24.61
300	18.62	26.14
320	19.69	27.59
340	20.63	29.00
360	21.54	30.39

表 9.7 水の熱物性値(圧力 1 kgf/cm²)
(飽和温度以上は飽和圧力)

(a) 密度と定圧比熱

温度 T °C	密度 ρ kg/m³	定圧比熱 c_p kJ/(kg·K)
10	999.7	4.195
20	998.2	4.183
30	995.7	4.178
40	992.3	4.178
50	988.1	4.183
60	983.2	4.187
70	977.8	4.191
80	971.8	4.199
90	965.3	4.208
100	958.4	4.216
120	943.1	4.245
140	926.1	4.283

(b) 粘性率と熱伝導率

温度 T °C	粘性率 μ mPa·s	熱伝導率 λ W/(m·K)
10	1.310	0.587
20	1.002	0.602
30	0.800	0.618
40	0.663	0.632
50	0.548	0.642
60	0.473	0.654
70	0.408	0.664
80	0.358	0.672
90	0.317	0.678
100	0.284	0.682
120	0.233	0.685
140	0.193	0.684

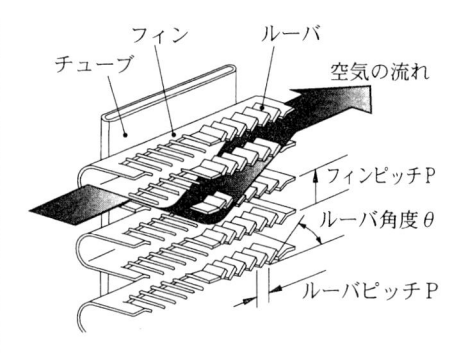

図 9.30 ルーバ付きフィンをコアに持つラジエータの内部構造[14]

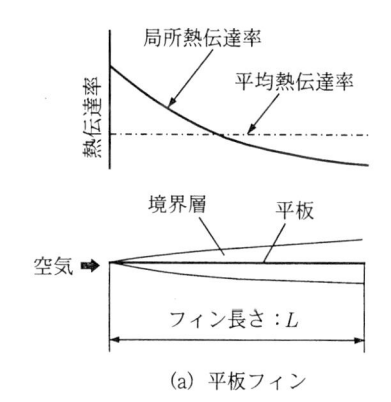

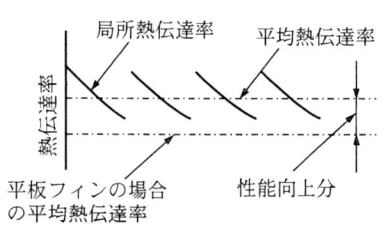

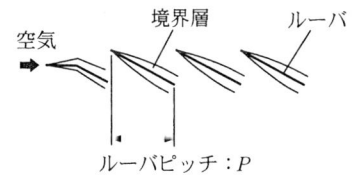

(a) 平板フィン

(b) ルーバ付きフィン

図 9.31 ルーバ付きフィンの熱伝達特性[14]

$$A_u = A_{fu} + A_{wa} = 4.546 \text{ m}^2$$

通過平均空気流速=前面流速×(前面面積)/(空気側全流路断面積)=$6.3 \times (0.5 \times 0.33)/0.129 = 8.06$ m/s ($0.129 = 0.5 \times 0.33 - (0.002 \times 0.33 \times 49 + 8.068 \times 0.03 \times 10^{-6} \times 330 \times 50)$)

空気側熱伝達率は次の藤掛の式より算出する.

$$Nu = 2R[1.10 + 0.55(PrRe_aD_{ea}/(4LR^2))^{0.55}]$$
$$fL/D_{ea} = 22.95(Re_aD_{ea}/L)^{-0.91}$$

ここで,$D_{ea} = 4L_fP_f/(2L_f+P_f)$,$R = 2L_f/(2L_f+P_f)$,$L_f = 4$ mm,$P_f = 1$ mm

相当直径 $D_{ea} = (4 \times 4 \times 1)/(8+1) = 1.78$ mm,$R = 0.889$,

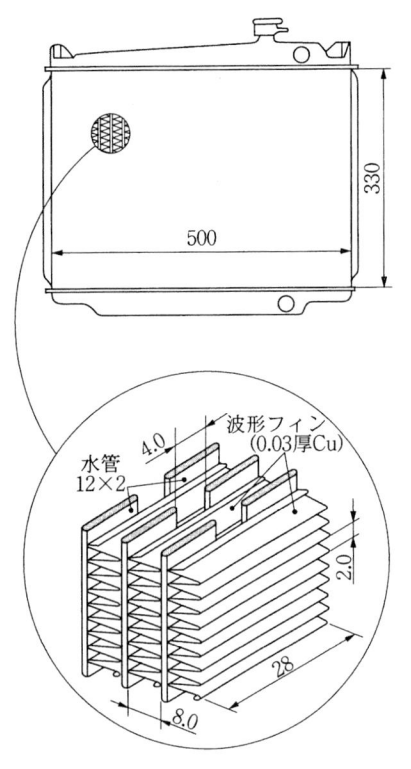

図 9.32 ラジエータ寸法[1]

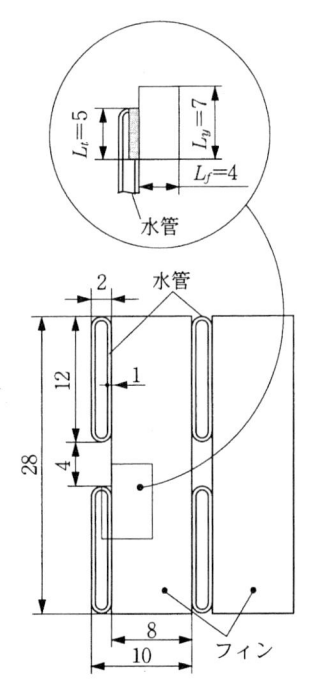

図 9.33 ラジエータコアの水管断面

$Re_a = (8.06 \times 1.78 \times 10^{-3})/(0.175 \times 10^{-4}) = 820$, $Pr = 0.71$, $L = 0.028$ m, よって, 空気側熱伝達率 $h_a = 87.85$ W/(m²·K), $f = 0.0399$,
また, $L_t = 5$ mm, $L_y = 7$ mm, $\lambda_f = 372.2$ W/(m·K), $\delta_f = 0.03 \times 10^{-3}$, $Z = L_y/L_t$ よりフィン効率は

$$\phi_f = (\tan h L_f \sqrt{2Zh_f/(\lambda_f \delta_f)}) \times (L_f \sqrt{2Zh_f/(\lambda_f \delta_f)})^{-1}$$
$$= 0.897$$

（2） 水側の計算

水管1本の水側伝熱面積（水管材の厚さ 0.1 mm として）$(0.01 \times 2 + \pi \times 0.0018) \times 0.33$ m² で奥2列・横49列だから, 水管の水側全伝熱面積 $A_{ww} = (0.01 \times 2 + \pi \times 0.0018) \times 0.33 \times 2 \times 49 = 0.830$ m², 水管1本の断面積は

$$(0.01 \times 0.0018 + (\pi \times (1-0.1) \times 10^{-3})^2)$$
$$= 2.054 \times 10^{-5} \text{ m}^2$$

全通水断面積 $A_{cw} = 2.054 \times 10^{-5} \times 2 \times 49$
$= 2.013 \times 10^{-3}$ m²

平均水流速 $U_c = (48/3600)/(2.013 \times 10^{-3})$
$= 0.66$ m/s,

相当直径 $D_{ec} = 4 \times 2.054 \times 10^{-5}/(2.565 \times 10^{-5})$
$= 3.20$ m,

$Re_c = (0.66 \times 3.20 \times 10^{-3})/(0.328 \times 10^{-6}) = 6465$,
$Pr = 1.97$ (90℃ のとき)

式 (9.10) より水側熱伝達率 $h_c = 7140$ W/(m²·K)

（3） 熱通過率

A_a, A_c, h_a, h_c, A_{fa}, ϕ_f を式 (9.25), (9.26) に代入して,

$$K = 75.34 \text{ W/(m}^2\text{·K)}$$

（4） 伝熱量, 出口流体温度

初期値として水側出口温度 $T_{co} = 90$℃, 空気側平均温度 $T_{ao} = 30$℃ と仮定して, 式 (9.23) より0近似の Q と式 (9.27), (9.28) より T_{ao}, T_{co} を求めて ΔT_m を計算する. そして, 式 (9.23) より一次近似の Q を求める. これを繰返すことにより $Q = 17.4$ kW, $T_{ao} = 45.2$℃, $T_{co} = 86.8$℃ を得る.

（5） 圧力損失

圧力損失は $\Delta P = f(4L/D_e)(\rho u^2/2)$ より表される.
空気側圧力損失は

$$\Delta P = 0.04 \times (4 \times 28/1.78) \times (1.095 \times 8.06^2/2)$$
$$= 89.5 \text{ Pa}$$

水管部圧力損失は管内乱流の式 $f = 0.079 Re^{-0.25}$ より $f = 0.0088$, よって,

$$\Delta P = 0.0088 \times (4 \times 330/3.20)(989 \times 0.66^2/2) = 782 \text{ Pa}$$

圧力損失は空気側, 水側ともに設計条件を満足している.

演習問題

1. エンジンの指圧線図から熱発生率を求める場合，式 (6.1) から求められる熱発生率 $dQ/d\theta$ と燃焼室壁への熱損失 $dQ_w/d\theta$ および燃料の燃焼により発生する熱量 $dQ_c/d\theta$ との関係を燃焼過程に対し数式を使って表せ．また，圧縮過程および燃焼終了後の膨張過程の場合も，数式を使って表せ．

2. 圧縮比 16，ピストン平均速度 6 m/s のディーゼルエンジンで圧縮始めのシリンダガスの状態は圧力 $P=101\,\mathrm{kPa}$，温度 300 K であった．圧縮始めおよび圧縮終りの状態におけるシリンダ内ガス側の熱伝達率をアイヘルベルグの式 (9.18) を使って計算せよ．ただし，断熱圧縮とし，ガスの比熱比は 1.4 とせよ．

3. 水冷エンジンのラジエータにおいて，入口温度 353 K，質量流量 0.05 kg/s の冷却水が流入し，また，入口温度 288 K，質量流量 0.6 kg/s の空気が流入して熱交換を行い，空気の出口温度が 298 K となった．この場合のラジエータの熱通過率 K を求めよ．ただし，ラジエータの熱交換部分の全伝熱面積を $0.05\,\mathrm{m^2}$ とし，放熱量は全て熱交換部分から空気に伝えられるものとする．

4. 水冷ディーゼルエンジンが低発熱量 37 MJ/kg の燃料（バイオディーゼル）を 290 g/(kWh) 消費して 50 kW の出力を発生している．冷却水が全発熱量の 35% を運び去る（冷却損失 35%）とすると，毎分何リットルの冷却水を循環させる必要があるか．ただし，冷却水は 333 K で流入し，温度は 20 K 上昇するものとする．

5. The time-averaged heat flux through a particular zone in a cast iron liner 1 cm thick is $0.2\,\mathrm{MW/m^2}$, the coolant temperature is 80°C, the coolant side heat transfer coefficient is $7000\,\mathrm{W/m^2 \cdot K}$, and the cast iron thermal conductivity is $54\,\mathrm{W/m \cdot K}$. Calculate the time-averaged surface temperature on the combustion chamber and coolant sides of the liner at that zone.

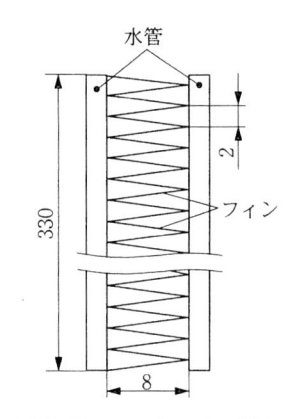

図 9.34 ラジエータコアの前面の一部

[解答]
1. 式 (6.1) から求められる $dQ/d\theta$ は，燃料の燃焼により発生する熱量 $dQ_c/d\theta$ から燃焼室壁への熱損失 $dQ_w/d\theta$ を差し引いたものである．したがって，燃焼過程では，
$$dQ/d\theta = dQ_c/d\theta - dQ_w/d\theta$$
また，圧縮過程および燃焼終了後の膨張過程では，
$$dQ/d\theta = -dQ_w/d\theta \quad (\because\ dQ_c/d\theta = 0)$$

2. 圧縮始め $77.2\,\mathrm{W/(m^2 \cdot K)}$，圧縮終り $935.8\,\mathrm{W/(m^2 \cdot K)}$

3. 熱通過率 $2.65\,\mathrm{kW/(m^2 \cdot K)}$

4. 冷却水流量 $37.3\,l/\mathrm{min}$

5. From Eq. (9.16) and Eq. (9.17),
$$q = h_c(T_{w,c} - \overline{T}_c) = (\lambda/\delta)(T_{w,g} - T_{w,c})$$
$$T_{w,c} = q/h_c + \overline{T}_c = 0.2 \times 10^6/7000 + 80 = 108.6°C$$
$$T_{w,g} = q\delta/\lambda + T_{w,c} = 0.2 \times 10^6 \times 0.01/54 + 111.7 = 145.6°C$$

文　献

1) 日本機械学会：技術資料 伝熱工学資料（改訂第4版），1986.
2) Alkidas, A. C.: Heat Transfer Characteristics of a Spark-Ignition Engine, Trans. ASME, J. Heat Transfer, vol. 102, 1980.
3) Kleemann, A. P., Gosman, A. D. and Binder, K. B.: Heat Transfer in Diesel Engines: A CFD Evaluation Study, Proc. of COMODIA 2001, 2001.
4) 例えば，長尾不二夫：内燃機関講義（第3次改著版），上巻，養賢堂，1967.
5) 自動車技術会編：自動車技術ハンドブック1 基礎・理論編，1990.
6) Furuhama, S. and Suzuki, H.: Temperature Distribution of Piston Rings and Piston in High Speed Diesel Engine, Bull. JSME, vol. 22, no. 174, 1979.
7) Finlay, I. C., Harris, D., Boam, D. J. and Parks, B. I.: Factors Influencing Combustion Chamber Wall Temperatures in a Liquid-Cooled, Automotive, Spark-Ignition Engine, Proc. Instn Mech. Engrs, vol. 199, no. D 3, 1985.
8) Woschni, G.: Prediction of Thermal Loading of Supercharged Diesel Engines, SAE paper 790821, 1979.
9) 五味努編著：内燃機関，朝倉書店，1985.
10) 廣安博之，寶諸幸男，大山宜茂：改訂 内燃機関，コロナ社，1999.
11) 八田桂三，浅沼 強編集：内燃機関ハンドブック，朝倉書店，1960.
12) 栗野誠一：内燃機関工学，山海堂，1958.
13) 内田秀雄編：冷凍機械工学ハンドブック，朝倉書店，1965.
14) 平松道雄，梶野幹夫：ラジエータの改良研究，内燃機関，25巻，315号，1986.
15) 日本機械学会：技術資料 流体の熱物性値集，1983.

第 10 章　エンジン計測の基礎

10.1　シリンダ内圧力計測

図 10.1 にエンジン筒内圧力計測システムを，図 10.2 にロータリエンコーダのパルス生成回路を示す．

シリンダヘッドに取り付けられたエンジン圧力センサのアナログ出力信号はアンプを介して A/D コンバータに入力され，デジタル値に変換される．サンプリングは TDC 信号によるトリガパルスによって，クランクパルスによる A/D コンバータの入力が開始され，指定総サンプリング数に達したときに，サンプリングが停止する．サンプリングデータはパソコン (PC) のメモリに保存され，圧力—クランク角度，圧力—体積，温度—クランク角度および熱発生率—クランク角度などの演算処理

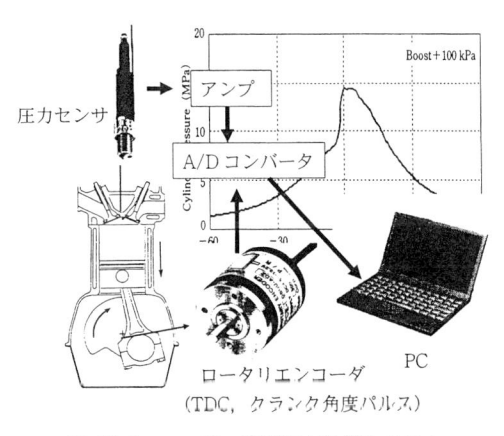

図 10.1　エンジン筒内圧力計測システム

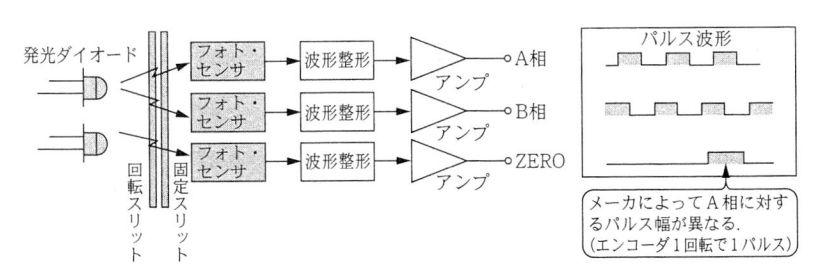

図 10.2　ロータリエンコーダによるクランク角度パルスの生成[1]

が行われ，エンジン燃焼解析に使用される．

シリンダヘッド部は点火プラグや電子燃料噴射装置などの高電圧のノイズ源となる信号が発生し，増幅アンプやロータリエンコーダのクランクパルス信号へノイズが誘導されやすいので，アイソレートするなどの対策が必要である．

クランクパルスへノイズが誘導された場合には，クランク角度アドレスが不確かとなり，信頼できる圧力サンプリングはできない．したがって，ノイズ誘導によるクランク角度信号への誤動作は絶対に許容できない．

次に，下記にサンプリング周波数と計測可能エンジン回転数との関係を示す．

1回転の時間は回転数をn(rpm)，サンプリング角度を$\Delta\theta$，最大サンプリング周波数をHzとすると次式で表される．

$$\frac{60}{n} \times \frac{\Delta\theta}{360} = \frac{1}{\text{Hz}}$$

ゆえに，次式を得る．

$$\text{Hz} = \frac{6n}{\Delta\theta} \qquad (10.1)$$

[例題 10.1] エンジン回転数を$n=10000$rpm，サンプリングクランク角度を$\Delta\theta=0.1$とする場合の最大サンプリング周波数を求めよ．

[解答]

$$\text{Hz} = \frac{6 \times 10000}{0.1} = 600000 (\text{Hz}) = 600 \text{ (kHz)}$$

となり，A/Dコンバータの最大サンプリング周波数による計測可能エンジン回転数が制限される．

A/Dコンバータの変換ビットは12，14，16ビットが使用され，分解能が高くなるとサンプリング可能周波数が低くなる．

A/Dコンバータ分解能と精度については，アナログをデジタルに変換する分解能を2進数で表されているので，これを10進数に表すと下記のように示される．

12ビット＝2^{12}＝4096＝－2048～＋2048
14ビット＝2^{14}＝16384＝－8192～＋8192
16ビット＝2^{16}＝65536＝－32768～＋32768

ビット数が増加すると精度が増加するが，変換速度が低下するので，最大サンプリング周波数に対する計測可能エンジン回転数と変換精度とを考慮してA/Dコンバータを選定する．

10.1.1　シリンダ内圧力センサ

（1）圧力センサの装着

圧力センサはその先端が燃焼室に通じるようにシリンダヘッドに取り付ける．その際，圧力センサ先端と燃焼室通路間が細くて長いと気柱振動を生じるので，できるだけ短くする．それには小型センサが有利である．

シリンダヘッド部は吸排気バルブ，点火プラグや燃料噴射ノ

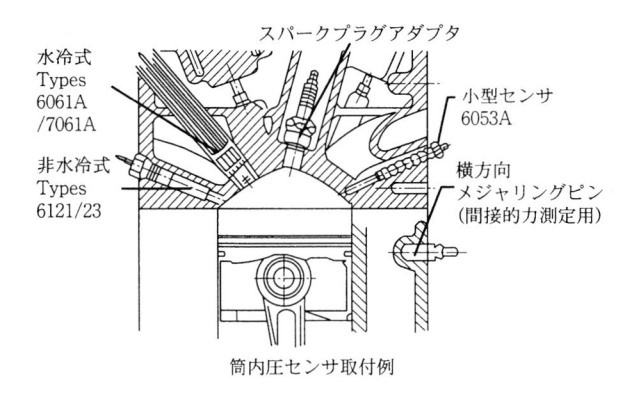

図 10.3 シリンダヘッド部への圧力センサ装着例[2]

ズルなどが隙間なく配置され，この間隙にエンジン圧力計を取り付けなければならないので，できるだけ小型のものが要求される．

図10.3にシリンダヘッドへの圧力センサ装着例を示す．

ガソリン機関の場合には図中に示すように点火プラグに圧力センサが内蔵されているのもある．

圧力センサはノッキング周波数が3〜6kHzなので，圧力センサの固有振動数は20kHz以上のものが使用されている．

エンジン圧力センサには一般に，ピエゾ型とストレーンゲージ型が使用され，前者は非冷却で小型，後者は水冷しなければならないので前者より大きくなるが安価である．

（2）ピエゾ指圧計

ピエゾ指圧計は水晶の圧電効果を利用し，水晶に機械的圧力を加えた場合，これに比例してpF単位の電荷を発生する現象を利用したもので，かなり小型にすることができる．非冷却型もあり，M5のねじで取り付けられるほど小型で非冷却なので取り扱いが容易である．

図10.4に種々の水晶を使用した場合の温度に対する感度変化を示す．エンジン指圧計の場合には高温域で使用されるため，感度変化の少ない安定したものが要求される．

図10.5にピエゾ圧力センサの内部構造を示す．

電荷量を電圧に変換させるにはチャージアンプが使用される．チャージアンプは電荷量に比例した電圧を出力する．

図10.6にチャージアンプの基本回路を示す．センサで発生した電荷を Q_s （クーロン）とするとこの回路の出力電圧 V_{out} は次式で表わされる．

$$V_{out} = \frac{Q_s}{C_f} \quad (10.2)$$

チャージアンプのゲインを決める帰還コンデンサ C_f は容量が $1qF$ と小さいので，温度補償型セラミックコンデンサが用いられる．

また，アンプはローノイズFETを使用する．

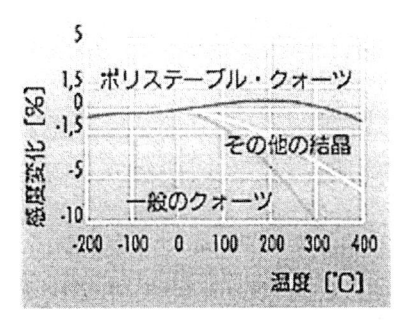

図 10.4 ピエゾセンサの感度変化[2]

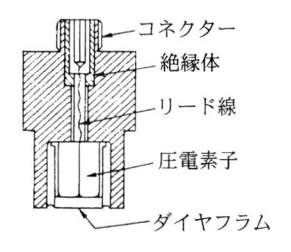

図 10.5 ピエゾ型指圧計の内部構造[3]

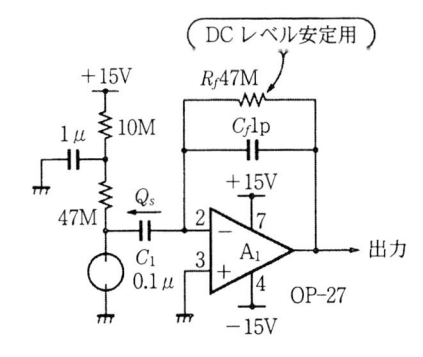

図 10.6 チャージアンプ[4]

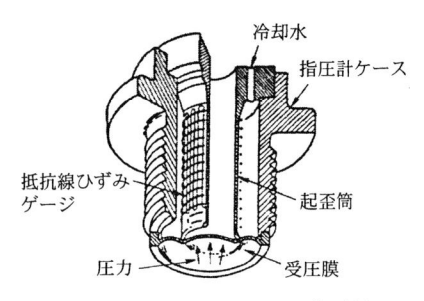

図 10.7 ストレーンゲージ型指圧計の内部構造[3]

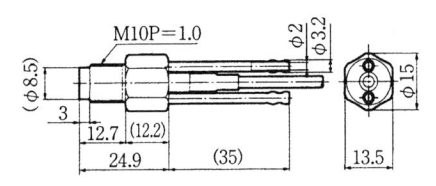

図 10.9 小型水冷ストレーンゲージ型指圧計[5]

（3） 抵抗線ストレーンゲージ型指圧計

これは燃焼圧力が受圧膜に作用するとこれに接続されている起歪筒がひずむ．図 10.7 に示すように，起歪筒の周には抵抗線ストレーンゲージがブリッジ結線にて貼り付けられ，その対向結線部の両端 A-C には Volt 単位の電圧を印加し，受圧膜に圧力が加えられる．前記対向結線部の隣の対向結線部の両端 B-D からは mv 単位の起電力が生じる．出力電圧が低いのでこれを図 10.8 に示すアンプで増幅するが，ノイズがのりやすい欠点があり，ローパスフィルタによるノイズ対策が不可欠である．

また，ストレーンゲージはポリエステル薄膜などに銅箔を蒸着したもので，熱には弱く，エンジン指圧計の場合には水冷構造となっている．また，近年の製作技術の進歩により，図 10.9 に示すように小型化されている．

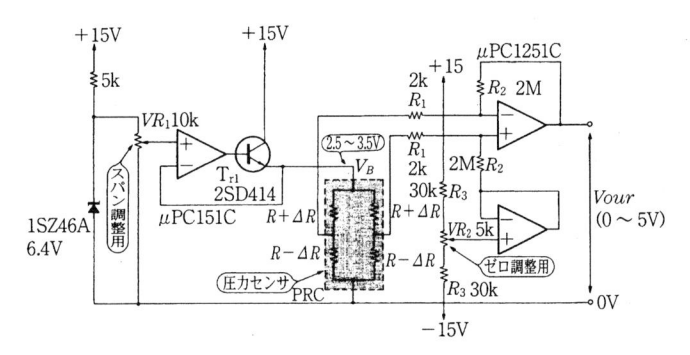

図 10.8 ストレーンアンプ[1]

10.2 温度の計測

10.2.1 熱電対温度計

図 10.10 の (a) に示すような異なった 2 種類の金属導体 A, B の両端を接合し，両接点間に温度差を与えると，その間に熱起電力が生じて熱電流が流れる．これをゼーベック効果という．これを利用して，図 10.10(b) のように，b と b′ を同一温度に保ち，金属導体 A, B の接点 a に熱を加えると，両導体間には加熱温度に比例した熱起電力が生じる．

熱起電力は図 10.11 示すように金属導体の組み合わせによって異なり，温度計は測定範囲を考慮して選定する．

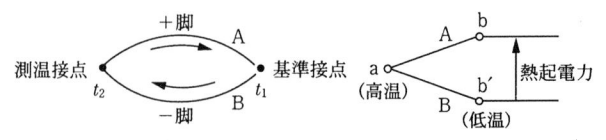

(a) 熱電流の発生　　(b) 熱起電力の発生

図 10.10 異種金属接点間の熱起電力[6]

表 10.1　熱電対の種類と温度測定範囲

熱電対の種類	構成材料 +	構成材料 −	測定範囲
B	ロジウム30%残白金	ロジウム6%残白金	200〜1700℃
R	ロジウム13%残白金	白金	0〜1600℃
K	クロム10%残ニッケル（クロメル）	アルミ，マンガン珪素等少量残ニッケル	0〜1000℃ 0〜1200℃ −200〜0℃
E	クロム10%残ニッケル（クロメル）	ニッケル45%残銅（コンスタンタン）	0〜800℃ −200〜0℃
J	鉄	ニッケル45%残銅（コンスタンタン）	0〜750℃
T	鉄	ニッケル45%残銅（コンスタンタン）	0〜350℃ −200〜0℃

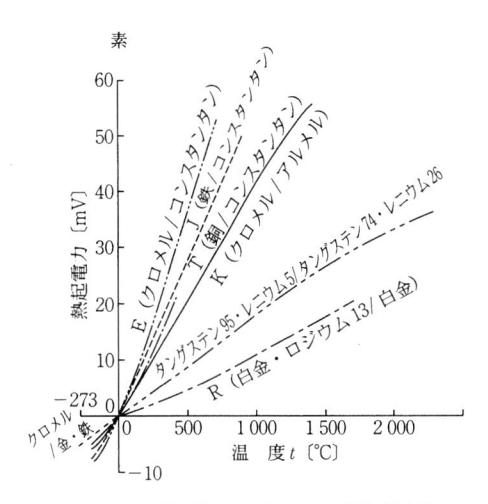

図 10.11　熱電対の種類による熱起電力[7]

表10.1に工業用の熱電対を示す．

（1）基準接点補償回路

熱電対の熱起電力は測温接点と基準接点との温度差できまる．

したがって，熱電対を用いた温度計測では基準接点側温度を0℃に保つか，あるいは基準接点温度を測定して，その温度分だけ熱起電力を補償する．

図10.12に基準接点補償回路を示す．

（2）熱電対の種類

(a)　保護管付熱電対

図10.13に機械的強度,耐熱，および腐食などの理由で工業用には保護管付温度計が用いられている．

(b)　シース型熱電対

図10.14にシース型熱電対の構造を示す．シース型熱電対は金属シースの中に，熱電対素線を収め，その周囲に無機絶縁物

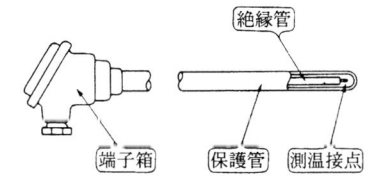

図 10.13　保護管付熱電対温度計[7]

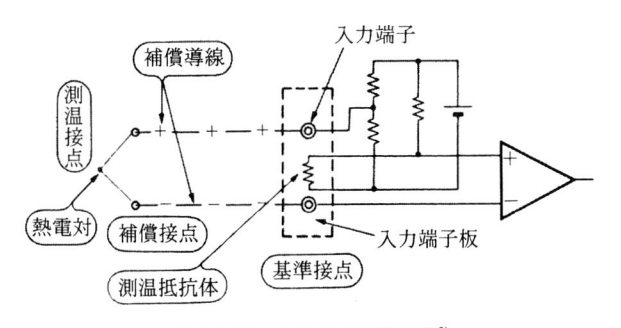

図 10.12　基準接点補償回路[6]

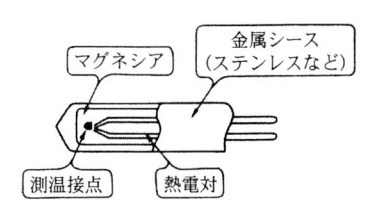

図 10.14　シース熱電対温度計[7]

表 10.2 シース型熱電対の種類と温度測定範囲

シース熱電対	測定温度
SK	0～1050℃
SE	0～900℃ −200～℃
SJ	0～750℃
ST	0～350℃ −200～℃

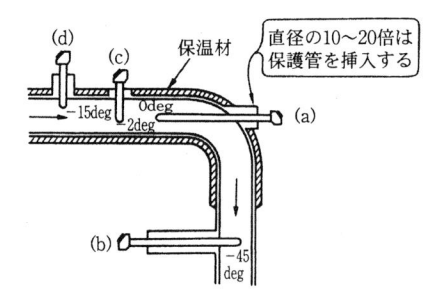

図 10.15 管路への保護管付熱電対温度計装着[8]

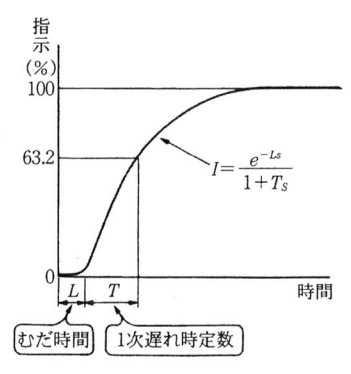

図 10.16 熱的時間遅れ[9]

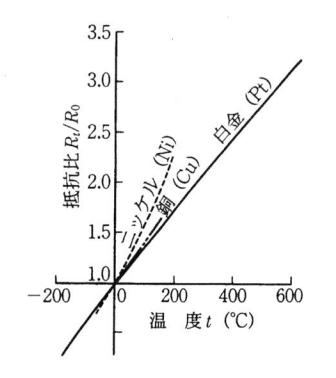

$$I = \frac{e^{-Ls}}{1+T_s}$$

図 10.17 白金測温抵抗体による温度-抵抗特性曲線[7]

(MgO, Al_2O_3)を充てんし，素線を機密状態にして腐食や劣化を防いでいる．シース型熱電対は保護管付熱電対に比べ応答が速く，耐熱性や耐振性に優れ，ある程度の折り曲げも可能である．

表10.2にシース型熱電対の種類と測定範囲を示す．

(3) 熱電対の測定誤差要因
(a) 挿入深さ

図10.15において，管路中に熱電対の測定部への挿入が浅いと，保護管に接した壁や外気の影響を生じる．挿入深度の目安として直径の10～20倍．

(b) 保護管の熱容量

保護管の径，肉厚，充てん物の有無，素線径などの熱容量による遅れ．図10.16に熱的時間遅れを示す．

(c) 放射熱

近くに温度差の大きな物体があるときには測温体間との放射熱．

(d) 高速流体の内部摩擦

高速で流れている気体に測温体を挿入すると気体の圧縮性や内部摩擦の影響．

10.2.2 白金測温抵抗体

白金測温抵抗体は温度計の中でもっとも安定し，測温範囲が広いために高精度を必要とする温度計測に使用されている．

物質の電気抵抗は温度に比例して増加する，いわゆる正の温度係数を持ち，金属の純度が高いほどこの温度係数が高くなる．

図10.17の白金測温抵抗体による温度―抵抗特性曲線を示す．図10.18にシース測温抵抗体の構造を，表10.3に白金測温抵抗体の規格を示す．

10.3 燃料流量の計測

10.3.1 容量式流量計（マスビュレット）

流量に応じて容積の異なった複数段のビュレット（図10.19）の前後に，標線 a, b, c, d を記し，燃料消費時間測定ときには，バルブVを開いてタンクから燃料をビュレット内に充てんし，続いてバルブVを閉じると燃料はビュレット内を下降し，測定容量 V_a, V_b および V_c 前後の標線間を通過する時間を測定することによって，燃料消費量を測定する．

燃料消費量 B(kg/h) は測定容積を V_f(cc)，燃料比重を γ_f

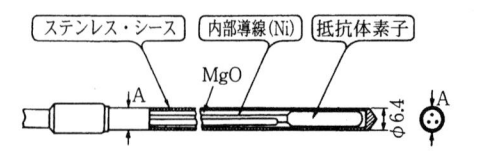

図 10.18 シース型シース測温抵抗体の構造[9]

表 10.3 シース測温抵抗体の精度と測定範囲[10]

記号	公称抵抗値[1] (Ω)	使用温度範囲	階級	電気抵抗の許容差 (Ω)	温度の許容差[2] (℃)	規定電流 (mA)
Pt 100	100	低温用（L） $-200\sim100℃$	0.15	±0.06	$±(0.15+0.0015t)$	2
		中温用（M） $0\sim350℃$	0.2	±0.06	$±(0.15+0.002t)$	
		高温用（H） $0\sim500℃$	0.5	±0.12	$±(0.3+0.005t)$	2, 5, (10)[3]

1) 0℃における抵抗素子の公称抵抗値　2) tは+, -の記号に無関係な測定温度
3) 規定電流 10 mA は将来廃止

とすると次式で表される.

$$B=\frac{\gamma_f \dfrac{V_f}{1000}}{\dfrac{S_f}{3600}}=\frac{3.6\gamma_f V_f}{S_f} \quad (10.3)$$

[例題 10.2] ガソリンエンジン性能実験において，容量型燃料流量計を用いて，ビュレット体積 $V_f=50$ cc で，消費時間が $S_f=67.24$ sec であった．燃料消費量 B (kg/h) を求めよ．ただし，燃料比重＝0.74 とする

[解答]

$$B=\frac{3.6\gamma_f V_f}{S_f}=\frac{3.6\times0.74\times50}{67.24}=1.98 \text{ [kg/h]}$$

10.3.2 連続質量流量計
（I）コリオリ力による質量流量計

図 10.20 にコリオリ力による質量流量計を示す.

入口より入った液体はチューブを通って出口より出て行く．

チューブには固有の振動 ω を与えることによって，角速度に相当する運動を行わせ，コリオリ力を発生させている．コリオリ力が発生しているチューブは図 10.20 に示すように，質量流量に比例したねじれが発生し，このねじれ量より質量流量を測定する．

液体の質量を m，角速度を ω，液体の移動速度を V とすると，コリオリ力 F_c は次式で表される.

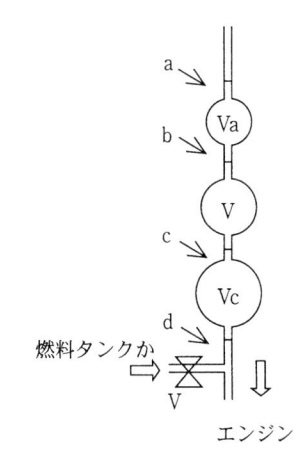

図 10.19 容量型燃料流量計

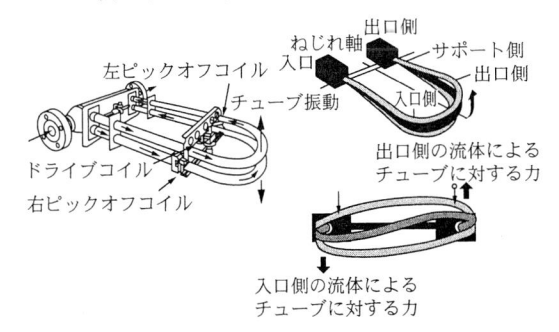

図 10.20 コリオリ力による質量流量計[11]

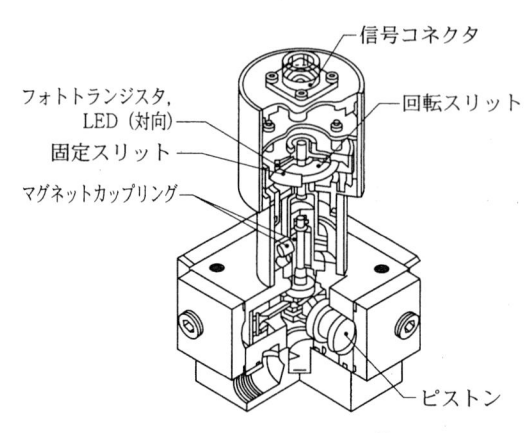

図 10.21 容量式流量計[11]

$$F_c = 2m\omega V \qquad (10.3)$$

したがって，実験より，流量に対するねじれ量を測定すれば，液体の流量が測定できる．

この質量流量計は連続測定ができ，測定精度が 0.1% と高い．

(2) 容量式流量計（ピストン可動型）

図 10.21 に容量式（ピストン可動型）流量計を示す．

流量検出部に放射状に配置された4個のピストンは，入口から出口へ流れる液体によって往復運動が行われ，クランクシャフトを介して回転運動に変換される．そして，マグネットカップリングによってロータリエンコーダに回転が伝えられ，ピストンの移動容量に応じたパルス信号が得られ，流量が計測される．パルス信号の正逆回転方向の判別により正確な流量測定が行える．

図 10.22 カルマン渦流量計[12]

図 10.23 熱線流量計[12]

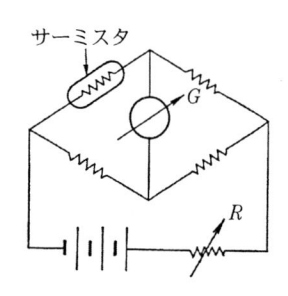

図 10.24 熱線風速計のブリッジ回路[13]

10.4 吸入空気量の計測

10.4.1 カルマン渦流速計

カルマン渦空気量計は渦発生体の後方に発生するカルマン渦周波数が空気流速に比例することを利用するものである．

図 10.22 に渦検出にミラー検出方法の例を示す．

10.4.2 熱線流量計

通過する空気流量に応じて発熱体（熱熱）が冷却される対流熱伝達現象を利用したもので，空気の質量流量が計測可能である．

図 10.23 にバイパス計測方法の例を示す．

図 10.24 にサーミスタを用いた熱線風速計のブリッジ回路を示す．風速に応じたサーミスタ抵抗変化によってブリッジ回路のバランスが変化するので，これをアンプで増幅して計測する．

10.4.3 差圧流量計

図 10.25 は流路中にノズルを設置して，そのノズル前後の差

圧を計測して吸入空気量を求めるものである．
(a)がノズルを管路中に挿入したもので，(b)は流路入口に装着したものである．
このときの空気流量は次式で表される．

$$Ga = \alpha \varepsilon A \sqrt{2\rho(p_1 - p_2)} \tag{10.4}$$

ここで，Ga：空気流量（kg/s）
P_1, P_2：ノズル前後の絶対圧力（Mpa）
γ：ノズル前後における空気の比重量（kg/m³）
g：重力加速度（m/s）
A：ノズル面積（m²）
α：流量係数
m：開口比＝d/D
d：ノズル直径（m）
D：管内径（m）
ε：空気の膨張に関する修正係数は次式で表される．

$$\varepsilon = \sqrt{\frac{k}{k-1} \cdot \frac{P_1}{P_1 - P_2} \left[\left(\frac{P_2}{P_1}\right)^{2/k} - \left(\frac{P_2}{P_1}\right)^{k-1/k}\right]}$$
$$= 1 - 0.54 \frac{P_1 - P_2}{P_1} \tag{10.5}$$

ただし，k：空気の比熱比＝1.40

流量係数 α は開口比によって定まり，あるレイノルズ数の範囲で一定値を示し，流量係数 α が一定値を示す範囲内で測定する．

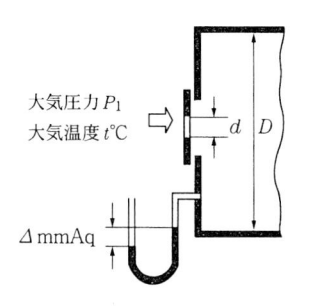

図 10.25 差圧流量計

[例題 10.3] 図 10.25 に示すオリフィスでエンジンの吸入空気量の測定実験において，オリフィス上流側圧力 125 kPa，温度 25℃，オリフィス差圧 1152 kPa が測定された．使用オリフィスは直径 24 mm，流量係数 0.83 である．吸入空気量（kg/s）を求めよ．

[解答]

$$\rho = \frac{P_1}{RT_1} = \frac{125 \times 10^3}{286 \times (273+25)} = 1.4666 \text{ (kg/m}^3\text{)}$$

$$\varepsilon = 1 - 0.54 \times \frac{p_1 - p_2}{p_1} = 1 - 0.54 \times \frac{1152}{125 \times 10^3} = 0.995$$

$$Ga = \alpha \varepsilon A \sqrt{2\rho_1(p_1 - p_2)}$$
$$= 0.83 \times 0.995 \times \frac{\pi}{4} \times 0.024^2 \times \sqrt{2 \times 1.4666 \times 1152}$$
$$= 0.0217 \text{ (kg/s)}$$

10.5 回転数の計測

10.5.1 光電式回転計

光源から発光されたパルス光を回転軸に投射し，その反射光をフォトトランジスタで検知し，その出力を交流増幅回路で増幅した後，検波回路で整流，積分し，直流電圧に変換して回転

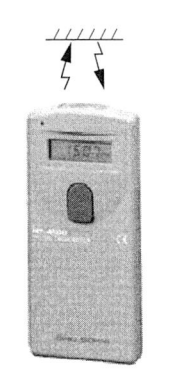

図 10.26 光電式回転計[11]
（HT 4100）

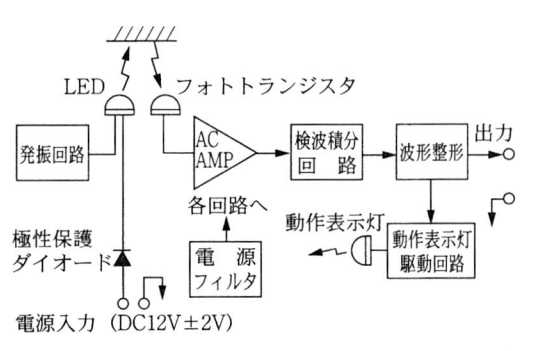

図 10.27 光電式回転計の基本回路[11]

数を表示する．

図 10.26 に光電式回転計による測定例を，図 10.27 に光電式回転計の基本回路を示す．

10.5.2 磁気式回転計

磁気抵抗素子は，通常，マグネットによって一定磁界を与えておき，検出金属（歯車）による磁束の変化分を抵抗値の変化として検出し，これを電圧パルスに波形整形し，カウンタ回路で計測する．

図 10.28 に磁気式回転計による測定例を，図 10.29 に磁気式回転計の基本回路を示す．

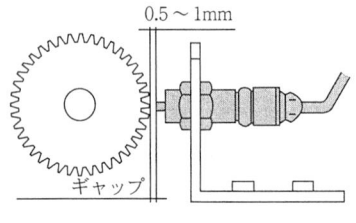

図 10.28 磁気式回転計[11]

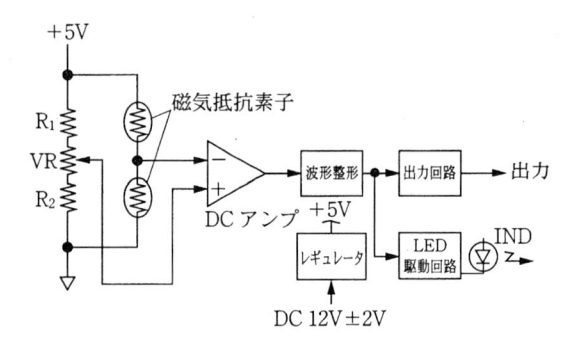

図 10.29 磁気式回転計の基本回路[11]

10.6 動力の計測

電気動力計には直流電気動力計，渦電流電気動力計および水動力計がある．

図 10.30 において吸収動力計のケーシング（固定子）回転軸の回りに自由に回転できるように軸受で支持し，ケーシングが回転しようとするのを，ロードセルでその反力を介してとめて，その計測荷重 $W(\mathrm{N})$ とケーシング回転中心からロードセルまでの腕長 L とを乗じればトルク $T(\mathrm{Nm})$ が求められる．

（1） 電気動力計

図 10.30 に電気動力計を示す．交流電気動力と直流動力計と

(a) 直流電気動力計[14] 　　(b) 交流電気動力計[14]

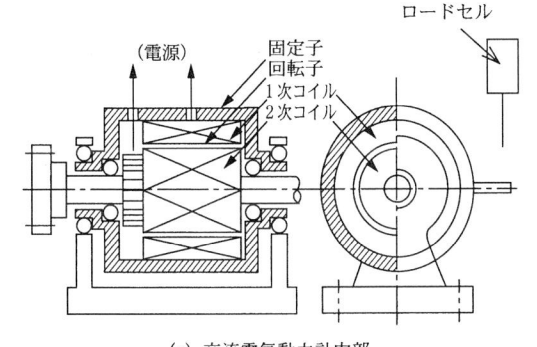

(c) 交流電気動力計内部

図 10.30　電気動力計[13]

があり，いずれも吸収動力を電気発電機によって電力として電気エネルギーに変換して吸収する．吸収動力は交流の場合には発電量を商用回線につないで，熱エネルギーとして消費する．直流の場合には，インバータにより交流に変換して商用回線につないでいる．

（2）渦流電気動力計

図 10.31 に渦電流電気動力計を示す．

渦流電気動力計は測定動力を動力計内で渦電流-熱変換を行って消費させる．したがって，吸収動力専用であり，駆動運転はできない．その内部構造は (b) に示すように，継鉄，渦電流吸収リング，励磁コイルなどからなる固定子と，歯車状の誘導子と，軸と一体の回転子から構成されている．回転子は回転部軸受で固定子に支持され，固定子は揺動軸受を介して軸受台で支持される．自由に揺動する固定子からアームを付けてトルクを測定する．吸収動力は動力計内で熱に変換されるので，冷却水を循環させて熱を取り去る．励磁コイルに流れる電流によって，継鉄，渦電流吸収リング，隙間，誘導子を通る閉回路静止磁束が発生し，誘導子を回転させると歯車状隙間で生じる磁気抵抗の変化によって磁束が変化し，渦電流吸収リングに変動磁束による起電力が生じて電流が流れ，制動作用が働く．吸収動力の制御は励磁電流を調整して行う．

(a) 渦電流動力計[14]

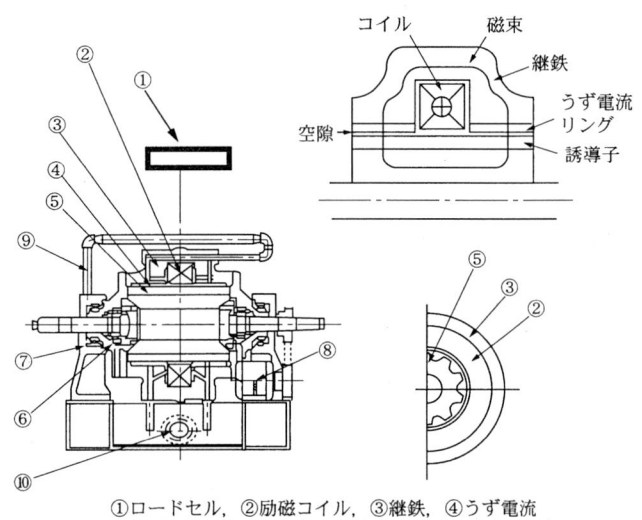

①ロードセル, ②励磁コイル, ③継鉄, ④うず電流リング, ⑤誘導子, ⑥回転部軸受, ⑦揺動部軸受, ⑧回転計発電機, ⑨冷却水入口, ⑩冷却水出口

(b) 渦電流動力計内部構造[15]

図 10.31 渦電流動力計

(3) 水動力計

図 10.32 に水動力計を示す．これは一定流量の水をケーシン内に流出入させ，エンジンにカップリングする回転翼列がこの水を撹拌させると，機械的仕事が熱エネルギーに変換する．吸収動力は回転翼列に隣接する非回転翼列を可動させて，回転翼列への水の抵抗を制御して行う．

(a) 油圧浮揚軸受

揺動ケースの回転角は，トルク計測のためのロードセル変位のみから変位するのみなので，極めて微少角である．そのためケースの支持軸受の抵抗が影響するので，摩擦係数の少ない軸受が用いられている．その中で図 10.33 に示す油圧浮揚式が理想的である．揺動部を高圧の油膜で浮揚させ，摺動抵抗を流体摩擦のみとして，転がり軸受の 1/100～1/1000 に揺動抵抗を減少させたものである．精度が 0.15% 程度の高級動力計に使用されている．

(b) トルクおよび出力の計測

トルク T (Nm) は図 10.30 に示す直流動力計の例において，

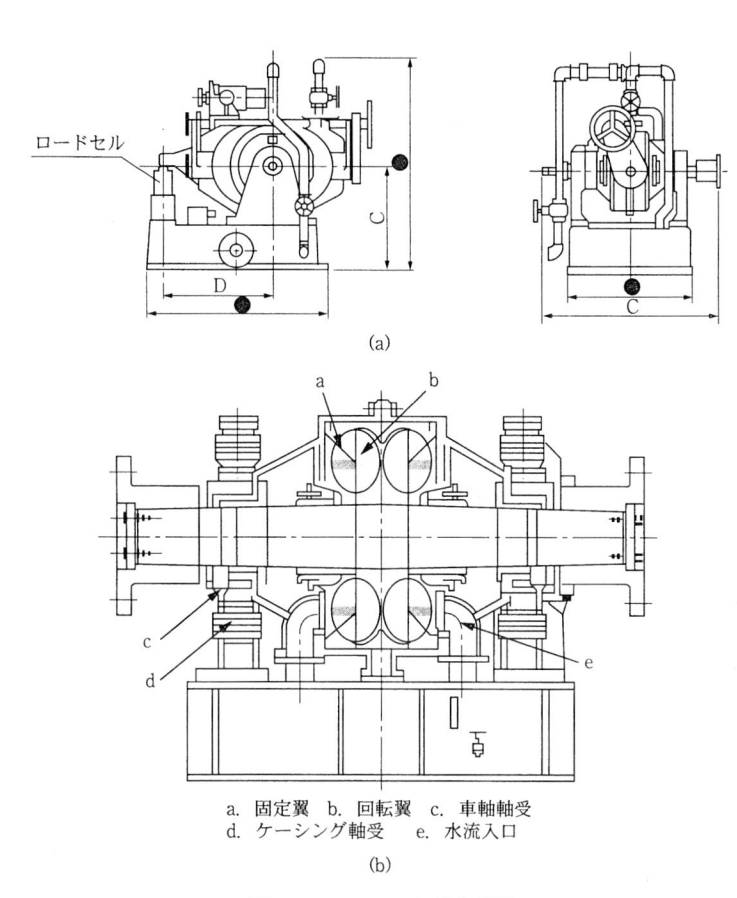

図 10.32 フルード動力計[16]

固定子中心からロードセルまでの腕長を L，ロードセルへの力（荷重）を $W(\mathrm{N})$ とすると，下式で示される

$$T = WL$$

出力 $Ne(\mathrm{kW})$ はエンジンの回転角速度を $\omega(\mathrm{rad/s})$，回転数を $n(\mathrm{rpm})$ とすると

$$Ne = T\omega = T \cdot \frac{2\pi n}{60} = WL \cdot \frac{2\pi n}{60}$$

[例題 10.4] エンジン性能試験において，回転数が 4000 rpm において，トルク 200 Nm 記録をした．エンジン出力 (kW) を求めよ．

[解答]

$$Ne = T\omega = T \cdot \frac{2\pi n}{60} = 0.2 \times \frac{2\pi \times 4000}{60} = 83.77$$
$$= 83.8 \ (\mathrm{kW})$$

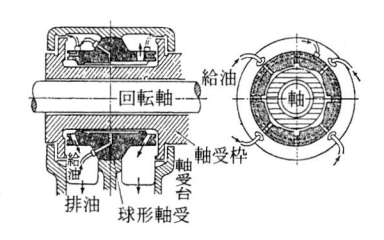

図 10.33 油圧浮揚軸受[13]

[例題 10.5] 大気圧 $P_0 = 753.4 \mathrm{mmHg}$，大気温度 $T_0 = 22\,^\circ\mathrm{C}$ の下で，ボア $D = 85\mathrm{mm}$，行程 $s = 70\mathrm{mm}$，2気筒で総行程容積 $V_s = 794\mathrm{cm}^3$，圧縮比 $\varepsilon = 6.5$，最大出力 $N_{bmax} = 15\mathrm{kW}/3600\mathrm{rpm}$ の汎用4ストロークガソリンエンジンを直流電気動力計に接続して全負荷性能実験を行い，以下のようなデータを得た．動力計は，回転中心から荷重計までのアームの長さ $L = 0.4775\mathrm{m}$，

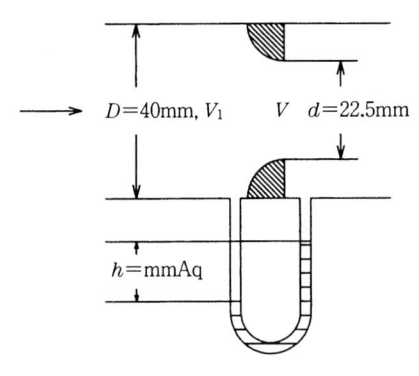

図 10.34 四分円オリフィス

回転数 $n=3070$ rpm のとき動力計荷重 $W_b=6.97$ kg であった．なお，摩擦損失馬力を求めるために，暖気運転後に燃料をカットして動力計により機関を駆動運転したところ，動力計荷重 $W_f=2.25$ kg を示した．また，燃料消費量計測はビューレットを用いた容積法により，比重 0.735，低位発熱量 Hu＝44 MJ/kg のガソリン 70 cm³ を 36.54 秒掛かって消費した．さらに，体積効率と空燃比を求めるために，サージタンクと図 10.34 に示すような流量係数 $\alpha=0.863$ の四分円オリフィスを用いて流入空気量 Q_v を測定し，オリフィス差圧 $h=136$ mmAq を得た．各諸量を求めよ．

[解答]
（1）エンジン発生トルク：T
動力計荷重 $W=7.67$ kg のアームの長さ $l=0.4775$ m より
$$T = l \times W_b \times g = 0.4775 \text{ m} \times 7.67 \text{ kg} \times 9.8 \text{ m/s}^2$$
$$= 35.89 \text{ Nm}$$

（2）軸出力：Nb，（BPS）
回転体の出力は角速度とトルクの積として求まるゆえ
$$N_b = \frac{2\pi n}{60} T = \frac{2\pi 3070}{60} 35.89 = 11.53 \text{ kW}$$

（3）摩擦損失馬力：N_f，（FPS）
動力計を電動機としてエンジンを駆動した場合の動力計荷重 $W_f=2.25$ kg から，
$$N_f = \frac{2\pi n}{60} L \times W_f \times g = \frac{2\pi 3070}{60} 0.4775 \times 2.25 \times 9.8$$
$$= 3.38 \text{ kW}$$

（4）図示仕事：Ni，（IPS）
ピストン上でなされている動力は，軸出力と摩擦損失馬力の合計と考えて，$N_i = N_b + N_f = 11.53 + 3.38 = 14.91$ kW

（5）機械効率：mechanical efficiency，η_m
$$\eta_m = \frac{N_b}{N_i} = \frac{11.53}{14.91} = 0.7733$$

（6）燃料消費率：be
① 体積流量は $F_{\text{vol}} = \frac{70}{36.54} \times \frac{3600}{1000} = 6.897 \, l/h$
② 質量流量 $F_{\text{mass}} = 6.987 \times 0.735 = 5.069$ kg/h
③ したがって，燃料消費率は
$$be = \frac{F_{\text{mass}} \times 1000}{N_b} = \frac{5.069 \times 1000}{11.53} = 439.64 \, g/\text{kWh}$$
$$= 122.12 \text{ g/MJ}$$
（従来の工学単位との換算は 1 g/PSh＝1/0.7355 g/kWh，1 g/PSh＝1/0.7355/3.6 g/MJ＝0.37767 g/MJ）．

（7）正味熱効率：η_b
$$\eta_b = \frac{N_b[\text{kW}] \times 1000 \times 3600}{F_{\text{mass}}[\text{kg/h}] \times Hu[\text{MJ/kg}]} = \frac{11.53 \times 1000 \times 3600}{5.069 \times 44 \times 10^6}$$
$$= 0.186$$

（8）体積効率：volumetric efficiency, Vol. eff.

シリンダ内の作動流体が各サイクル毎にどの程度入れ替わっているか表す．実験では機関に流入する空気量を実測し，標準状態に換算して求める．

図 10.33 に示す流量係数 $a=0.863$ の四分円オリフィスにおけるオリフィス差圧 $h=136\,\mathrm{mmAq}$ から，機関に流入する空気量 Q を算出する．まず，

① 大気圧と気温から実験時の乾燥空気の密度を求める．
$$\rho = \frac{P}{RT} = \frac{13600 \times 9.8 \times 0.7534}{287.2 \times 295} = 1.184\ \mathrm{kg/m^3}$$

② それゆえ，流入空気の体積流量は，
$$Q_v = aA\sqrt{2gh/\rho} = 6\times10^4 \times 0.863$$
$$\times \frac{\pi}{4} 0.0225^2 \sqrt{2\times 9.8 \times 136/1.184} = 976.87\ l/\mathrm{min}$$

③ したがって，求める体積効率は標準状態への換算を省略すると，行程容積に 4 ストロークではクランク軸の 1/2 回吸入行程があることから
$$Vol.\ eff = \frac{Q_v[l/\mathrm{min}]}{V_s[l]\times n[\mathrm{rpm}]\times 1/2} = \frac{976.87}{0.794\times 3070 \times 1/2}$$
$$= 0.8015$$

（9） 空燃比：A/F

質量で比較した時の空気と燃料の比，空気流量と燃料消費量から求める．
$$A/F = \frac{Q_v[l/\mathrm{min}]\times 60/1000 \times \rho[\mathrm{kg/m^3}]}{F_{\mathrm{mass}}[\mathrm{kg/h}]}$$
$$= \frac{976.87 \times 60 \times 1.184}{5.069 \times 1000} = 13.69$$

（10） 正味平均有効圧力

定義より，$P_{mb} = \dfrac{N_b}{V_s}$

気筒数 $Z=2$，4 ストロークエンジンゆえ 1/2 がかかり，
$$P_{mb} = \frac{N_b}{\frac{\pi}{4}D^2[\mathrm{m}]\times S[\mathrm{m}]\times z\times\left(\frac{n}{60}\right)\times 1/2}$$
$$= \frac{11.53\times 10^3 \times 60}{\frac{\pi}{4}0.085^2 \times 0.07 \times 2 \times 3070 \times 1/2} = 567303\ [\mathrm{Pa}]$$
$$= 0.567\ [\mathrm{MPa}]$$

演習問題

1. 変換速度が $5\,\mu\mathrm{s}$ の A/D コンバータを使用し，サンプリングクランク角度を $\Delta\theta = 0.1$ 度とする場合の使用可能な最高エンジン回転数 $n(\mathrm{rpm})$ を求めよ．
2. ディーゼルエンジン性能実験において，容量型燃料流量計を用いて，ビューレット体積 $V_f=60\,\mathrm{cc}$ で，消費時間が $S_f=91.54\,\mathrm{sec}$ であった．燃料消費量 $B(\mathrm{kg/h})$ を求めよ．
3. 図 10.25 に示すオリフィスでエンジンの吸入空気量を測

定した結果は，オリフィス上流側圧力 103 kPa, 温度 23°C, オリフィス差圧 825 kPa が得られた．使用オリフィスは直径 20 mm, 流量係数 0.82 である．吸入空気量(kg/s)を求めよ．

4． エンジン性能実験において，回転数 3000 rpm において，トルクが 170(N) を記録した．出力 (kW) を求めよ．

5． 空気流量計の種類と特徴を述べよ．

6． 燃料流量計の種類と特徴を述べよ．

7． 温度計測の基準補償回路の重要性を述べよ．

8． エンジン指圧計の種類とその特徴を述べよ．

[解答]

1． 式 (10.1) を変形して，
$$n = \frac{\left(\frac{1}{5 \times 10^{-6}}\right) \times 0.1}{6} = 3333 \text{ [rpm]}$$

2． $B = \dfrac{3.6 \gamma_f V_f}{s_f} = \dfrac{3.6 \times 0.834 \times 60}{91.54} = 1.968$ [kg/h]

3． $\rho = \dfrac{P_1}{RT_1} = \dfrac{103 \times 10^3}{286 \times (273+23)} = 1.2166$ (kg/m³)

$\varepsilon = 1 - 0.54 \times \dfrac{p_1 - p_2}{p_1} = 1 - 0.54 \times \dfrac{815}{103 \times 10^3} = 0.9957$

$Ga = \alpha \varepsilon A \sqrt{2\rho(p_1 - p_2)} = 0.82 \times 0.9957 \times \dfrac{\pi}{4} \times 0.020^2$

$\quad \times \sqrt{2 \times 1.2166 \times 815} = 0.0114$ (kg/s)

4． $Ne = T\omega = T \cdot \dfrac{2\pi n}{60} = 170 \times \dfrac{2\pi \times 3000}{60} = 53407$ [W]
$\quad = 53.4$ [kW]

文　献

1) トランジスタ技術増刊，メカトロ・センサ活用ハンドブック，1988.
2) 日本キスラーホームページ
3) 廣安博之，吉崎拓男：わかる内燃機関，日新出版，2001.
4) 共和電業カタログ
5) 松井邦彦：OP アンプ活用 100 の実装ノウハウ，CQ 出版社，1999.
6) トランジスタ技術編集部編著：温度・湿度センサ活用ハンドブック，CQ 出版社，1988.
7) 計測自動制御学会編：自動制御ハンドブック――機器・応用編――，オーム社，1983.
8) 計測自動制御学会編，工業計測技術体系 1・温度，日刊工業新聞社，1967.
9) 新編温度計測，計測自動制御学会，1990.
10) JIS 1604-1981
11) 小野測器ホームページ
12) 自動車技術会編：自動車技術ハンドブック 2, 設計編，自動車技術会，1992.
13) 内燃機関の実験と計測，山海堂，1970.
14) 明電舎ホームページ
15) 八田桂三，浅沼強編集：内燃機関ハンドブック，朝倉書店，1960.
16) フチノ製作所資料

索　引

あ　行

アイドリング　64, 106, 135
アイドルノック　106
アイヘルベルグ（Eichelberg）の式　189
アウターバルブ　71
浅皿形燃焼室　103
圧縮機　42
圧縮機羽根車　142
圧縮ストローク　2
圧縮着（点）火　32
圧縮着火エンジン　32
圧縮比　2, 28, 87
圧力上昇率　105
圧力センサ　204
圧力比　28, 52
後だれ　68
後燃え期間　77, 100
アナログ出力信号　203
アブレシブ摩耗　112, 165
アミノ基　160
アメリカ石油協会　168
アモントン-クーロンの摩擦の法則　159
アルミ合金　142
アルミナ系　115
アレニウス表示　108
アンクールドEGR　112
アンチノック性　9, 94

硫黄化合物　161
異常燃焼　78, 87
イソオクタン　88
一次元定常熱伝導　183
一般ガス定数　94
一般環境大気測定局　17
移動ロッカーアーム　137
引火点　8
インジェクタ　60
インジケータ　99
インタークーラー　145, 146
インタークーラー付き過給機　112

ウエストゲート弁　142, 143
ウェッジ（wedge）形燃焼室　95
ウォータージャケット　194
ウォーターポンプ　146
渦巻室　141

エアーフローメータ　61
永久的粘度低下　178
液体燃料　6
エステル基　160
エタノール　89
エチレングリコール水溶液　195
エマルジョン燃料　114
エリクソンサイクル　45
遠心圧縮機　52, 140
エンジンコンピュータ　61
エンジントライボロジー　173
エンジン・ノック　87
エンジン比重率　102
エンジンラジエータ　146
煙点　8

オイルギャラリー　174
オイルジェット　89
オイルストレーナー　174
オイルパン　174
オイルフィルタ　174
オイルポンプ　174
オイルミスト　170
横断掃気　128
横断流　95
オクタン価　9, 88
遅れ期間　77
押込み渦流　105
オットサイクル　25, 27
オーバーヒート　196
オープンサイクル　25
オンサイト　50
温度境界層　87, 184

か　行

加圧冷却法　195
回転粘度計　172
開弁圧力　69
開放端　126
カウリング　193
火炎速度　77, 84
火炎伝ぱ速度　84
化学吸着　160
化学種　93
化学的遅れ　100
化学摩耗　165
化学量論式　11
過給　111, 140
過給機　140
過給効率　144
拡散現象　92
拡散燃焼　73, 100
拡散燃焼（制御燃焼）期間　100
拡散方程式　92
拡大Zeldovich機構　93
確認可採埋蔵量　5
加工硬化　158
加工変質層　157
過酸化物分解剤　179
可視光領域　188
下死点　2, 122
ガスエンジンCGS　53
ガス交換過程　121, 128
ガスタービンエンジン　25
ガストゥリキッド　5
化石燃料　5, 7
過早着火　82, 88
活性化エネルギー　93
渦電流電気動力計　214
可変ターボ　144
可変排気慣性バルブ　138
可変バルブタイミングシステム　135
可変フラップ式ターボ　144
可変ベーン型ターボ　145
可変容量型過給機　144
ガム状物質　9
可溶有機成分　109
渦流室式　104, 105
過流燃焼室　69
カルノーサイクル　26
カルノーサイクルの理論熱効率　27
カルボキシル基　160
カルマン渦流速計　210

環境基本法　17
含酸素基材　89
慣性効果　125
慣性特性数　126
完全拡散掃気　132
完全混合掃気　132
完全成層掃気　132
完全燃焼　11
乾燥摩擦　154
乾燥摩擦係数　155
貫通力　65, 73

機械効率　37
機械式過給機　146
気化器　57
基準接点補償回路　207
気体定数　93
気体燃料　6
気筒独立燃料噴射　62
希薄限界　82
希薄燃焼方式　96
揮発性　7
逆タンブル流　65
キャップ　195
キャビティ　104
キャブレター　27
基油　168
吸気管等価管長　126
吸気管内直接噴射　27
吸気管内燃料噴射　59
給気効率　131
吸気溜チャンバー方式　137
吸気バルブマッハ数　124
給気比　131
吸気ポート　104
吸気量制御可変バルブリフトシステム　136
吸気冷却　111
吸蔵還元法　115
吸着熱　161
吸入ストローク　2
境界潤滑　154
境界潤滑膜　160
境界層　160, 184
境界摩擦　154
境界摩擦係数　155
凝固点　8, 195
強制循環式　194
強制対流熱伝達　184
凝着説　159
凝着摩耗　164

共鳴周波数　126
極圧剤　161
極温剤　161
局所瞬間熱流束　188
局所瞬間壁面温度　188
局所熱伝達率　185
極性　160
極性基　160
金属系清浄剤　179
金属スルフォネート　177
金属石けん　161
金属不活性化剤　179

空間平均温度　188
空気過剰率　12, 57
空気比　12
空気利用率　101
空燃比　12
空冷方式　181, 192
クエット　167
くさび効果　166
曇り点　8
クラック　165
クランキング粘度　173
クランク角度　77
クランク角度信号　204
クランク角度センサ　61
クランクケース　129
クランク軸　2
クリーンディーゼル　115
クールドEGR　112
クレビス　90
グロープラグ　105

形態係数　187
系統連系技術要件ガイドライン　51
ゲイン　205
結晶組織　157
限界ポンピング温度　173
原系　11, 39
減衰振動　126
建築基準法　51
原動機　51

コア　196
高圧ガス取り締まり法　51
高温高せん断粘度　173
高温ワニス　179
公害防止協定　51
光化学スモッグ　90

高スワールポート　86
合成油　168
高セタン価燃料　113
行程体積　2, 80
光電式回転計　211
光電素子　82
高熱源　26
高発熱量　11
鉱油　160, 168
黒煙　110
黒体　186
コ・ジェネレーション　48, 114
コ・ジェネレーションシステム　25
固体燃料　6
固体摩擦　154, 159
コマンドピストン　72
コモンレール　71, 111
コモンレール式燃料噴射システム　71
コモンレール装置　66
固有振動数　129
コリオリ力　209
コールベッドメタン　5
コロナ放電　117
混合気形成　59
混合気分布　73
コントロールスリーブ　67
コントロールピニオン　67
コントロールラック　67
コンバージェント　133
コンプレックス過給機　147

さ　行

差圧流量計　210
サービス分類　176
サーマルNO　92, 109
サーマルリアクター　96, 97
再生ガスタービンサイクル　44
最大熱発生率　100
最大燃焼速度　57
最大有効仕事　40
ザウタ平均粒径　74
サバテサイクル　25, 33
サプライポンプ　71
サブラジェータ　146
サルファーフリー燃料　113
酸化安定性　176
酸化触媒　96
酸化鉄　158
酸化反応　11
酸化防止剤　179

酸化膜　158
三元触媒　20, 61, 96
三次元カム　137
三次元CFDシミュレーション　189
酸素（O₂）センサ　61
サンプリング周波数　204
残留ガス　130
残留炭素分　9
残留沈着物　10

指圧線図　77, 99
ジアルキルジチオりん酸亜鉛　161, 176
シース型熱電対　207
ジェット式ターボ　144
紫外領域　186
磁気式回転計　212
軸受　145
軸受圧力　156
軸受特性数　156
軸流型　51
軸流タービン　143
自己着火　106
自乗平均平方根粗さ　157
自然過給　126
自然対流式　196
自然対流熱伝達　184, 194
湿式シリンダライナ　195
質量燃焼割合　94
質量流量計　209
自動温度調節弁　195
自動車排出ガス測定局　17
自動車NOx・PM法　22
シニューレ掃気　129
自発火　28
自発点火　78
シビア摩耗　164
脂肪酸　161
絞り損失　103
ジメチルエーテル　5, 20, 114
ジャーナル軸受　167
斜板式高圧燃料ポンプ　66
受圧膜　206
集塵　118
修正給気比　131
充てん効率　124, 131, 182
充てん比　131
摺動部　153
首都圏ディーゼル車規制条例　22
主燃焼期間　77
潤滑　154

潤滑油　156, 167
潤滑油基油　160
潤滑油剤　154
消炎　64
消炎距離　90
消炎層　188
消炎領域　95
消音器　133
使用過程車　19
蒸気タービン　51
上死点　2, 122
衝動タービン　144
省燃費性　176
蒸発冷却式　194
消防法　51
正味出力　37
正味トルク　37
正味熱効率　38
正味熱消費率　114
正味燃料消費率　38, 192
正味平均有効圧　29, 37
商用電源　51
初期摩耗　164
触媒　96
触媒被毒　176
シリンダ　1
シリンダ内直接噴射　27
シリンダヘッド　192
シリンダヘッド・ガスケットの吹き抜け　87
シリンダライナ　192
進角　83
新気　128
シングルグレード油　175
真実接触面積　158
新生面　158

水酸基　160
水素化分解油　169
水中油滴形　114
水冷方式　181, 194
スイングアーム　136
数値流体力学　189
スーパーチャージャー　140, 146
スキッシュ　86, 121
スキッシュエリア　95
スキッシュリップ　104
すき間体積　2, 80
スクイーズ膜効果　166
スクラバ　116
スクロール式過給機　147

図示仕事	36	騒音	53, 193
図示平均有効圧	29	掃気過程	128
頭上カム軸式	95	掃気孔	128
頭上弁式	95	掃気効率	131
すす	110	掃気通路	129
すす前駆物質	110	掃気ポンプ	128
ステアリン酸鉄	161	双極子	160
ステファン・ボルツマン定数	187	双極子-双極子引力	160
ストライベック曲線	156	総合フィン効率	196
ストレーンゲージ型	205	相反関係	90
ストローク	2	増幅	206
スピルポート	70	層流	184
スラッジ	169, 178	層流境界層	185
スロットル開度	58	層流燃焼速度	77, 84
スロットルセンサ	61	速度型エンジン	25
スワール	62, 85, 101	速度境界層	184
スワールコントロールバルブ	62	速度勾配	185
スワール旋回速度	86	側弁式	95
スワールチップ	65	塑性変形	158
スワール比	63, 86	塑性流体	171
		塑性流動圧力	158
静圧過給	140	素反応	11
正圧波	125	ソレノイドコイル	71
清浄性	176		
正常燃焼	87	**た　行**	
清浄分散剤	179	タービン	42
生成系	11, 39	タービン入口温度	52
生成速度	93	タービン渦巻室	144
整定タンク	141	タービン翼	43
生分解性	170	タービン翼車	142
正ヘプタン	88	ターボジェットサイクル	46
ゼオライト系	115	ターボラグ	142
赤外領域	186	耐荷重添加剤	162
析出点	8	大気汚染に係る環境基準	17
セタン	9	体積効率	58, 123
セタン価	9, 107	堆積物	87
セタン指数	10, 107	耐摩耗性	176
絶縁体	82	対流熱伝達	182
絶対エントロピー	13	ダイレクト可変バルブタイミングシステム	136
絶対粘度	171	ダイレクトメタノール形燃料電池	56
ゼーベック効果	208	多環芳香族	109
セラミックス	142	多孔ホールノズル	69
全圧	15	多噴孔ノズル	104
遷移	185	多分子膜	160
前炎酸化反応	100	タペット	67
閃光温度	162	端ガス	78, 88, 89
全酸価	178	炭化水素	7
線図効率	36	炭化水素選択還元法	115
選択還元法	114	暖機運転	192
		単孔ノズル	69

単純気化器　57
単純投資回収年数　55
弾性ヒステリシス損失　159
断続器　82
炭素/水素比　9
単段遠心圧縮機　145
断熱火炎温度　16
断熱燃焼温度　16
タンブル　62, 85
タンブル比　63
単分子膜　160
単流掃気　129

チェックバルブ　71
遅延着火　88
遅角　83
地球温暖化抑制　103
チタンアルミ合金　142
窒素酸化物　10, 18
チャージアンプ　205
着火遅れ　70
着火遅れ（発火遅れ）期間　100
着火温度　73
着火促進剤　107
中心線平均粗さ　157
チューブ　196
超希薄空燃比　65
超耐熱合金　52
直接噴射式　101
直接噴射式ディーゼルエンジン　99
直噴ガソリンエンジン　59
直流電気動力計　212

ツインエントリー方式　141
2ストロークエンジン　2
疲れ摩耗　165

低硫黄燃料　109
ディーゼルサイクル　25, 31
ディーゼルノック　104, 105
ディーゼル・パティキュレート・フィルタ　19, 113, 115, 176
低温プラズマ処理　117
低温見かけ粘度　173
定行程カム　68
定常摩耗　164
低熱源　26
低粘度基油　174
ディバージェント　133
低発熱量　11

デポジット　10
デリバリバルブ　67
電圧素子　77
転移温度　161
電解質　39
点火過程　81
添加剤　168
点火装置　81
点火プラグ　27, 81
電気事業法　51
電気動力計　212
電気ヒータ　116
電源の二重化　55
電磁コイル部　65
電子制御　111
電子燃料噴射装置　59
電磁波　186
伝熱　182
伝熱面積　183
天然ガス　5

動圧過給　140
等価直径　186
凍結　195
動植物油脂　168
到達距離　73
動的な効果　92
筒内直噴エンジン　64
動粘度　171
導風板　193
灯油　10
当量比　12
動力　48
ドライスート　109
トライボロジー　2, 153
トランジスタ点火装置　82
トリガパルス　203
トレードオフ　90

な　行

内燃エンジン　2
なじみ過程　164
斜めスワール　85
ナフサ　10
ナフテン系鉱油　168

ニードルバルブ　58
2号軽油　107
二重燃焼サイクル　34
乳化燃料　114

索　引　225

入射角　187
ニュートン流体　171
尿素選択還元法　115
尿素SCR　115

ヌッセルト数　185

熱応力　181
熱解離反応　15
熱機関　1, 26
熱起電力　206
熱線流量計　210
熱損失　81
熱通過率　190
熱抵抗　183
熱伝達　182
熱伝達率　184
熱電対　206
熱伝導　182
熱伝導率　94, 183
熱発生率　79, 99
熱負荷　181
熱放射　182
熱力学第一法則　1, 99
熱流束　183
燃焼渦流　101, 105
燃焼器　42
燃焼室形状　121
燃焼質量割合　79
燃焼性　7
燃焼騒音　105
燃焼速度　96
粘性抵抗　156
粘度　8, 156, 171
粘度指数向上剤　174, 177
粘度番号　174
燃料液柱　58
燃料消費率　30
燃料/水層状噴射方式　114
燃料電池　6, 25
燃料の平衡濃度　91
燃料噴射時期　64
燃料噴射率　100
燃料ポンプ　58

ノイズ　206
ノズル　69
ノズル効率　47
ノズルホルダ　69
ノッキング　28

ノック　78, 95, 182
ノックセンサ　61, 88

は　行

バイオエタノール　20
バイオマス　5
排気押出し仕事　37
排気干渉　141
排気慣性弁　139
排気孔　128
排気再循環　96, 112
排気ストローク　2
排気ターボ過給　140
排気バルブ　192
排気脈動流れ　142
ハイスカベンジング　128
排熱回収装置　51
バイパス　134, 143
灰分　9, 176
パイロット噴射　106
薄肉化　89
舶用エンジン　194
バスタブ形燃焼室　95
発煙性　10
白金　96
白金測温抵抗体　208
パッケージ型　55
バッチ再生式　115
バッテリー方式　81
発熱量　8, 11
パティキュレート　109
パラジウム　96
パラフィン系鉱油　168
バルブオーバーラップ　122
バルブ機構　121
バルブの慣性質量　121
バルブリフター　136
バルブリフト　136
半球形燃焼室　95
反転掃気　129
反動タービン　144
反応エンタルピー　13
反応速度定数　93
反応熱　13

ピエゾ型　205
比重　8
ピストン　1, 191
ピストン可動型　210
ピストンキャビティ　74

ピストンスカート部　130
ピストン制御式　129
ピストン頂部湾曲壁面　65
ピストン頂面　90
非選択的還元法　114
ピッチング　166
非定常拡散現象　92
非ニュートン流体　171
火花点火エンジン　27
比摩耗量　165
ビュレット　208
標準生成エンタルピー　13
標準生成自由エネルギー　13
標準大気圧　13
標準燃料　88
表面粗さ　156
表面点火　87
微粒化　60, 73
疲労強度　181
ビンガム流体　171
頻度因子　93

ファイアリング　189
負圧波　125
負圧弁　196
ファンデルワールス力　160
フィードポンプ　67
フィン効率　196
フィンピッチ　193
4ストロークエンジン　2
複合サイクル　33
副室式　101
腐食摩耗　112, 165
ブチルアルコール　89
沸点　8
沸騰熱伝達　186
物理吸着　160
物理的遅れ　100
フューエルNO　109
浮遊粒子物質　18
フラップ　144
プランジャ　60, 67
プランジャスプリング　67
プラントル数　185
フーリエ（Fourier）の法則　183
ブローダウン　138
フロートチャンバー　57
プロペラ効率　47
プロンプトNO　93
分圧　15

分子間力　159
噴射圧力　74
噴射孔　74
噴射システム　67
噴射締め切り比　32
噴射タイミング　59
噴射ポンプ　67
噴射量　59
噴霧分布　74
噴霧油滴　109
噴霧粒径　66

平均線　157
平均熱伝達率　185
平均ピストン速度　125
平均有効圧　29
閉弁圧力　69
ヘス（Hess）の法則　11
ベーパロック　65
ヘプタメチルノナン　9, 107
ヘリカルポート　63, 104
ヘルムホルツ共鳴器　126
偏差　157
弁重合　122
ベンチュリー管　57
ペントルーフ形燃焼室　95
ヘンリーの法則　91

ポアズイユ　167
芳香族系炭化水素　8
放射率　187
膨張ストローク　2
膨張比　42
放電管　117
放熱器　194
放流式　194
母材　157
ボシニ（Woschni）の式　189
ボッシュ機械式燃料噴射ポンプ　67
ボッシュ％　114
ポートタイミング　138
ポリマー　174
ポリマー添加油　177
ボールベアリング　145
ポンピング損失　35, 61
ポンプカム軸　70

ま　行

マイクロガスタービン　51
マイルド摩耗　164

マグネット方式　81
摩擦緩和剤　177
摩擦係数　155
摩擦仕事　37
マッハ数　46
マフラー　133
摩耗　153, 163
摩耗体積　164
摩耗粉　163
摩耗防止剤　161, 176
マルチグレード油　175

見かけの接触面積　158
水動力計　214, 216
水乳化バイオディーゼル　20
ミセル　179
乱れ　84
乱れ強さ　64
脈動効果　125, 126
脈動次数　126
ミラーサイクルエンジン　147

無鉛化　89
無煙燃焼　114
霧化性　8
無灰系分散剤　179

メインジェット　57
メタノール　89
メタンハイドレート　5
目詰り点　8
面圧　158

毛細管粘度計　172
モータリング　189
モル定圧比熱　15
モル比熱　13

や　行

焼付き　87, 153, 166

油圧装置　135
油圧浮揚軸受　214
有害排出物　95
有効行程　123
油性剤　160
油中水滴形　114
油膜厚さ　156
油膜破断　170
油溶性有機モリブデン化合物　177

溶解燃料　91
要求オクタン価　89
溶剤精製油　169
溶損　87
容量式流量計　208
翼冷却　52
予混合圧縮着火燃焼方式　112
予混合燃焼（無制御燃焼）期間　100
予燃焼室　69
予燃焼室式　104, 105
四エチル鉛　88

ら　行

ラジアル型　51
ラジアルタービン　143
ラジエータ　192, 194
螺旋状吸入ポート　62
ランオン　88
乱流　184
乱流境界層　185
乱流燃焼速度　84

リエントラント形燃焼室　104
リショルム式圧縮機　146
リップ部分　191
リードバルブ式　129
粒子状物質　18
流体潤滑　155
流体摩擦　154
流体摩擦係数　155
流動性　7
流動制御装置　85
流動点　8
流量係数　58
理論空燃比　57
理論酸素量　12
理論仕事　36
理論出力　29
理論熱効率　26
理論平均有効圧　29
理論（量論）空気量　12
りん系化合物　161
リーン限界空燃比　64
リーンバーン燃焼　60

ルーツ式ブロア　146
ルーバ付きフィン　197
ルーバピッチ　197

冷却損失　81

冷却フィン　193
レイノルズ数　185
レイノルズ（Reynolds）の基礎方程式　167
レシプロエンジン　25
連鎖反応停止剤　179
連接棒　2
連続可変バルブ機構　135
連絡孔　105

労働安全衛生法　51
ロジウム　96
ロースカベンジング　128
ロータ　146
ロータリーディスク式　130
ロータリエンコーダ　203
ロッド比　139
ロードセル　215
ロンドン力　160

α-メチルナフタリン　107
A/D コンバータ　203
API　168
API 度　8, 10
ASTM-Walther の式　172

CFR　88
CFR エンジン　9
CGS　49
CHP　49

DI エンジン　101
DME　5, 20, 114
DOHC　95
DPF　19, 113, 115, 176

EDU　71
EGR　96, 112, 176

ETBE　21

Gibbs の自由エネルギー　39
GTL　5, 21

HCCI　112

IDI エンジン　101
ILSAC　176

JANAF の熱化学データ　13

L 形（L head）燃焼室　95
LP ガス自動車　6
LPG　114

M-式燃焼式　104
MBT　83
MoDTC　177
MoDTP　177
MoS_2　177
MRV　173
MTBE　21, 89

n-セタン　107

OCP　178
O_2 センサ　97

PAO　169
PMA　178
POE　170
PV 線図　25

SAE　174
SCR　114
SOF　109

TDC　78
Ts 線図　25

Zeldovich 機構　93
ZnDTP　176

エンジン――熱と流れの工学――

| 2005年3月31日 | 初　版 |
| 2016年7月15日 | 第7刷 |

編著者　是 松 孝 治
　　　　森 棟 隆 昭
発行者　飯 塚 尚 彦
発行所　産業図書株式会社
　　　　〒102-0072 東京都千代田区飯田橋 2-11-3
　　　　電話 03(3261)7821(代)
　　　　FAX 03(3239)2178
　　　　http://www.san-to.co.jp
装　幀　菅　　雅 彦

© Koji Korematsu　2005
© Takaaki Morimune

印刷・製本・デジタルパブリッシングサービス

ISBN 978-4-7828-4093-1 C 3053